Entwicklungsphysiologie der Tiere

von

Dr. Friedrich Seidel

o. Prof. em. der Univ. Marburg/Lahn

I
Ei und Furchung

mit 51 Abbildungen

2., neubearbeitete Auflage

Sammlung Göschen Band 7162

Walter de Gruyter

Berlin · New York · 1972

Satz und Druck: Saladruck, Berlin 36. – Printed in Germany.

ISBN 3 11 002010 6

Vorwort

Vor nahezu sieben Jahren forderte der Verlag mich auf, diese zweite Auflage vorzubereiten. Mit mehreren Mitarbeitern im Zoologischen Institut der Universität Marburg/Lahn geplante experimentelle Untersuchungen beanspruchten mich jedoch vordringlich. Zusätzlich brachte die Leitung des Instituts mannigfache Belastungen. So blieb keine Zeit, mich der gewünschten zusammenfassenden Darstellung zu widmen.

Heute möchte ich fast einen Vorteil darin sehen, daß die Neubearbeitung dieser Entwicklungsphysiologie der Tiere lange aufgeschoben werden mußte. Von früheren Auffassungen ließ sich so mehr Abstand gewinnen. In den letzten zwanzig Jahren haben sich auf dem Gebiet der experimentellen Biologie unerwartet vielseitige und neue Wege eröffnet, insbesondere durch die Einbeziehung molekularer Aspekte. Nur zu gern gehen dabei die verschiedenen Wissenschaftszweige, die die Entwicklungsphysiologie berühren, sowohl in ihren Untersuchungsrichtungen, wie auch in ihren Begriffsbildungen ganz eigene Wege. Behinderte dieses schon immer fast traditionsmäßig die Sicht auf gemeinsame morphologische, funktionsphysiologische und entwicklungsphysiologische Probleme, so werden derartige Divergenzen bei der Einbeziehung der Genetik, Zytogenetik, Biochemischen Genetik besonders spürbar. Eine synthetische Betrachtungsweise erscheint als überfällig. Dieser dringend gewordenen Aufgabe bin ich mit großer eigener Anteilnahme nachgegangen. Sie ist das zentrale Anliegen dieser Darstellung, und ich hoffe dabei sehr auf ein Echo aus dem Leserkreis, das eine fruchtbare Diskussion erbringen könnte.

Für vielfache Anregungen bei der Durchsicht des Manuskripts habe ich Dr. HELMUTH W. SAUER und Dr. SIGRID SEIDEL zu danken, für verständnisvolle und sorgfältige Anfertigungen neuer Zeichnungen der Graphikerin RENATE KRAUSE, für stete Hilfe bei der Korrektur meiner lieben Frau CHARLOTTE und für besonderes Entgegenkommen bei allen meinen Wünschen dem Verlag.

FRIEDRICH SEIDEL

Marburg/Lahn, im Juli 1971

Inhalt

Erster Band

Inhalt

Zweiter Band

1. Einleitung

Zu der Entwicklungsgeschichte als einer beschreibenden Wissenschaft tritt die Entwicklungsphysiologie mit der Absicht, zu erklären. Die *Entwicklungsgeschichte* gibt ein Abbild davon, welche Gestalten ein Lebewesen zu verschiedenen aufeinanderfolgenden Zeiten annimmt. Die Gestalten werden als solche, sowie analytisch in ihrer morphologischen Gliederung, ihrer histologischen und submikroskopischen Struktur beschrieben. Sie werden durch Vergleich in einen näheren Zusammenhang zueinander gebracht. So treten allgemeine Regeln über den Formwechsel im Gang der Entwicklung hervor. Demgegenüber betrachtet die *Entwicklungsphysiologie* unmittelbar den Vorgang der Formwandlung als eine Leistung des Organismus. Sie will diesen Vorgang erklären, d. h. gesetzmäßig einsichtig machen. Das ist nur dadurch möglich, daß der morphologischen Analyse eine experimentelle Analyse an die Seite gestellt wird.

Durch die Mannigfaltigkeit der Teile und den sinnvollen Funktionszusammenhang, die an jedem Organismus beobachtet werden, kennzeichnet sich dieser als System. Zur Analyse werden aus dem Gesamtgeschehen einzelne Entwicklungsvorgänge ausgesondert, etwa die Bildung eines Organs, die Ausformung eines Zellverbandes, einer einzelnen Zelle, oder eines Protoplasmabezirks. Morphologische Beschreibung der Lage dieser Teilsysteme im Gesamtsystem, Ergebnisse experimenteller Veränderung von Lage und Art der Teilsysteme innerhalb des Ganzen führen zu Erkenntnissen über deren Funktionen im Gesamtsystem, zur Formulierung von Systemgesetzen, d. h. von gesetzmäßigem Verhalten der Teilsysteme bei Funktionen, in unserem Falle Entwicklungsfunktionen, des Gesamtsystems.

Es ist das Kennzeichen einer *Analyse,* daß sie nicht bei einem bestimmten Ergebnis stehen bleibt, sondern notwendigerweise in immer feinere Verhältnisse vordringt. Die Analyse wird sich zunächst damit begnügen, als Faktoren (Teilursachen) geformte Teilsysteme, wie Zellverbände (Blasteme), Zellen, Zellorganelle einzusetzen. Sie wird aber auch mehr in die Tiefe vordringen wollen und zum Verständnis der Funktion eines Formteiles die Faktoren innerhalb dieses Teilsystems untersuchen, die ihrer Natur nach nur Anordnungen von Substanzen, molekulare Reaktionssysteme, sein können.

Auf beiden Untersuchungsebenen dient dem Entwicklungsphysiologen das *Experiment* dazu, das gesetzmäßige Verhalten der Faktoren innerhalb des Systems aufzuzeigen, indem er im System einen einzigen Faktor unter Konstanthaltung aller übrigen isoliert, verändert und aus dem abgeänderten Entwicklungsergebnis auf diejenige System-Reaktion schließt, an der dieser Faktor beteiligt ist. Je eindeutiger die Systemveränderung nach Zeit, Ort und Ausmaß gesetzt ist, um so eindeutiger wird der Geschehensablauf verändert sein, um so eindeutiger wird das Experiment Auskunft über die Kausalitäten in dem System geben. Andererseits interessieren jeweils die Faktoren als solche und alle Möglichkeiten ihrer Einzelreaktionen, losgelöst vom zugehörigen System. Die Gesetzmäßigkeiten zu kennen, nach denen sich Reaktionen von Faktoren molekularer Größenordnung ganz allgemein auf den Gebieten der Physik und Chemie, der Biochemie und Makromolekularen Chemie vollziehen, erfüllt für den Entwicklungsphysiologen eine erklärende Funktion insofern, als dadurch das Verhalten eines Faktors bei der Kombination mit einem zweiten oder dritten Faktor gleicher Größenordnung voraussagbar wird.

Da diese experimentelle Untersuchung der Entwicklungs*vorgänge* nicht ohne genaue Kenntnis der Einzelteile des Entwicklungssystems geschehen kann, fordert sie notwendig auch die beschreibende Untersuchung, von der sie ausging, neu heraus und vermag so zu einer vervollkommneten und verfeinerten Erfassung aller äußeren *Form*verhältnisse und inneren *Strukturen* des Systems selbst hinzuführen, soweit diese zum Entwicklungsvorgang in Beziehung stehen. In einer synthetischen Zusammenschau der so gewonnenen analytischen Ergebnisse wird es schließlich vielfach (vgl. S. 85) möglich sein, ein *Modell der morphologischen und physiologischen Struktur des Entwicklungssystems* zu entwerfen. Deduktiv treten an einem solchen Modell neue Reaktionsweisen hervor, die in einem Experimentum crucis auf ihre Realität hin geprüft werden können. Die Ergebnisse bestätigen das Modell und führen zu einer Vervollständigung oder lassen es zu Gunsten eines neuen verwerfen. Die Erarbeitung eines Modells bezeichnet die höchste Stufe des Versuchs einer *Erklä-*

rung von Systemen und ihren Funktionen, da in einem Modell immer zugleich Erkenntnisse über die Architektur des organismischen Systems, über die *Systemgesetzlichkeit,* wie auch über den in dieses eingefügten Ursache-Wirkungszusammenhang der Einzelfaktoren selbst, über die *Kausalgesetzlichkeit*, verarbeitet sind.

Das Tierreich gliedert sich in eine Anzahl von systematisch gekennzeichneten Einheiten, die sich nicht auf einen einzigen Grundtypus zurückführen lassen. Morphologische und physiologische Untersuchungen des Formwechsels werden daher immer von einem bestimmten gerade geeigneten *Formtypus* ausgehen. Ihre Ergebnisse besitzen für diesen Typus Gültigkeit, und erst nach genauer Kenntnis vieler solcher Formwechselfolgen und ihrer Verursachung ist es möglich, für die ablaufenden Vorgänge auch einige ganz allgemeine Gesetzmäßigkeiten auszusprechen. Aus diesem Grunde können die folgenden Kapitel nicht sofort eine *allgemeine Darstellung* geben, sondern müssen zuerst *vergleichende Gesichtspunkte* enthalten. – Für die Beschreibung der Entwicklungsleistungen dient der natürliche Ablauf der Entwicklung als Leitfaden. Von den Keimzellen, welche einem fertigen Tier entstammen, führt er über die Furchung, die Bildung der Körpergrundgestalt zu ihrem Wachstum und zur Differenzierung der Organe. Durch Erörterung der Wirkung von Erbfaktoren als Entwicklungsfaktoren tritt die Verbundenheit des individuellen Formwechsels mit dem gesamten Kreislauf des Lebens hervor. Die Physiologie der Entwicklung von Organen bereitet ein Verständnis auch der Entwicklung von Organfunktionen vor. Untersuchungen über den Umfang und die Abänderungsmöglichkeiten der funktionellen Leistungen auf verschiedenen Entwicklungsstufen sind zu wichtigen Erkenntnisquellen für die Stoffwechsel-, Bewegungs-, Nerven- und Sinnesphysiologie geworden. – Bei der Besprechung der Keimzellen und der Furchung im ersten Band überwiegen allgemeine Fragestellungen. Um dabei Tatsachen, die den zeitlichen Verlauf der Entwicklungsprozesse kennzeichnen, genügend hervorzuheben, mußten hier auch Versuchsergebnisse aus späteren Stadien Platz finden. Mit der Erörterung über die Bildung der Körpergrundgestalten tritt im zweiten Band der Vergleich ganzer Entwicklungsabläufe mehr in den Vordergrund. Die Beispiele wurden von Tierformen gewählt, deren Entwicklung für eine größere Gruppe als typisch angesehen werden kann. Durch diese vergleichende Betrachtung werden die aus der Eiorganisation abgeleiteten Ergebnisse so vervollständigt, daß sie einen Einblick in gewisse allgemeine Gesetzmäßigkeiten der Formwandlung gestatten.

Bei dem sehr begrenzten zur Verfügung stehenden Raum kann man weder eine vollständige Darstellung, noch eine Besprechung aller Eiformen oder Organsysteme erwarten. Es sind jeweils solche Beispiele ausgewählt, die ein besonderes entwicklungsphysiologisches Vermögen, eine wesentliche blastematische oder zelluläre Reaktionsweise dartun, so daß auf diese Weise eine gewisse Abgerundetheit erreicht wird. Das Experiment mit seinen methodischen Voraussetzungen und Festellungen ist in den Vordergrund gestellt. Allgemeine Erörterungen werden jeweils erst aus experimentellen Ergebnissen abgeleitet und möglichst kurz gehalten. Cursivdruck im Register weist auf sie hin. Diese Anordnung ist deshalb getroffen, weil biologische Wissenschaft nur in unmittelbarer Berührung mit dem Objekt lebendig bleiben kann. Experimente am lebenden Objekt stellen den wesentlichen Teil entwicklungsphysiologischer Forschung dar. Alle Wirkungsbedingungen werden genau, ohne Vorurteil und in unmittelbarem Zusammenhang mit den experimentellen Befunden beschrieben. Aber unsere Begriffe von den wirkenden Faktoren selbst – etwa „Organisator" oder „Induktor" oder „Operator" – müssen, wie bis vor kurzem etwa noch der Begriff „Gen", notwendig zunächst Bilder sein, bis diese Faktoren einmal ihrer Struktur und Substanz nach genau definiert werden können. Wir kennen sie anfangs meist nur nach ihren Wirkungen und den Bedingungen ihrer Wirkungen. Für den Leser, der sich nicht nur kurz orientieren, sondern der ein wirkliches Verständnis für die funktionellen Beziehungen in einem Organismus gewinnen will, für denjenigen, der vielleicht selber in die Werkstatt der Wissenschaft eintreten möchte, ist es ganz wesentlich, nicht mit Begriffen zu arbeiten, welche von der Anschauung losgelöst sind, sondern stets die verschlungenen experimentellen Wege vor Augen zu haben, auf denen die Bezeichnungen für unsere gebräuchlichen Wirkungseinheiten zustande kamen. Nur dann wird er sie richtig anwenden. Er wird in seinen theoretischen Vorstellungen nicht mehr von ihnen fordern, als sie geben können, aber um so eher das Feld übersehen, auf dem neue fruchtbare Arbeit möglich sein kann.

2. Ei und Furchung

Beobachtungen, Experimente, theoretische und methodische Erörterungen

a) Lokalisierung von Entwicklungsfaktoren im Eikern

Für Untersuchungen über den Eikern ist es ein großer Vorzug, daß sich der Kern von den übrigen Zellbestandteilen durch eine Membran klar abgrenzt, daß die **Karyoplasma-Architektur** gut zu kennzeichnen und bis in feinste Strukturelemente aufgliederbar ist. In der lichtoptisch homogenen Grundmasse dieses Kernplas-

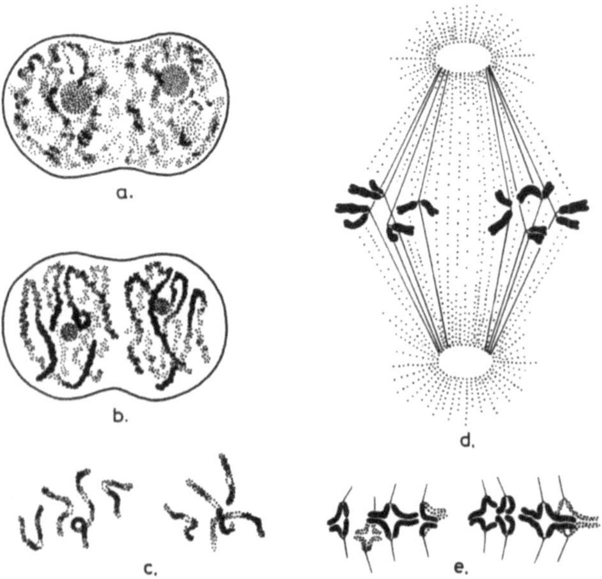

Abb. 1. Kernteilung im Ei von *Cyclops* (Ruderfüßlerkrebs) nach der Besamung (2 n = 8). In diesem besonderen Falle bleiben aus Samen- und Eikern die väterlichen und mütterlichen Chromosomen (n = 4) während der Mitose getrennt (Gonomerie) und werden auch nach Abschluß der Teilung in getrennte Chromosomen-Vacuolen (k) eingeschlossen. (Original SIGRID SEIDEL).

mas, dem Grundkaryoplasma, liegen als Strukturelemente die Zentralfäden der *Chromosomen*, die Chromonemen. Sie sind in der Interphase (Abb. 1a) weit ausgezogen, schwach spiralisiert. Nach den derzeitigen Vorstellungen bestehen sie aus langen Ketten von Desoxyribonucleinsäure-Molekülen (DNS) mit Protein, deren Zusammenordnung zu den Strangeinheiten der Chromonemen noch nicht klar durchschaubar ist. Sie sind in eine lockere Matrix eingebettet. Für die indirekte Kernteilung, die Mitose, deren einzelne Phasen aus Abb. 1 zu ersehen sind, beginnt

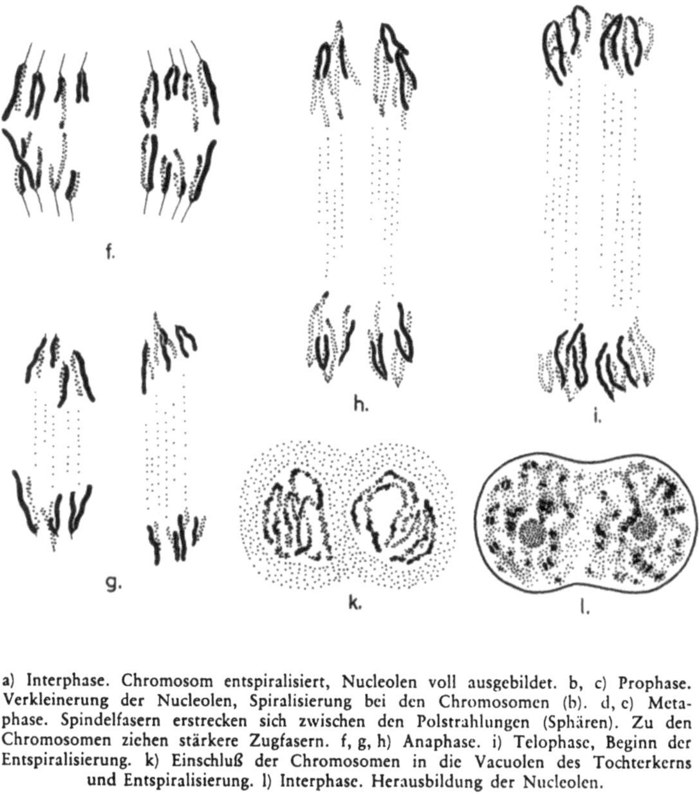

a) Interphase. Chromosom entspiralisiert, Nucleolen voll ausgebildet. b, c) Prophase. Verkleinerung der Nucleolen, Spiralisierung bei den Chromosomen (b). d, e) Metaphase. Spindelfasern erstrecken sich zwischen den Polstrahlungen (Sphären). Zu den Chromosomen ziehen stärkere Zugfasern. f, g, h) Anaphase. i) Telophase, Beginn der Entspiralisierung. k) Einschluß der Chromosomen in die Vacuolen des Tochterkerns und Entspiralisierung. l) Interphase. Herausbildung der Nucleolen.

und vollendet sich die Verdoppelung jedes Chromonema schon in der Interphase zu zwei Chromonemen, die je eine Doppelhelix DNS, höchstwahrscheinlich eine lange Kette solcher DNS-Moleküle enthalten. Das Eiplasma nimmt in der Prophase an Viskosität zu, die Teilungsspindel entsteht (Abb. 1 b–d). Dabei kondensieren sich die Chromonemen zu den stark färbbaren Chromosomen, indem sie sich zu engen Spiralen (Abb. 1 b) verschieden hoher Ordnungen aufwinden. Die Matrix verdichtet sich. Nach vollzogener Sonderung der „Halbchromosomen", Chromatiden, voneinander (Abb. 1 d, e), bewegen sie sich entgegengesetzt im Stadium

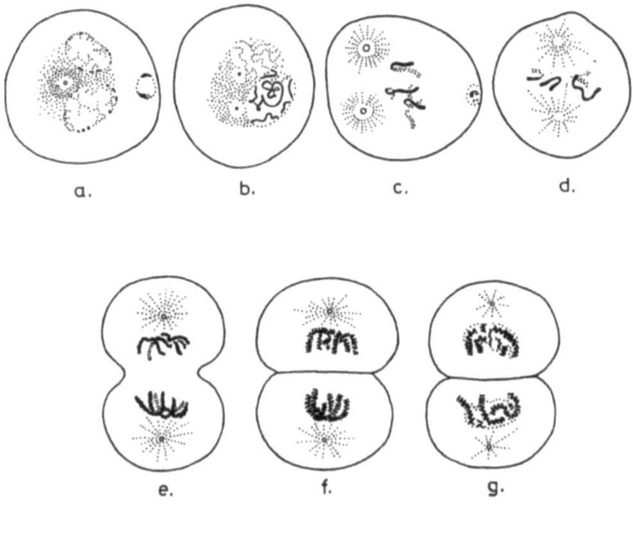

Abb. 2. Befruchtung und erste Furchungsteilung des Eies von *Parascaris equorum* (a–d nach BOVERI 1888, e–g nach BUCHNER 1915).
a) Vorkernstadium mit Centrosom und Richtungskörper. b) Auflösung der Vorkernmembran. Centrosom geteilt. c) Entwicklung der Sphären. Kondensierung der Chromosomen. d) Befruchtung = Eingehen der väterlichen und mütterlichen Chromosomen in die Metaphase der ersten Furchungsteilung. 2n = 4 Chromosomen.
e) Anaphase und Beginn des Einschneidens der ersten Furche. f) Telophase. Entspiralisierung der Chromosomen. g) Zweizellenstadium. Frühe Telophase. Einheitliche Kernvacuole mit herausragenden Chromosomenenden. Bildung der Kernmembran.

der Anaphase (Abb. 1 f, g) auf die Spindelpole zu (Telophase, Abb. 1 h) und entspiralisieren sich anschließend mehr und mehr. Sie enthalten dann jeweils eine einzige Doppel-Helix DNS oder einen entsprechend angeordneten DNS-Molekülverband als Chromonema. Die Chromatide ist die kinetische Einheit der Chromosomen (Abb. 1 h). Beim Übergang in den neuen Ruhekern entstehen an bestimmten Stellen einzelner Chromonemen granuläre Bläschen, *Nucleolen* (Abb. 1 l, vgl. 1 a, b), Syntheseorte für bestimmte Ribonucleinsäure-(RNS-)verbindungen, die den Ribosomen des Zytoplasmas (S. 24, 26) zugeordnet sind. Die Nucleolen bilden sich während der Mitose zurück (Abb. 1 a, b). Die Entspiralisierung der Chromosomen läßt sich bei der ersten Furchungsteilung des Spulwurms *Parascaris equorum* während der Anaphase lichtmikroskopisch gut verfolgen (Abb. 2 e–f).

Infolge der Beschränkung der DNS-Replikation und der Chromosomensonderung auf zwei zeitlich eng begrenzte Phasen gliedert sich bei Zellen, die sich in stetiger Vermehrung befinden, der gesamte Zellzyklus in 4 Abschnitte: 1) Die Mitose, 2) Die präsynthetische sog. G_1-Phase, 3) Die S-Phase, in welcher allein während des ganzen Zyklus die DNS-Synthese abläuft, 4) Die postsynthetische sog. G_2-Phase, auf die dann wieder eine Mitose folgt. Die zeitliche Ausdehnung der 4 Phasen ist jeweils bei den einzelnen Zelltypen verschieden und kennzeichnet diese. Überdies ändern Umweltbedingungen sie ab.

Eine schematische Vorstellung von der Struktur der *Nucleinsäuren* (Watson, Crick) vermittelt Abb. 3. In dem langen Doppelmolekül der DNS sind die beiden Einzelmoleküle durch Wasserstoffbrücken (→→) miteinander verbunden. Die Einzelketten (rechts und links in Abb. 3) bestehen aus polymer hintereinandergelagerten Mononucleotiden. Jedes Mononucleotid enthält Phosphat, Pentose (Zucker) und eine stickstoffhaltige Purin- bzw. Pyrimidinbase. Pentose + Base als Bausteine der Mononucleotide nennt man Nucleoside. Die Pentose ist bei der DNS eine 2′-Desoxyribose. Die Mononucleoside sind esterartig über Phosphorsäure miteinander verbunden. Dadurch, daß diese Verknüpfung durch eine 3′-5′-Phospho-di-ester-Bindung geschieht, erhält das Molekül einen Richtungssinn, der in beiden Strängen der DNS entgegengesetzt läuft. Vom 3′ Ende des Zuckers eines Mononucleosids (Abb. 3,

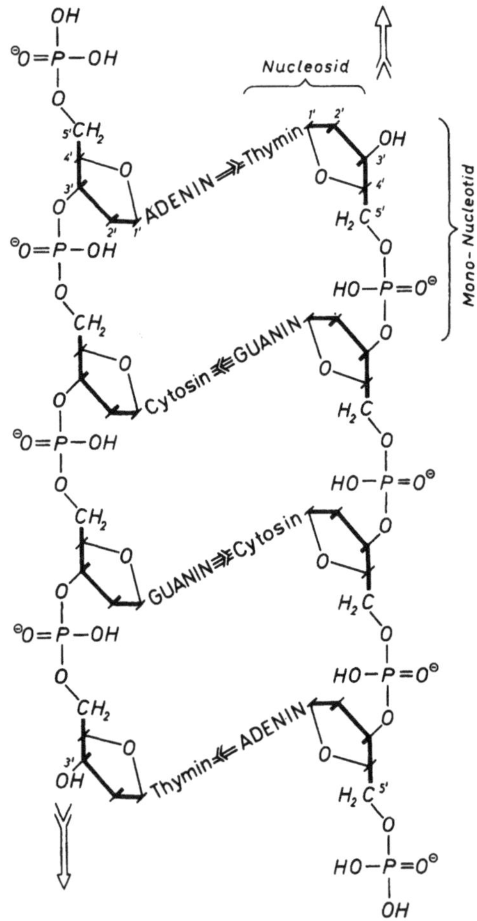

Abb. 3. Schema für den Aufbau eines DNS-Doppelmoleküls. Der gegenläufige Richtungssinn der Einzelmoleküle ist durch 3'–5'-Phospho-di-ester-Bindung bedingt. Einander komplementäre Basen sind durch Wasserstoffbrücken (⋙) verbunden, PURINbasen sind durch Großbuchstaben von den Pyrimidinbasen unterschieden. Die Pfeile geben die Syntheserichtung an jedem Strang wieder. Jeweils setzt die Neusynthese am 3'Ende des Polynucleotids an und geht in Richtung der Pfeile weiter über das 5' zum 3'Ende.

oben links) leitet die Phosphorsäure zum Zucker des nächsten Mononucleosids (in 5'-Bindung) über. So besteht jede Kette aus einander abwechselnden Pentose- und Phosphatmolekülen, wobei jeweils am Zucker eine Base hängt.

Vier Basen kommen in der DNS vor: Zwei PURINbasen, ADENIN und GUANIN, und zwei Pyrimidinbasen, Thymin und Cytosin. Die Reihenfolge im Kettenmolekül ist unterschiedlich, aber jeweils für eine bestimmte DNS kennzeichnend (die entsprechenden Nucleoside sind ADENOSIN, GUANIDIN, Thymidin und Cytidin). Im Doppelmolekül, das nicht, wie in Abb. 3, in einer Ebene liegt, sondern die Raumstruktur einer Doppelschraube besitzt, paaren sich zwangsläufig jeweils immer eine PURIN- und eine Pyrimidinbase (Doppelring und Einfachring) komplementär miteinander: ADENIN mit Thymin (2 Wasserstoffbrücken) und GUANIN mit Cytosin (3 Wasserstoffbrücken).

In Autoreplikation (Selbstverdoppelung) spaltet sich das Doppelmolekül durch Lösung der Wasserstoffbrücken partiell auf, und jedes der Einzelmoleküle kann sich aus freien Mononucleotiden ergänzen. Der Einzelstrang wirkt als Matrize, indem sich die jeweils komplementären Basen an die des alten Moleküls anlagern.

Im Unterschied zur DNS ist die RNS in der Regel einsträngig. Der Strang kann in sich zurückgefaltet sein, ähnlich wie bei der DNS die Komplementärbasen der Strangenden sich durch Wasserstoffbrücken verbanden. Außerdem ist die Pentose eine Ribose. An die Stelle der Base Thymin tritt bei der RNS Uracil. Die RNS bildet nicht so lange Ketten wie die DNS. Ihr Molekulargewicht ist etwa 20 000 bis einige Mill., während für die DNS Größenordnungen von mehr als 100 Millionen festgestellt werden. Die Verteilung und Funktion der verschiedenartigen RNS-Sorten in Kern und Plasma ist aus S. 25 ff. und Abb. 5 zu entnehmen.

Die Frage nach der **Bedeutung der Architektur-Elemente des Kernes für die Keimesentwicklung** muß auf zweierlei Weise verfolgt werden. Man kann einen Bestandteil verändern oder entfernen und seine Leistung aus den Folgeerscheinungen einer solchen künstlich gesetzten Veränderung für den Entwicklungsverlauf bestimmen. Zytologische und physikochemische Analysen des experimentell abgeänderten Zellbestandteiles und der durch das Experiment unmittelbar hervorgerufenen Beeinflussungen der Entwicklungszustände verfeinern die Ergebnisse solcher direkten entwicklungsphysiologischen Eingriffe sehr. Hand in Hand mit dieser gewissermaßen eine Vorausschau auf Folgeerscheinungen ermöglichenden Methode läßt sich eine andere der Rückschau anwenden. Man beginnt mit Beobachtungen am ausgewachsenen Tier und schließt von dort aus auf zellphysiologische Vorgänge an Keimzellen zurück. So verglich man gesetzmäßig wiederkehrende Zahlenverhältnisse nach Kreuzungen von adulten Organismen mit Verteilungsmöglichkeiten der Chromosomen, welche an der realen Übergangsstelle einer Generation zur folgenden durch die Reifungsteilungen von Ei und Samenfaden gegeben sind, und konnte nicht nur die Zahlenverhältnisse verständlich machen und sie den Faktoren zuordnen, welche in den Chromosomen lokalisiert sind, sondern auch auf diese Weise entscheidend neue Beiträge zur Frage der Bedeutung der chromosomalen Kernfaktoren erbringen. Beide Forschungsrichtungen sind sowohl einzeln, wie in Verbindung miteinander beschritten worden.

Daher gelangen hier Ergebnisse unmittelbarer experimenteller Eingriffe an Keimzellen bzw. Embryonen und auch Befunde aus Vererbungsversuchen zur Darstellung. Die Tatsachen der Vererbung, die zuerst zur Sprache kommen, geben wir jedoch ausschließlich in entwicklungsphysiologischer Sehweise wieder, um die Erbfaktoren als Entwicklungsfaktoren definieren zu können.

Die Kerne der Eizellen sind die einzigen Zellorganelle, die sich bei der Bildung eines neuen Individuums sowohl vom Vater wie von der Mutter herleiten. Sie sind frühzeitig als Träger von Erbgut, von „Genetischer Information“ erkannt. Kreuzungsgenetische und zytologische Tatsachen führten zur *„Chromosomentheorie der* MENDEL*schen Vererbung“* (BOVERI, SUTTON): Die Chromosomen eines befruchteten Eies, deren Anzahl für jede Art genau bestimmt ist, besitzen, wie man während der Metaphase der Mitose erkennen kann, nach Umriß und Größe ungleiche Gestalt (Abb. 1 c, e). Normalerweise finden wir sie in zwei Sätzen (diploid), von denen jeder sich aus einer der elterlichen Keimzellen (haploid) herleitet. Jedem mütterlichen Chromosom entspricht im allgemeinen ein homologes form- und größengleiches väterliches. Da die den Chromosomen zugrunde liegenden *Chromo-*

nemen das Vermögen zur Fortpflanzung durch *Autoreplikation* besitzen und so durch alle Generationen hindurch ihre *Zahlenkonstanz* und *Individualität* aufrecht erhalten, also *Kontinuität* im Fortpflanzungsgeschehen bewahren, erfüllen sie alle Voraussetzungen, die man an die *Träger von Erbgut* stellen muß. Auf Grund der von MENDEL begründeten kreuzungsgenetischen Experimente ließ sich das Erbgut in eine große Zahl von Faktoren aufteilen, die jeweils „Genetische Teilinformation" vermitteln und die man als *Gene* bezeichnet. Die MENDELschen Gene sind zunächst nur allgemein definiert als unabhängig voneinander kombinierbare Faktoreneinheiten für die Entwicklung von Merkmalen, demnach als *Rekombinationseinheiten* und *Funktionseinheiten*. In ihrem Verhalten vielfachen Rekombinationen zum Trotz offenbart sich neben der durch die Generationen hindurch zu verfolgenden Kontinuität die relativ große *Wirkungskonstanz*. Das Rekombinationsgeschehen der Chromosomen während der Meiosestadien erhält durch den Vergleich mit den Erfordernissen der MENDELschen Gesetze seine in der Chromosomentheorie der Vererbung zum Ausdruck kommende Deutung: *Träger der mendelnden Erbfaktoren sind die Chromosomen. Die* MENDEL*schen Gesetze werden durch das systemgesetzliche Verhalten der Chromosomen ermöglicht.*

Diese Theorie konnte auch für die feineren Struktur- und Funktionsverhältnisse Geltung erlangen. Kreuzungsgenetisch ergab sich die lineare Anordnung der Gene (MORGAN). Den Kartierungen mit den durch Austauschprozente im Crossing-over bestimmten relativen Genabständen (Abb. 4 oben, BRIDGES, STURTEVANT) wurde reale Grundlage gegeben durch zytogenetisch gewonnene Karten mit absolut gemessenen Genabständen: Die **Lokalisierung der Gene in den Chromosomen** war möglich, nachdem in den Speicheldrüsen, im Darm, in den Malpighischen Gefäßen der Fliegen Ruhekernformen von Chromosomen gefunden waren, welche mehr als hundertmal größer sind als Mitosechromosomen (Abb. 4, H. BAUER, HEITZ). Bei ihnen sind die homologen Chromosomen längsgepaart und bilden immer zusammen ein Doppelchromosom. Ihre Einzelchromonemen haben sich vielfach geteilt, ohne sich nach der Vermehrung zu trennen (Polytänie). So zeigen diese Riesenchromosomen die Längsgliederung der

Einzelchromosomen um ein vielfaches vergrößert. Bei den Einzelchromonemen wechseln hier in der Längsrichtung Stellen weitgehend konstant sich erhaltender Spiralisierung (Chromomeren) und leichter aufzuhebender Spiralisierung (Interchromomeren) miteinander ab (Abb. 5). Entsprechend folgen jeweils auf färbbare basophile Querscheiben als Chromomerenansammlungen nicht färbbare Zwischenstücke, die die DNS-Chromonemen ohne besondere Spiralisierung durchlaufen. Unter dem auf Abb. 4 a gezeichneten Riesenchromosomenstück ist ein Buchstaben- und Ziffernsystem angegeben, nach welchem die einzelnen Chromomeren-Querscheiben genau identifiziert werden können.

Auf folgende Weise werden bestimmten Anlagen bestimmte Chromomeren zugeordnet: Bestrahlt man Taufliegen *(Drosophila)* mit Röntgenstrahlen, so können in ihren Keimzellen kleine Abschnitte der Chromonemen zerstört werden (deficiency). Man erkennt dies im Speicheldrüsenchromosom daran, daß bestimmte Querscheiben vollständig oder in einem der beiden homologen Partner fehlen. Im letzten Fall finden die unzerstörten Chromomeren kein Gegenüber und hängen in einer Schleife aus dem Riesenchromosom heraus (Abb. 4 b).

Homozygote Zerstörungen, solche in gegenüberliegenden Abschnitten beider homologen Chromosomen zugleich, wie sie für das freie Ende des X-Chromosoms bekannt sind, bringen sehr starke Schädigungen hervor. Die Tiere sterben im allgemeinen während der Eientwicklung, falls der Ausfall an dieser Stelle mehr als 4 Querscheiben betrifft. Im Bereich C_{3-5} des X-Chromosoms können entsprechend Abb. 4 d 3 Querscheiben rst[2] (*roughest,* Augen rauh und verformt) homozygot ohne Schaden für die Vitalität der weiblichen Larve ausfallen. Heterozygot werden diese, wie auch noch größere Defekte im X-Chromosom, bei *Drosophila*-Weibchen gut vertragen (Abb. 4 b, c). Bei hemizygoten Defekten am Ende des X-Chromosoms von nicht mehr als 8 Querscheiben können die Männchen die Embryonalentwicklung zuende bringen, aber die Larven vermögen nicht zu schlüpfen. Ein *Drosophila*-Männchen, dem ein X-Chromosom zur Hälfte zerstört ist, geht in frühem Entwicklungsstadium ein. Das Y-Chromosom kann ganz oder zu einem Teil ohne Schaden fehlen (vgl. jedoch S. 103 f).

Kleinere Defekte sind, wie Abb. 4 b, c zeigen, heterozygot nicht schädlich und ermöglichen infolge ihrer spezifischen Auswirkung die Lokalisierung von Anlagen. Soll z. B. die Lage des Gens *„Weißäugig“ (w)* bestimmt werden, das sich gegenüber dem Gen *„Rotäugig“ (w^+)* der Wildform bei der Kreuzung recessiv verhält, so werden rotäugige Fliegenmännchen mit Röntgenstrahlen behandelt. Läßt man unbestrahlte weißäugige Weibchen von solchen bestrahlten Männchen begatten, so müssen bei den heterozygoten Nachkommen statt normal erwarteter dominant rotäugiger Weibchen jedesmal dann lauter weißäugige Tiere auftreten, wenn das $^+$Gen *„Rotäugig“* beim Männchen zerstört war. Man untersucht die Speicheldrüsenchromosomen solcher Fliegen daraufhin, welche Banden jeweils heterozygot fehlen (Abb. 4 b). In 4 a ist durch schwarze Flächen das Ausmaß zweier solcher Deficiencies gekennzeichnet. An der Stelle, an der sie sich überschneiden, muß der Locus für *w* liegen. Jedesmal, wenn eine Zerstörung den Abschnitt 3 C 1 (2) getroffen hat, werden die Fliegen weißäugig. So kann man diese MENDELschen Erbfaktoren hinsichtlich ihrer Lokalisation genauer kennzeichnen: Innerhalb eines Chromonema sind bestimmten Chromomeren oder Chromomerengruppen einzelne Gene zugeordnet. – Wie fortgesetzte Untersuchungen über den Abschnitt 3 C 1 bis 3 C 7 ergaben, lassen sich diesen 7 aufeinanderfolgenden Chromomeren nahezu lückenlos und genau 7 in der Erläuterung zu Abb. 4 a genannte Gene zuordnen, so daß man über die bloße Lokalisierung hinaus zu der Feststellung gelangt: *Ein Chromomer enthält jeweils ein Gen.* Die Definition als genetische Einheit ist dabei nach dem Allelie-Test (Komplementationstest) erfolgt.

Bevor wir die Wirkungsweise der Gene genauer darstellen, sind noch einige Anmerkungen zu ihrer allgemeinen Kennzeichnung zu machen: Die *Wirkungskonstanz der Gene* ist *relativ*. In sehr seltenen Fällen unter besonderen Bedingungen treten an ihnen sprunghafte Änderungen, **Mutationen,** auf. Sie wurden erschlossen aus sprunghaften Änderungen von Merkmalen bei den adulten Tieren. Die eben erwähnten weißäugigen *Drosophila* sind solche aus normalen rotäugigen Tieren hervorgegangene Mutanten. Die braune Körperfarbe der Normaltiere kann in dunkle Körperfarbe überführt sein. Bei Kreuzungen von Wildtier und Mutante ergeben sich dann die den MENDEL-Regeln entsprechenden Zahlen-

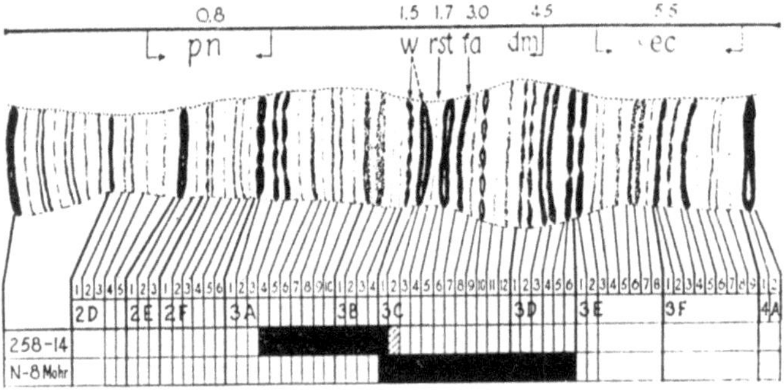

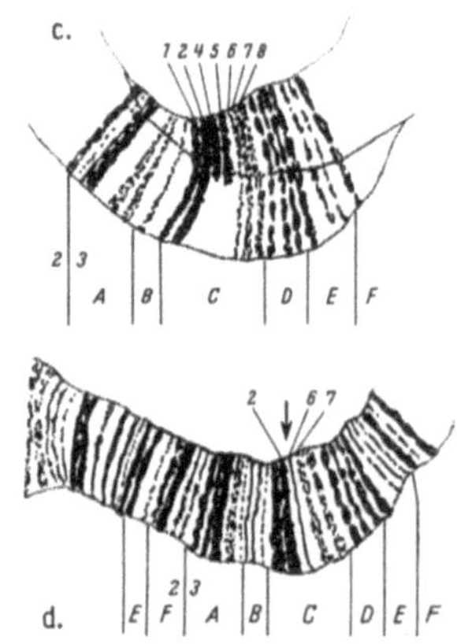

Abb. 4. *Drosophila* (Taufliege). Genlokalisierung.

a) Ein Stück des 1. Riesenchromosoms (X-Chromosom) aus der Speicheldrüse und schematische Darstellung der Lokalisation des mendelnden Erbfaktors „weißäugig“ (*w*) durch heterozygote Chromosomenstückzerstörung (deficiency). Oben: Relative Entfernung der Genorte nach dem Prozentsatz der Austauschhäufigkeit. Unten: Bezeichnungssystem der Chromomeren nach BRIDGES. Darunter schwarz: Chromosomenstückzerstörung nach Röntgenbestrahlung in den beiden untereinanderstehenden Versuchen 258–14 und N–8 MOHR.

dm Dünnborstig, Körper schmal. *ec* Rauhäugig. *fa* Anormale Facetten, Flügelspitze eingezogen. *pn* Pflaumenfarbige Augen. *rst* Augen stark rauh und gebeult, Körper zwergig. *w* Weißäugig (nach SLIZINSKA 1938, verändert).

Die Abbildung stellt hier ein Muster für die Experimente dar. Nach neueren Untersuchungen werden die Abschnitte 3 C 1 – 3 C 7 den aufeinanderfolgenden Genen: *l*, *w*, *l*, *rst*, *vt*, *fa* zugeteilt.

b) Nicht letaler hemizygoter Stückverlust (Pfeil) innerhalb des 1. Speicheldrüsenchromosoms (X-Chromosom) (nach PAINTER 1934).

c) Nicht letaler hemizygoter Stückverlust der Bänder C 4 und C 5 im X-Chromosom.

d) Homozygoter Stückverlust im X-Chromosom aus einer vitalen weiblichen Larve. Der Pfeil bezeichnet die Stelle des Stückausfalles. (Nach EMMENS 1937 aus HADORN 1955).

verhältnisse. Diese treten nur allein bei Kreuzungen mutativ auseinander hervorgegangener Rassen auf. Durch Mutation wird ein Gen gewissermaßen markiert. Könnten Gene nicht mutieren, wüßten wir nichts von ihrer Existenz. So wurde ein Gen ursprünglich nicht nur als Rekombinationseinheit und Funktionseinheit, sondern auch als *Mutationseinheit* definiert. $^+$Gene (der Wild- oder Standartform) und die aus ihnen hervorgegangenen Mutanten bezeichnen wir mit einem gemeinsamen Begriff als *Allele*. Sie sind verschiedene Zustandsformen eines Gens und liegen im Chromonema am gleichen Locus.

Der Mutationsvorgang von Genen, Chromosomen und Genomen läßt sich experimentell durch Einwirkung von extremen Temperaturen, Gasen, chemischen Agentien, von elektromagnetischen und ionisierenden Strahlen auf die Keimzellen verifizieren. Die Rate von spontanen Mutationen eines Gens liegt etwa in der Größenordnung von 0,0001–0,001 %, d. h. auf etwa 100 000 Gameten einer Generation kann eine Mutation fallen. Durch künstliche Beeinflussung vermag man die Rate sehr stark, z. B. auf das 50fache, zu erhöhen. Experimentelle Erzeugung von Genmutationen mit diesen Mitteln erbrachte nur soweit eine Einsicht in den Mutationsvorgang, als man erfuhr, es handelt sich dabei um eine molekulare Veränderung (vgl. S. 29 f.). Im allgemeinen werden mit den genannten experimentellen Eingriffen gröbere Veränderungen des Genmusters, Chromosomenmutationen erzielt (S. 18 f. und Abb. 4). Es entstehen lichtmikroskopisch sichtbare Stückzerstörungen oder Stückverluste am Chromosom, Verlagerungen, Inversionen und Verdoppelungen von Chromosomenabschnitten, schließlich auch Änderungen der Anzahl einzelner Chromosomen und ganzer Sätze, Genommutationen.

Wie die Mutationen bei kreuzungsgenetischen Untersuchungen zur Genmarkierung unentbehrlich waren, so sind sie ebensowenig zu entbehren, wenn es gilt, die Rolle der **Gene als Entwicklungsfaktoren** aufzuklären. Die Untersuchungen spielen sich wiederum auf verschiedenen Ebenen ab. Nach klassischen Methoden arbeitend, wird man sich primär mit dem Entwicklungsergebnis beschäftigen und von da aus die Wirkungsweise der Gene erschließen. Demgegenüber konnten sich neuere Untersuchungen primär der Struktur des Gens zuwenden und von dort aus seine Wirkungsweise zu klären beginnen. Dies ist nur auf molekularbiologischer Ebene möglich. Dabei gelang es, das Augenmerk auf die Gesamtheit nucleärer Entwicklungsfaktoren zu lenken und außerdem auch den Mutationsvorgang selbst in seinen molekularen Beziehungen zu studieren.

Untersuchungen der zuerst genannten Art gehen vom Kreuzungsexperiment aus. Dadurch, daß mutativ veränderte Gene, an die Stelle von +Genen der Wildform gesetzt, gewissermaßen in den Kern transplantiert werden können, vermag der Untersucher die *Wirkungen von einem +Gen und einem mutierten Gen* miteinander zu *vergleichen*. Ebenso kann er die stärkeren Einflüsse zytologisch nachweisbarer Chromosomen- und Genomänderungen studieren. Er wird durch diese Vergleiche vom normalen und mutierten Entwicklungsverlauf erfahren, an welchen Entwicklungsvorgängen die einzelnen Gene angreifen. Er kann versuchen, einen solchen durch Mutationen des +Gens veränderten Entwicklungsvorgang aus den übrigen herausgelöst zu betrachten, experimentell durch Änderung von Außen- und Innenfaktoren die mutative Abänderung wieder auszugleichen, zu kompensieren und dadurch die Bedingungen des normalen Grundvorgangs herzustellen. Auf diese Weise gewinnt er eine Modellvorstellung über die Wirkungsweise des +Gens. Umgekehrt läßt sich der Entwicklungsablauf einer Normalrasse so verändern, daß er dem durch das mutierte Gen bedingten gleichkommt (Phaenokopie).

Solche Untersuchungen, über die im einzelnen in Bd. II näher berichtet wird, gestalten sich bei höheren Tieren als außerordentlich schwierig. Sie führen bei niederen Organismen, Pilzen *(Neurospora)*, Bakterien, Viren (Bakteriophagen), bei denen bestimmte Genmutationen in manchen Fällen jeweils nur eine einzige Stoffwechselreaktion blockieren oder umwandeln, sehr schnell zu klaren Ergebnissen über die Genbeteiligung am Stoffwechselgeschehen. Der Weg vom Gen zur Funktion ist hier sehr kurz und übersichtlich. Der Entwicklungsphysiologe allerdings, der in die Anlyse der Entwicklungsreaktionen höher differenzierter Systeme auch genetische Faktoren mit einbeziehen möchte, muß die Schwierigkeiten, die der verwickeltere Weg von Gen zu Merkmalsentstehung bietet, in Kauf nehmen und kann die aus einfacheren Systemen gewonnenen Erfahrungen lediglich vergleichsweise heranziehen.

Der zweite oben genannte Weg, unmittelbar die *Struktur des Gens aufzuklären und dadurch zugleich in die Wirkungsweise Einblick* zu *gewinnen,* hat dem Entwicklungsphysiologen unerwartete Möglichkeiten für seine Analysen eröffnet. Im Transformationsexperiment, in welchem bei Bakterien Genwirkung durch freie, aus einem normalen Stamm extrahierte DNS auf eine Mutante übertragen werden konnte, wurde der Nachweis erbracht, daß *DNS die Vererbungssubstanz* darstellt (GRIFFITH, ALLOWAY, AVERY). Im DNS-Doppelmolekül, dessen Struktur S. 13 ff. und durch Abb. 3 für die Karyoplasma-Architektur erläutert wurde, lassen sich die Mononucleotide durch ihre Basen unterscheiden. Ihre Folge, Sequenz, entspricht nicht einer zufälligen Verteilung, nach der man alle vier Basen in gleicher Häufigkeit erwarten müßte, sondern ist jeweils spezialisiert und offenbart eine wirkungsspezifische Architektur. Sie ließ sich deuten, als man die Primärfunktion der DNS zu überlegen begann. Schon lange war bekannt, daß Gene über Enzyme ihre Wirkung entfalten. (DANNEEL, KÜHN, BUTENANDT).

Die Methode des Grundversuchs, die zu diesem Ergebnis führte, war im Anschluß an die Explantation von Zellen und Geweben entwickelt worden. Um nachzuweisen, daß bei den im übrigen weißen Russenkaninchen Melanin in den Akra des Körpers, den Ohren, Extremitäten-Enden, der Schnauzenspitze, dem Schwanz auf Grund einer Gen-gesteuerten enzymatischen Reaktion gebildet wird, setzte DANNEEL dem hier in Frage kommenden Chromogen Dioxy-Phenyl-Alanin (Dopa) einen wässrigen Auszug von Hautstücken unausgefärbter Jungtiere zu. Die im Reagenzglas gebildete Melaninmenge betrug ceteris constantibus bei Hautauszügen heterozygoter Russenkaninchen nur $^2/_3$ der bei Hautauszügen von homozygoten Tieren beobachteten Menge. Die Erkenntnisse aus den Messungen an den biochemischen Reaktionen in diesem „Zellfreien System“ verdichteten sich in der Folge zu der *„Ein Gen – Ein Enzym“ Hypothese* (BEADLE und TATUM). Nach den derzeitigen Vorstellungen wird die in der DNS als Vererbungssubstanz durch die Basensequenz gegebene Architektur auf das Zytoplasma für den Enzym-Protein-Aufbau übertragen. Eine Folge von jeweils drei Basen bildet ein Teilsystem, dem die Lage einer Aminosäure in einem Proteinmolekül entspricht. Die Auf-

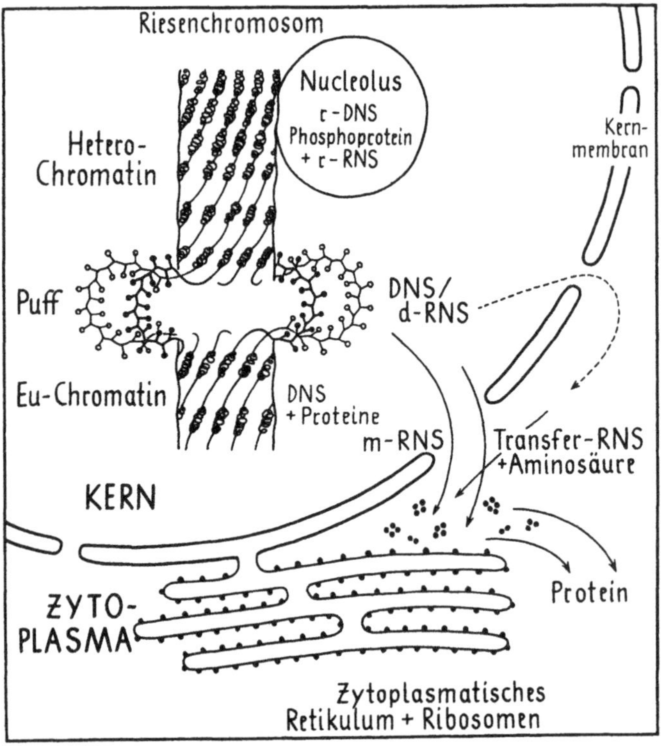

Abb. 5. Schema der derzeitigen Vorstellungen über die Proteinsynthese. Im Kern ist ein Teil eines Riesenchromosoms mit Nucleolus dargestellt. Vermutlich bestehen die Tausende von Chromonemen aus durchgehenden DNS-Molekülen, welche jeweils innerhalb der Chromomeren spiralisiert sind. Ein Chromomer ist im Zustand des puffing entspiralisiert. Die DNS-Achse trägt dabei nach BEERMANN (1966) Ribonucleoprotein-„Borsten“ und -Granula. Mit diesen Granula gelangt die an der DNS im Transscriptionsprozess synthetisierte Messenger-RNS (m-RNS, Mol. Gew. 100 000 bis > 500 000, ~ 10–12 s, ca. 1000 bis > 5000 Nucleotide) durch die Kernmembranporen ins Zytoplasma. An der m-RNS fädeln sich Ribosomen auf (r-RNS, Mol. Gew. etwa 500 000-2 Mill., ~ 18 s und 28 s, bis ca. 6000 Nucleotide). Hier geschieht die Translation: Übersetzung von Nucleotid- in Peptid-Sequenzen an Ribosomen bzw. Polysomen. Freie Aminosäuren werden mittels eines für sie spezifischen Enzyms aktiviert und durch das gleiche Enzym auf eine ebenfalls für diese Aminosäure spezifische niedermolekulare „lösliche“ „Transfer-RNS“ übertragen (t-RNS, Mol. Gew. 20–40 000, ~ 4 s, ca. 70 bis 85 Nucleotide). Am Ribosom wird die an t-RNS angehängte Aminosäure entsprechend der m-RNS-Basen-Sequenz der hier in Synthese befindlichen Polypeptidkette jeweils am freien Carboxylende hinzugefügt.

einanderfolge der Teilsysteme bestimmt diejenige der Aminosäuren im aufzubauenden Protein (GAMOW, CRICK, BRENNER, NIRENBERG, OCHOA). *Kerngenetische Faktorenwirkung, Genwirkung, besteht somit in der Übertragung von Architektur des Erbfaktors auf das Entwicklungssystem im Zytoplasma.*

Abb. 5 gibt für den Vorgang der Realisierung von „Genetischer Information“, den Vorgang der Genexpression, der sich zwischen Kern und Zytoplasma abspielt, ein Schema. Von den mehr als 1000 Chromonemen eines Riesenchromosoms sind einzelne dargestellt. Ihre Chromomeren heben sich durch Spiralisierung des Chromonemas heraus. Im Abschnitt des Heterochromatins sind die DNS-Fäden stärker spiralisiert als im Euchromatin, welches mehr funktionsfähige Gene trägt. Funktionsstadien einzelner Chromomeren und Interchromomeren sind an der Entspiralisierung ihres DNS-Fadens kenntlich (Puff-Bildung, vgl. S. 31 und Bd. II). An diesen Stellen kann an einem Strang des DNS-Doppel-Moleküls ein RNS-Molekül polymerisiert werden, welches eine zum DNS-Molekül komplementäre Basen-Sequenz erhält. Man bezeichnet diesen Vorgang als *Transcription,* Überschreibung, Herstellung einer Kopie.

Zum Studium der Transcription benötigt man ein „Zellfreies System“ (NIRENBERG, MATTHAEI). In diesem Fall kann es enthalten 1) ein Enzym, die DNS-abhängige RNS-Polymerase aus Escherichia coli oder anderen Mikroorganismen; 2) eine Matrize (Template), z. B. DNS des T_4-Bakteriophagen; 3) die als Substrate verwendeten Ribonucleosid-Triphosphate ATP, GTP, CTP und UTP; 4) Magnesiumionen (ZILLIG). Aus den niedermolekularen Substraten wird als Produkt die makromolekulare RNS synthetisiert. Die Matrize ändert sich durch den Syntheseprozess nicht. Unter geeigneten Bedingungen kann e i n Enzym-Molekül mehrere RNS-Moleküle synthetisieren. Dieses zellfreie System entspricht dem auf S. 23 gegebenen, welches synthetisierte und aus Zellen gewonnene Substanzen enthält. Voraussetzung für die Verwendung zellfreier Systeme ist naturgemäß eine der jeweiligen Fragestellung gemäße Verfeinerung der Methoden zur Gewinnung von Einzelkomponenten aus homogenisierten Gemischen. Sie betrifft z. B. bei Bakterien-Zellen, die durch osmotischen Schock aufgebrochen worden sind, die Trennung der Zellwände, Plasmakonstituenten, Kerne und Makromoleküle voneinander durch Zentrifugierung, wie auch die weitere Substanztrennung auf dem Wege der Dialyse, Chromatographie, Elektrophorese. Ebenso hat sich die Methode radioaktiver Markierung einzelner Substrate als sehr wichtiges Hilfsmittel für die Verfolgung der Reaktionen und für die Kennzeichnung des Reaktionsprodukts erwiesen. So konnte man durch Markierung von UTP bzw. GTP mit Tritium (^3H) die Halbwertzeiten der in der Transcription gewonnenen relativ kurzlebigen m-RNS bestimmen, die bei Mikroorganismen etwa 2–20 Minuten, bei Säugetieren etwa 4–400 Stunden betragen.

Die synthetisierte Matrizen-, Boten-, oder Messenger-RNS (m-RNS) ist beweglich und gelangt ins Zytoplasma. Hierher übermittelt sie durch ihre der DNS entsprechende Basensequenz die genetische Information für den Eiweißaufbau. Ein Teilsystem von jeweils drei Basen (ein Triplet) stellt gewissermaßen in einem Code, einer Geheimschrift, ein verschlüsseltes Wort (das Codon, Code-Wort) mit Aminosäure-Bedeutung dar. Dem ganzen Code-Satz würde die Folge der Aminosäuren eines Polypeptids entsprechen. Der Code ist offenbar universell, weitgehend gültig für alle Organismen. Die *Translation*, Übersetzung von Nucleotid-Sequenzen in Peptidsequenzen, geschieht unter Beteiligung der Ribosomen des Zytoplasmas. Sie bekleiden als Partikeln von 15–20 nm Durchmesser die Außenwände der Kanäle des Endoplasmatischen Reticulums oder befinden sich einzeln oder zu mehreren gehäuft (Polysomen) frei im Plasmaraum der Zelle (vgl. S. 44 f.) Bei der Synthese werden die einzelnen Aminosäuren enzymatisch aktiviert und dabei jeweils an ein Molekül von „löslicher“ oder „Transfer-RNS“ (t-RNS) angefügt.

Zur Aktivierung reagieren die Aminosäuren mit ATP unter Bildung eines energiereichen Anhydrids und unter Abspaltung von Pyrophosphat. So ist die Aminosäure mit einer Energiemenge beladen, die für die spätere Herstellung der Peptidbindung mit weiteren Aminosäuren benötigt wird. Das Endprodukt dieser Reaktion, das Aminoacyl-Adenylat, bleibt mit dem aktivierenden Enzym, der Synthetase, verbunden und tritt an die t-RNS, zur Bildung eines Enzym-Aminoacyl-t-RNS-Komplexes heran. Sowohl die aktivierenden Enzyme wie die t-RNS sind für jede Aminosäure spezifisch. Die vom Kern ins Zytoplasma übergetretene m-

RNS lagert sich an die Ribosomen an. Unter Mitwirkung mehrerer Faktoren wird die Polypeptidkette geknüpft: Entsprechend der Codon-Folge der m-RNS treten die Enzym-Aminoacyl-t-RNS-Komplexe an die Ribosomen heran. Sie tragen das jeweils zu einem Codon komplementäre Anticodon und können so die durch den Codon-Satz der m-RNS übermittelte Reihenfolge einnehmen. Entsprechend werden die mitgeführten Aminosäuren aneinandergeheftet. Die verschlüsselte DNS-Information ist dadurch in eine spezifische Polypeptidsequenz übersetzt worden.

Als Methode zur Prüfung des hier wiedergegebenen Reaktionsverlaufs dient wiederum das zellfreie System. Es enthält aber zur Proteinsynthese neben den aus lebendigen Zellen gewonnenen makromolekularen Substanzen m-RNS und t-RNS, neben den Synthetasen als Enzymen, den Nucleosid-Triphosphaten als Energiequellen, sowie den Mg^{++}-, K^{+}-, NH_4^{+}-Ionen und den Aminosäuren vor allem Ribosomen, d. h. aus Zellen gewonnene funktionsfähige Organelle. Durch radioaktive ^{14}C-Markierung der Aminosäuren-Substrate kann ihr Verbleib während der Einzelreaktionen genau festgestellt werden, wozu man die Zwischenprodukte einer Analyse unterzieht. Führt man in das System eine experimentell synthetisierte m-RNS ein, deren Basen-Sequenzen definiert sind, so wird der Code einer Prüfung zugänglich. Eine m-RNS, die allein Uracil enthält (Polyuridylsäure, poly-U.), wird im Reaktionsansatz mit Ribosomen entsprechend dem Triplet UUU trotz Anwesenheit aller 20 Aminosäuren lediglich diejenige t-RNS binden, die mit Phenylalanin beladen ist. Inzwischen wurden die Codonen für alle Aminosäuren entschlüsselt, sowie solche für Start- und Stopsignale. Naturgemäß bedarf es im zellfreien System immer wieder bestimmter Zusätze zu den Komponenten und besonderer Einstellung des aktuellen pH-Wertes, damit die Systeme, deren Volumen meist nicht mehr als 0,25 ml beträgt, ergiebig arbeiten können und zu meßbaren Ergebnissen führen.

Wesentliche Teile dieses Schemas der Abb. 5 sind durch Untersuchungen an Bakterien, speziell *Escherichia coli,* gewonnen. Die Schwierigkeit der *Anwendung auf höhere Organismen* liegt darin, daß infolge der unterschiedlichen Chromosomenarchitektur und der Abgrenzung von Kern und Zytoplasma innerhalb der Zelle die Proteinsynthese unter anderen Bedingungen abläuft als bei den sehr viel einfacher organisierten Bakterien. Die Kernmembran dient nicht nur als Barriere zwischen zwei Zellbereichen, sondern stellt nach den bisherigen Befunden ein hochorganisiertes Stoffwechselorgan dar, wie man insbesondere an dem Konfigurationswandel von Kern- und Plasmakonstituenten erkennen kann, die die Membranporen passieren. Man muß daher bei der Fortführung der Untersuchungen an Eiern und Zellen höherer Organismen mit Abwandlungen des Schemas rechnen (vgl. S. 35): Als Überträgernucleinsäuren können auch DNS-Molekülabschnitte dienen (BELL).Die Möglichkeit einer RNS/RNS-Transcription wird diskutiert (SCHERRER). In Mitochondrien wie im Grundplasma wurde DNS nachgewiesen. Lediglich erste Vorstellungen haben wir bisher über den räumlichen Aufbau der Peptidketten zu globulären wie strukturerhaltenden Proteinen. In Drüsenzellen (PIGMAN) sind daran z. B. die GOLGI-Systeme beteiligt (vgl. S. 44).

Bei der Berührung der molekularen Ebene hat sich *in der Erbforschung eine bemerkenswerte Vereinheitlichung* vollzogen. Der Erbfaktor konnte bisher allein nach kreuzungsgenetischen Experimenten definiert werden, als Faktor mit der Eigenschaft der Kontinuität trotz Rekombination, als Faktor mit merkmalausbildender Funktion, sowie als Faktor mit der Fähigkeit zur Mutation. Im Sinne der Chromosomentheorie der Vererbung hatten zytogenetische Feststellungen über die Umlagerung in Chromosomenmutationen und im Chiasma nach Crossing-over eine reale Anschauungsgrundlage für die Kontinuität und die Rekombinationsmöglichkeiten der Gene gegeben. Nunmehr nach Kennzeichnung der Gene durch die molekulare Architektur der DNS sind Replikation, Kontinuität, Rekombinationsbefähigung und auch Mutation und Entwicklungsfunktion als unmittelbare Eigenschaften der Molekülstrukturen und ihrer Reaktionen untersuchbar. Der Erbfaktor ist als substanzieller Faktor im Entwicklungsgeschehen definiert. Es ist möglich, die Entwicklungsreaktionen direkt vom Gen her zu verfolgen. Das Vorhandensein genetischer Faktoren braucht nicht allein mehr aus der Wirkungskonstanz eines Merkmals im Kreuzungsversuch abgeleitet zu werden. Da bei kreuzbaren Rassen von Tieren Merkmalsunterschiede in Ei und Frühentwicklung kaum auftreten, andererseits Arten und Gattungen, bei denen solche Unterschiede zu finden sind, sich nur in Ausnahmefällen gut kreuzen lassen, so waren der entwicklungsphysiologischen Untersuchung der Genwirkung in frühembryonalen Stadien enge Grenzen gesetzt. Hier eröffnen sich neue Wege, seitdem durch bestimmte chemische Agentien gezielte Eingriffe in den Aufbau der Nucleinsäuren, sowie in die Reaktionen auf der Transcriptions- oder Translationsebene möglich sind (vgl. S. 64, 93 f.). Bestimmte Reaktionsfolgen kann man auf Grund ihrer Änderung nach solchen Eingriffen als genetisch bedingt kennzeichnen, auch wenn sie nicht durch Mutationen und Kreuzungen bekannt geworden sind. Überdies werden genauere Aussagen möglich. Die experimentelle Hybridisierung radioaktiv markierter Transcriptionsprodukte mit der codierenden DNS läßt Aussagen über die Lokalisierung von Genen und den Umfang ihrer Aktivität zu (vgl. Bd. II).

Die Strukturuntersuchungen am DNS-Molekül ergeben nunmehr auch *genauere Vorstellungen über die genetische Architektur*. Replikation, Rekombination, Mutabilität, Entwicklungsfunktion bedürfen nicht der gleichen Abschnitte des DNS-Fadens. So repliziert sich das Chromosom als Ganzes lediglich bei Bakterien. Bei höheren Organismen kann die DNS-Synthese an verschiedensten Stellen des Chromonema einsetzen, wobei die heterochromatischen Teile meist nachhinken. Jedes Chromomer scheint die DNS-Replikation selbstständig zu beginnen und zu beenden. Den Abschnitt Chromomer (mit Interchromomer) definiert man daher auch als eine Replikationseinheit (Synthese-Einheit) oder ein Replicon (mindestens 10 000–100 000 Nucleotidpaare). In der Regel ist dieses beim Riesenchromosom zugleich die Einheit des Puffing (S. 34), der Funktionsform des Chromomers, welches sich für die Transcription entfaltet hat.

Als eine Rekombinationseinheit, ein *Recon*, vermag ein viel kleinerer Abschnitt, aus weniger oder sogar nur einem Nucleotidpaar bestehend, zu gelten. – Eine Mutation kleinsten Ausmaßes betrifft immer nur e i n Nucleotid, so daß dieses die Mutationseinheit, ein *Muton*, darstellt: Schramm, Gierer und Mundry konnten beim Tabakmosaikvirus durch oxydative Behandlung der RNS mit Natriumnitrit ($NaNO_2$) die NH_2-Gruppe des Cytosins in die OH-Gruppe des Uracils umwandeln und so eine Mutation erzielen. Ein Mononucleotid war verändert. Der TMV-Stamm *vulgare* brachte auf dem Blatt des Java-Tabaks anstatt von leichten Chlorosen nunmehr nekrotische Infektionsherde hervor. – Von der Entwicklungsfunktion aus gesehen können sehr unterschiedliche Chromonema-Anteile als Einheiten angesprochen werden. Da Gene allgemein über Enzyme wirken, erscheint die in Abb. 5 dargestellte genetische Steuerung für den Aufbau eines Polypeptids als ein Grundvorgang, so daß die dafür notwendige informatorische Einheit als Funktionseinheit bezeichnet werden kann. Sie wird als *Cistron* definiert. Das Cistron ist eine unterteilbare Funktionseinheit. Nur wenn innerhalb des Cistrons die Rekombinationseinheiten sämtlich in Cis-Stellung, nicht aber in Trans-Stellung stehen, kann es in der Normalform funktionieren. Es muß auf einem Chromonema in vollem Zusammenhang als ganze Einheit vorhanden sein, wenn ein normales Phaen gewährleistet sein soll. Auf der Grundlage des Codierungsverhältnisses 3 Nucleotide = 1 Aminosäure, das für alle bisher geprüften Organismen gilt, werden die Cistren aller Organismen vergleichbare Länge haben (etwa 100–1000 Nucleotidpaare). Das Cistron ist demnach sehr viel kleiner als ein Chromomer. Es entspricht der klassischen Vorstellung von einem Gen am meisten von den eben genannten Begriffen, in die sich der Genbegriff auseinanderlegt. Denn ursprünglich verband sich mit dem Begriff Gen als einer MENDELschen Erbanlage für ein Merkmal wesentlich der Funktionsbegriff eines Entwicklungsfaktors. Gegenüber dem Begriff „Gen“ wird man den Begriff „Cistron“ vorziehen, wenn eine genaue Analyse der Primärfunktion vorliegt. Für den allgemeinen Gebrauch darf man vorerst die Begriffe Cistron und Gen als Synonyme ansehen.

Für entwicklungsphysiologische Feststellungen interessiert außer den Einzelfunktionen eines Kernfaktors, von denen bisher im wesentlichen die Gene innerhalb des Chromosoms besprochen wurden, das Zusammenwirken der Gene untereinander, wie auch das Zusammenspiel der Gene mit anderen nucleären Entwicklungsfaktoren. Es entsteht die Frage, in welcher Weise sich größere **Genphysiologische Systeme**, operative Einheiten der Karyoplasma-Architektur, herausheben. Solche Systeme lassen Kernwirkungen zu, die auf differenziertere Verhältnisse des Keimes abgestimmt sein können. Zugleich eröffnen sich Möglichkeiten zur **Regulation** der genetischen Funktionen.

Einzelne dieser Systeme lassen sich bereits im *Chromosomenbereich* kennzeichnen. Die *Chromomeren* stellen nach S. 29 in den Chromosomen der höheren Organismen die Replikations-, bzw. Einheiten einer besonderen Funktionsform, des Puffing, dar, und ihrem DNS-Gehalt entsprechend sind die einzelnen im Puffing entspiralisierten Fäden nahezu dem ganzen Chromosom eines Bakteriums vergleichbar. Während man bei diesem 10^6–10^7 Nucleotidpaare schätzen kann, enthält ein Chromomer etwa 10^4–10^6, dazu das Interchromomer etwa 10^3 Nucleotidpaare. Chemisch kann man das Bakteriumchromosom als ein einziges DNS-Molekül betrachten, während die Chromomeren der höheren Organismen, wie S. 125 ausgeführt, Histone und in den physiologisch aktiven Stadien auch andere Proteine enthalten. Das Bakterienchromosom vermehrt sich zwar immer als Ganzes (vgl. S. 29). Aber im Gegensatz zu dieser einheitlich durchgehenden DNS-Synthese ist die RNS-Synthese-Aktivität an unterschiedliche, wohl Hunderte von Startpunkten gebunden. Dadurch ist ein Maß für die Anzahl der Transcriptionseinheiten gegeben: Auf dieser Grundlage haben JACOB und MONOD ein Konzept entwickelt, nach dem diese Transscriptionseinheiten auch jeweils eine Funktionseinheit, ein *Operon* darstellen. Eng benachbarte Gene sind zu einer solchen Einheit zusammengeschlossen. Wie mehrfach gezeigt worden war, besetzen in manchen Fällen Gene für aufeinanderfolgende Syntheseschritte, z. B. für den Aufbau von Histidin, in der Genkarte von *Escherichia coli* benachbarte Loci. Abb. 6 gibt ein Schema für ein Operon, in welchem verschiedene Strukturproteine codierende Gene mit einem „Operator" verbunden sind. Der Operatorabschnitt codiert selber nicht Protein, sondern ist lediglich Rezeptorstelle für Substanzfaktoren, welche die Funktion der mit ihm verbundenen Strukturgene fördern oder unterdrücken. Derartige Substanzfaktoren können allosterische Proteine sein. Diese vermögen als „Repressoren" durch die Anlagerung von effektorischen Kleinmolekülen ihre Struktur zu verändern und so den Operator unterschiedlich zu beeinflussen. Als Startpunkt für die RNS-Polymerase dient offenbar nicht der Operator selbst, sondern ein vor ihm liegender „Promotor".

Abb. 6 bietet zugleich ein Modell für eine sehr bedeutsame Form solcher Reaktionen. Durch das dort dargestellte System wird ein Beispiel für die Möglichkeit einer *Einregulierung der Proteinproduktion* gegeben. Handelt es sich z. B. um den Aufbau eines bestimmten Endproduktes Z, also um einen anabolischen Prozeß, welcher über die Metabolite M und N zu Z führt, so kann bei genügender Produktion des Endproduktes Z die weitere Transcription von m-RNS über den Operator unterdrückt werden: Nach der zur Zeit geltenden Vorstellung würde durch Reaktion des Endproduktes als eines Co-Repressors mit einem durch ein Regulatorgen codierten Apo-Repressor nunmehr ein „Repressor" gebildet, der auf den Operator im Sinne einer Unterdrückung der gesamten Transcription des Operons einwirkt. Auf diese Weise kann die Genfunktion in einem die Grenzen des Chromosoms überschreitenden *Regelkreis* einreguliert werden, so daß in

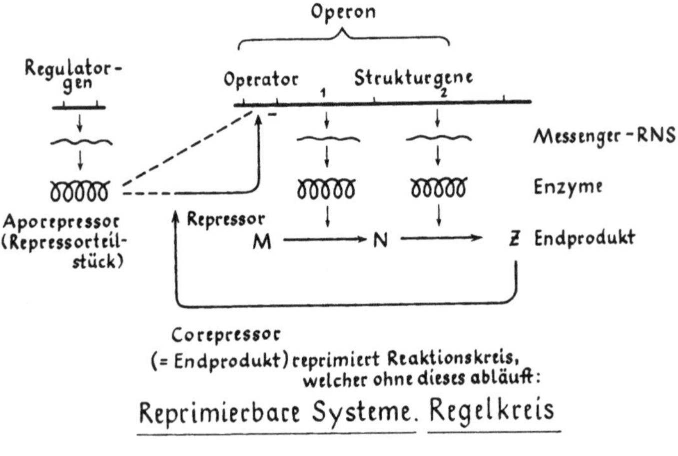

Abb. 6. Schema für einen Regelkreis, in welchem ein genetisches anabolisches System einreguliert wird (Reprimierbares System): Der mit der Reihe der Strukturgene verknüpfte und auf dem gleichen Chromosom befindliche Operator kann durch einen Repressor außer Funktion gesetzt werden. Das System wird dadurch zu einem Regelkreis, daß das Endprodukt ein Repressorteilstück, welches durch ein Regulatorgen eines meist anderen Chromosomenortes bereitgestellt ist, vervollständigt, so zum Repressor wird, und dadurch den Synthesevorgang solange unterdrückt (reprimiert), wie das Endprodukt in genügender Menge vorhanden ist (nach den Angaben von JACOB und MONOD 1964).

der Bakterienzelle konstant eine bestimmte Menge des Endproduktes zur Verfügung steht.

Die Konzeption berücksichtigt zwei Gesichtspunkte. Einerseits sind in einem Operon mehrere Gene bzw. Cistrons zusammengeschlossen. Andererseits besteht infolge der Eigenart der Stellung und Reaktionsweise des Operators eine Möglichkeit zur Kontrolle der Transcriptionsaktivität im gesamten Operon. Abseits liegende Gene, wie das Regulatorgen, und Metabolite des Plasmas, wie das Endprodukt des anabolischen Produktionsprozesses, sind an dieser Kontrolle als Glieder eines Regelkreises beteiligt. Es war zu überprüfen, wie weit sich die Konzeption des Operons auf die Verhältnisse bei höheren Organismen übertragen läßt. Eine genetische Methode, um ein Operon mit eingeschlossenen Cistrons aufzufinden, ist die Berücksichtigung des schon bei der Definition des Cistrons S. 30 erwähnten Cis-Trans-Effekts. Ergeben zwei Mutanten a_1 und a_2 in der Stellung $\frac{+\ +}{a_1\ a_2}$ ein anderes Phaen als in der Stellung $\frac{a_1\ +}{+\ a_2}$, so gehören diese rekombinierten Mutanten einer operativen Einheit an. Würde dabei a_1 keine andere phaenotypische Wirkung haben, als die, die Manifestierung von a_2 (vor allem von weiteren Mutationen in anschließenden Cistrons) in der Trans- anders als in der Cis-Stellung zu beeinflussen, z. B. Dominanz an Stelle von Rezessivität hervorzurufen, so könnte man in a_1 einen „Operator“ sehen. Möglicherweise wird man die sog. Pseudoallele der *w*-Serie bei *Drosophila,* die *apricot-* und *eosin*-Loci, als Angehörige eines Operons betrachten können. Man muß jedoch damit rechnen, daß die einzelnen auf dieser Ebene stattfindenden regulatorischen Reaktionen anders und komplizierter als bei Bakterien verlaufen. Dieses um so mehr, als nach S. 26 die Halbwertszeit der m-RNS bei Säugern mehr als 1000mal länger ist als bei Mikroorganismen und daher der geschilderten Regulierung der Enzymsynthese auf der Transcriptionsebene ernste Schwierigkeiten erwachsen können.

Untersuchungen darüber lassen als mögliche *Kontrolle der genetischen Aktivität* bereits auf der Ebene des Chromomers *drei weitere Einregulierungsprinzipien* für die Proteinsynthese erkennen (BEERMANN). Das im Puffing entspiralisierte, als operative

Einheit ein Gen repräsentierende Chromomer ist mindestens 100mal länger als ein Operon eines Bakteriums. Ein solches Chromomer, welches durch Komplexierung mit Histonen etwa als 10 μm lang erscheint, dessen DNS-Faden aber gestreckt eine Länge von ~ 30 μm haben dürfte, könnte theoretisch etwa 100 verschiedene Proteine mit je 300 Aminosäuren codieren. Gleichzeitig ist der RNS-Einbau so intensiv, daß er sich oft schon nach einer Markierung von 1 Minute autoradiographisch nachweisen läßt (PELLING). Analysiert man jedoch die Produktion von RNS an den Riesenchromosomen von *Chironomus* genauer, so betrifft sie nicht nur m-RNS. Man findet daneben sowohl niedermolekulare RNS von 4 s (s = SVEDBERG-Einheit für die Sedimentationsgeschwindigkeit in der Ultrazentrifuge[1]), also vermutlich t-RNS, wie auch als Hauptfraktion hochmolekulare RNS von 45 s. Da nach der Basenzusammensetzung ribosomale RNS hier nicht synthetisiert wird, kann es sich bei der 45 s-RNS nur um Vorstufen von m-RNS (ca. 10 s) handeln. Wie oben auf Abb. 5 dargetan wurde, finden sich in den Puffs an deren DNS-Fäden Ribonucleoproteide in Form von „Borsten" und Granula. Offenbar entstehen die Mengen von großen Ribonucleoproteid-Partikeln mit einem Durchmesser von 30–40 nm (BALBIANI-Ring-Partikeln, BR-Partikeln) durch eine Art Faltung oder Aufwindung aus den erwähnten Borstenstrukturen. Beim Durchtritt durch die Kernmembran ver-

[1]) Die Fraktionierung geschieht im allgemeinen innerhalb eines Rohrzucker-Dichtegradienten. Durch Aufeinanderschichten von Rohrzuckerlösungen unterschiedlicher Konzentration wird *vor Beginn* der Zentrifugierung im Zentrifugenröhrchen ein Konzentrationsgradient hergestellt, der von der Oberfläche der Lösung zum Boden hin stetig zunimmt. Auf die Oberfläche der Saccharose-Lösung werden die zu fragmentierenden Substanzen gegeben. Die Rohrzucker-Moleküle besitzen geringere Molekularmassen als diese Substanzen, halten aber durch den Konzentrationsgradienten die entsprechend ihrer Molekularmasse und -Form unterschiedlich schnell sedimentierenden Partikeln bei Anhalten der Zentrifuge in der jeweils erreichten Lage fest und stabilisieren die entstandenen Banden, so daß die Sedimentationsgeschwindigkeit bestimmt werden kann. – Bei Ribonucleinsäuren sind für den Zusammenhang von SVEDBERG-Einheiten und Molekulargewichten folgende Zahlen nach TRÄGER Richtwerte:

4 s = 25 000, 5 s = 35 000, 16 s = 500 000, 23 s = 1 000 000, 45 s = 4 500 000

Um normale (14_N) und mit schweren Isotopen (15_N) markierte DNS voneinander zu trennen, bedienten MESELSON und STAHL sich eines auf anderen Grundlagen beruhenden Dichtegradienten-Verfahrens. Sie benutzten eine Lösung des relativ schweren Salzes Caesiumchlorid, in der sie *nach Einfüllen* durch stundenlanges Zentrifugieren die Bildung eines Dichtegradienten veranlaßten. In diesem stellen sich dann die zu trennenden Moleküle entsprechend ihrem Spezifischen Gewicht (nach der Schwimmdichte) bandenartig gesammelt auf bestimmte Stellen ein.

formen sie sich fadenartig, werden sehr wahrscheinlich entfaltet und umgebaut. Außerhalb des Kernes werden sie als Informosomen durch ihre Proteine die Freigabe von RNS regulieren können.

Neben der an Mikroorganismen untersuchten regulären m-RNS und t-RNS-Synthese kündet sich demnach als besondere Funktion mit möglichem Regulationseffekt in aktiven Chromosomen höherer Organismen diejenige der *Vorratssynthese* und die der *Verbindung neu synthetisierter RNS mit Transportproteinen* an. Transcriptions- und Transportfunktion werden koordiniert sein. Durch die Verpackung und den Transport können m-RNS-Moleküle stabilisiert und für spätere Verwendung im Entwicklungsvorgang bereitgestellt werden, wobei die zeitgerechte Auslösung für Differenzierungsprozesse wieder besondere Regulationsmechanismen erfordert. Unterschiedliche Chromomeren bilden verschiedene Typen von Transportpartikeln, möglicherweise ebenso die gleichen Chromomeren in verschiedenen Stadien der Entwicklung. – Eine dritte Möglichkeit zur Einregulierung einer sich ebenso erst auf der Translationsebene auswirkenden Aktivität könnte durch die *Bildung der t-RNS in den Puffs* gegeben sein, welche zu einer gezielten Verstärkung der Synthese bestimmter Proteine beitragen würde.

Wenn die Schilderung dieser Zusammenhänge auch noch einzelne hypothetische Momente enthält, so gibt sie doch eine Modellvorstellung wieder, durch welche deutlich wird, wieviel vielseitiger für die Chromosomen der höheren Organismen die Möglichkeiten der Einregulierung genetischer Faktoren sind als für das einfache Chromosom (Lineom) der Bakterien. Diese Vielfalt muß als angemessen erscheinen, wenn man die Anforderungen in Betracht zieht, die die Differenzierungsvorgänge des Zellplasmas bei den Metazoen stellen (vgl. S. 84 ff. und Bd. II). – Aber die Karyoplasma-Architektur ermöglicht über die Regulationserscheinungen innerhalb der Chromomeren hinaus noch sehr viel weitergehende Wechselwirkungen durch **Operative Einheiten höheren Grades:**

Auf der Ebene der Einzelchromosomen bzw. Chromatiden sind solche Wirkungsbeziehungen etwa die genannten von Regulatoren zu Operator bzw. Operon. Andere Möglichkeiten gegenseitiger Beeinflussung bestehen zwischen euchromatischen und heterochromatischen Chromomeren. Wird der *white*-Locus (w^+) bei *Drosophila* durch röntgeninduzierte Translokation zwischen den Chromosomen I (X) und IV in unmittelbare Nähe des Heterochromatins verlagert, so erhalten die normalerweise roten Augen eine Scheckung (J. SCHULTZ, BECKER). Solche *Lagewirkungen* (Positionseffekte) sind im allgemeinen reversibel, stellen also keine Mutationen dar. Auch Inversionen kleiner Chromosomenabschnitte führen zu Positionseffekten, etwa am Ende des X-Chromosoms zu Abänderungen im Sinne der Mutationen *achaete* (*ac* fehlende Dorsozentralborsten) und *scute* (*sc* fehlende Scutellum-Borsten).

Ein Beispiel für Wirkungszusammenhänge auf homologen Chromosomen gibt der *Bar*-Fall (Bandäugig) von *Drosophila*. Bei dieser Chromosomenmutation wird durch Verdoppelung eines kleinen Stückes im X-Chromosom eine Verminderung der Ommatidienzahl des Facettenauges von *Drosophila* hervorgerufen. Je nach dem, ob in einem Weibchen das entscheidende Chromosomenstück viermal durch doppelte Ausbildung in den beiden X-Chromosomen vorhanden ist, oder ob diese Vierzahl durch Verdreifachung in einem X-Chromosomen und einmaliger Anwesenheit im gegenüberliegenden erreicht wird, vermindert sich die Anzahl der Facetten weniger oder mehr, auf 68 im ersten und 45 im zweiten Fall (vgl. II, Abb.).

Als sehr verwickelt müssen die Wechselwirkungen zwischen den Chromomeren als Informationsträgern und denjenigen Chromomeren gelten, welche in Interphasestadien die Ausdifferenzierung von *Nucleolen* bedingen. Wie sich mit ^{3}H-Markierung durch das RNS-Nucleosid Uridin autoradiographisch zeigen läßt (PELLING), werden vom Nucleolenbildungsort aus mittels der dortigen den Nucleolus durchziehenden DNS-Cistrons RNS-Moleküle aufgebaut. Sie sind von sehr hohem Molekulargewicht, schwere Vorstufen (45 s) für eine r-RNS. Hier laufen drei weitere Vorgänge ab, die Methylierung dieser RNS, ihre enzymatische Spaltung über verschiedene Vorstufen zu 28 s und 18 s-RNS und ihre Koppelung mit basischen Trägerproteinen. Phosphoproteine, welche zwar an diesem Ort nicht synthetisiert, aber vorübergehend gebunden werden, machen etwa 80–95 % der Nucleolus-Substanzen aus. In welcher Weise nucleoläre Ribonucleoproteide ins Zytoplasma zum Aufbau der Ribosomen gelangen, ob und wie umgekehrt plasmatische Proteine in den Kern transportiert werden, ist noch zu prüfen. Es mehren sich jedoch die Anzeichen dafür, daß auch hier ein Rückkoppelungssystem die Bereitstellung von Ribosomen-Protein im Zytoplasma und die Synthese von r-RNS im Nucleolus regelt und damit entscheidenden Einfluß auf das Ausmaß der Proteinproduktion in der Zelle gewinnt. In Zellen ohne Proteinsynthese, wie Spermien, Muskelzellen, hungernden Zellen, schwinden die Nucleolen. Sie fehlen in der Seeigelentwicklung von der Besamung bis zum Ende des Blastulastadiums. Umgekehrt wird in nucleolenlosen embryonalen Blastemen das Wachstum unterdrückt (vgl. S. 99 und Bd. II).

Bei der Untersuchung des Zusammenwirkens diploid angeordneter, in homologen Chromosomen einander gegenüberliegender Gene tritt das Problem der *Dominanz* auf, die Frage, ob einer dieser Faktoren, und welcher, ein Übergewicht in dem Sinne erhält, daß die Entwicklung der erbmäßigen Herkunft des einen oder anderen Faktors entsprechend verläuft. Die Entscheidung über die Entwicklungsrichtung mag sowohl durch Reaktionen innerhalb des Zellkerns wie auch in späteren Gliedern der Reaktionsfolgen außerhalb des Kernes oder zwischenzellig erfolgen. Im allgemeinen sind vielerlei Gene an der Gestaltung eines einzelnen Merkmals mit beteiligt (Polygenie), und umgekehrt werden meistens durch eine einzige Genänderung Entwicklungsvorgänge für mehrere Merkmale zugleich betroffen (Pleiotropie der Gene). Auf die Regulationsmöglichkeiten, die in vielen Entwicklungsstufen eintreten können und deren Ergebnis jeweils durch unterschiedliche Grade von Penetranz und Expressivität sichtbar sind, soll hier nur hingewiesen werden.

Für vergleichbare Wirkungen können die Konstituenten der Operativen Einheiten sehr verschieden lokalisiert sein:

So kann zur Bestimmung des Geschlechts die Entscheidung über die Differenzierung in männlicher oder weiblicher Richtung durch Reaktion zwischen nicht allelen Genen homologer Chromosomen fallen (Alge *Protosiphon*). Sie wird, wie bei *Drosophila,* durch Reaktionen von Genen des X-Chromosoms mit solchen des gesamten Autosomensatzes, oder, wie beim Schwammspinner *Lymantria,* in Reaktionen zwischen Genen des X-Chromosoms und Faktoren des Plasmas herbeigeführt (vgl. HARTMANN, Geschlecht und Geschlechtsbestimmung, Sammlung Göschen).

Sehr klar treten die Beziehungen zwischen den Chromosomen und zu offenbar weiteren nucleären und plasmatischen Faktoren durch das Faktum der *Dosis-Kompensation* bei den X-Chromosom von *Drosophila* hervor (MULLER, STERN). Im Speicheldrüsenkern erscheint das solitäre X-Chromosom des Männchens fast ebenso dick, wenn auch blasser gefärbt, als ein Autosomenpaar. Dieses eine männliche Chromosom ist stärker aufgelockert und entsprechend wohl auch stärker aktiv als die weiblichen. Nach dem Einbau von radioaktivem Uridin zu urteilen, erreicht die Synthese-Aktivität im X-Chromosom des Männchens den doppelten Wert von jedem einzelnen weiblichen X-Chromosom. Mutationen, wie z. B. *apricot*, manifestieren sich in beiden Geschlechtern völlig gleich, obwohl im Weibchen die doppelte Gen-Dosis gegenüber der des Männchens wirksam sein müßte. Kreuzt man das Gen *apricot* nur in eines der X-Chromosome des Weibchens ein, so bleibt die Augenfarbe deutlich heller. Die Dosiskompensation wird bereits auf der Ebene der Enzyme manifest.

Alle Angaben zur Beschreibung der Operativen Einheiten höheren Grades lassen sich dahingehend zusammenfassen:

Die Chromomeren stehen als Glieder eines gemeinsamen Anlagensystems in Beziehung zueinander. Sie sind in eine Architektur des Gesamtchromosoms und des Genoms eingefügt, die entwicklungsphysiologisch für sie ein übergeordnetes Ganzes darstellt.

b) Struktur und Bildungsfaktoren des Eizytoplasmas

Anders als im Kern können im *Zytoplasma* bisher nur sehr schwer einzelne Strukturen als Entwicklungsfaktoren gekennzeichnet werden. Überdies zeigen Eier jeder Tierform im Plasma eine eigene Architektur. Aussagen über das Zytoplasma müssen stets mit Rücksicht auf den systematischen Typus des Tieres, dem das Ei entstammt, ausgesprochen werden. So wird man innerhalb der allgemeinen Struktureigenschaften des Zytoplasmas einerseits nach Strukturen und Faktoren suchen, die speziell für Bildungsvorgänge wesentlich sind. Andererseits wird man damit rechnen müssen, daß solche Bildungsfaktoren in den Eiern unterschiedlicher Tiergruppen verschieden gebaut und in jeweils besonderer Weise lokalisiert sind. Die Analyse eines Eisystems hinsichtlich seiner zytoplasmatischen Faktoren beschreitet zwei Wege, welche sich in gewisser Hinsicht mit den am Kernsystem bewährten vergleichen lassen: Sie beschreibt morphologisch und histologisch kennzeichnende Strukturen des Zytoplasmas und versucht durch ihre experimentelle Abänderung die Entwicklungsfunktionen dieser Strukturen zu klären. Oder sie bemüht sich, das Zytoplasmasystem von einzelnen Entwicklungsfunktionen her aufzuteilen und auf diese Weise zunächst bestimmte Teilsysteme als Entwicklungsfaktoren abzugrenzen, welche dann strukturell und ihrer Architektur nach genauer zu kennzeichnen sind.

Mit besonderer Deutlichkeit läßt sich bereits von Anfang an nach einfachen morphologischen Kennzeichen eine **Richtungsorganisation** im Ei feststellen.

Der Ort, an dem bei den Reifungsteilungen die Richtungskörper abgeschieden werden, ist bei den Eiern fast aller Tiere besonders

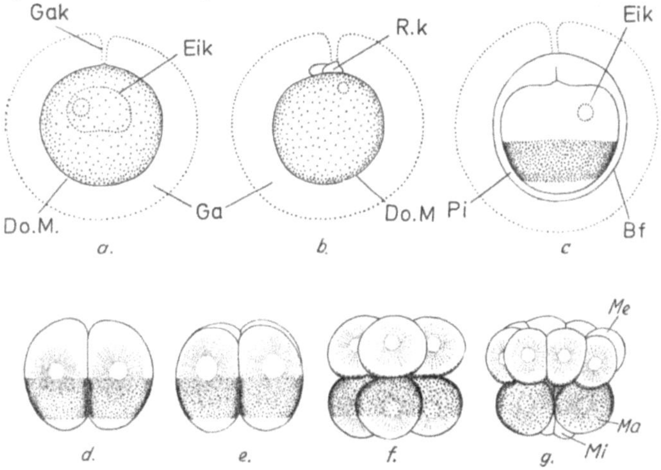

Abb. 7. *Paracentrotus* (Seeigel). Bildung des Pigmentrings im Ei. Reifungsteilung und Furchung (BOVERI 1901).

a) Unreifes Ei, Oozyte 1. Ordnung. b) Ei mit jungem Eikern und beiden Richtungskörperchen. Pigment noch diffus über die Eioberfläche verteilt. c) Ei kurz nach der Befruchtung. Befruchtungsmembran abgehoben. Pigmentring bereits kurz vor der Befruchtung gebildet. d) Zwei Zellen in Vorbereitung zur nächsten Teilung. e) Vierzellenstadium. f) Achtzellenstadium. g) 16-Zellenstadium

Bf Befruchtungsmembran. *Do. M* Dottermembran (Eimembran). *Eik* Eikern. *Ga* Gallerthülle. *Ga K* Gallertkanal. *Ma* Makromere. *Me* Mesomere. *Mi* Mikromere. *Pi* Pigmentring. R. *K* Richtungskörper

ausgezeichnet. Er wurde von CARL ERNST VON BAER als animaler Pol bezeichnet, da aus dem Gebiet seiner Umgebung kennzeichnende animale Organe, z. B. das apikale Sinnesorgan und das Nervensystem, aus dem Gegenpol aber als vegetatives Organ das Darmsystem hervorgehen. Tatsächlich entspricht in der Mehrzahl der Fälle der animal-vegetativen Hauptachse des Eies die Vorn-Hinten-Achse des entstehenden Tieres. BOVERI versuchte als erster beim Seeigelei, diese Achse auf diejenige der wachsenden Keimzellen im Ovarium zurückzuführen. Die Mikropyle und der Kanal in der Gallerthülle (GaK), in den hinein die Richtungskörper (R. K) später abgeschieden werden (Abb. 7 a–c), liegen der Anheftungsstelle der Oogonie im Keimepithel des Ovariums genau gegenüber (LINDAHL). Der große Kern des unreifen Eies ist dem Richtungskörperpol genähert und läßt so auf eine vom animalen zum vegetativen Pol hin sich verändernde Dichte des Eiinhaltes schließen. Bei Eiern, welche mehr Dotter enthalten, nimmt dieser im allgemeinen vom animalen zum vegetativen Pol hin deutlich sichtbar zu.

Der Besprechung über **allgemeine Substanz- und Struktureigenschaften des Zytoplasmas** dienen Beispiele aus Untersuchungen am Seeigel- und Säugetierei.

Das vielfach als „lebendige Substanz" bezeichnete Zytoplasma läßt sich nicht durch das darin enthaltene Stoffgemisch, etwa von Proteinen, Kohlenhydraten, Fetten, anorganischen Ionen, Wasser, definieren. Zytoplasma und insbesondere das Eiplasma, Ooplasma, sind Bausysteme. In allen Zytoplasmen unterscheidet man das G r u n d z y t o p l a s m a , eine in seinem Aggregatzustand mehr oder weniger flüssige Phase, kolloidchemisch gesehen von sol- oder gelartiger Konsistenz, und die in dieses als ihren Mutterboden eingebetteten S t r u k t u r e l e m e n t e.

Unsere Anschauungen über die Funktionsweise dieses Plasmasystems sind erst durch die Elektronenmikroskopie ermöglicht worden. Waren vom lichtmikroskopischen Bild her und auf Grund kolloidchemischer und polarisationsoptischer Erfahrungen nur extrapolierende Modellvorstellungen möglich, so eröffnet sich nunmehr ein sehr differenziertes Bild klar erkennbarer Strukturmerkmale eines Systems von feinsten in einem Grundzytoplasma enthaltenen Organellen. Darunter finden sich, wie S. 42 ff. noch genauer geschildert wird:

1. Fädige Elemente, insbesondere als Sphaeren und Spindelfasern, als Tono-, Myo- und Neurofilamente.

2. Membranöse Elemente, wie Endoplasmatisches Retikulum, GOLGI-Komplexe mit GOLGI-Apparaten (Dictyosomen), Mitochondrien.

3. Granuläre Elemente, so Ribosomen, Informosomen, Lysosomen, Cortexgranula.

Dazu kommen als Ablagerungen paraplasmatische Substanzen, wie Pigmente, Dottergranula, Lipoidtropfen. Dieses Gesamt-System von Grundplasma und Strukturelementen trägt alle Lebensfunktionen, als deren wesentliche Stoffaufnahme und -transport, Betriebs- und Baustoffwechsel, Reizbarkeit und Erregungsleitung, Kontraktilität und Fortbewegung, Differenzierung und Sonderung, Strukturänderung und Formwechsel, Wachstum und Replikation hervorgehoben seien. Alle Reaktionen für diese zytoplasmatischen Vorgänge sind stets durch Enzyme kontrolliert. Die Gesetzmäßigkeiten dieser Vorgänge lassen sich nicht ohne weiteres mit den Mitteln der Physik, Chemie oder Kolloidchemie erfassen, weil das Zytoplasma aus Strukturelementen besteht, die je für sich nicht einzelne Moleküle sind, sondern selbst bereits eine verwickelte Substruktur aufweisen. Morphologisch-histologische Einsicht in die Substruktur der Systemteile bildet eine Voraussetzung für jede physikalisch-chemische Kausalanalyse des ganzen Zytoplasmasystems

Im **System des unreifen und reifen Eies** besteht allgemein das Plasma aus zentralem Entoplasma und einer R i n d e (Cortex, Ektoplasma). Das in Abb. 7 dargestellte Seeigelei mißt im Durchmesser etwa 80 μm, die Rinde ungefähr $1^1/_2$–2 μm (vgl. auch das Ei von *Limnaea* Abb. 16, Enpl, Rd.). Nach außen hin ist die Rinde begrenzt von einem plasmatischen Abschlußhäutchen, dem Plasmalemma, das bei elektronenoptischer Auflösung eine enge Doppelmembran darstellt. Innerhalb des Rindenbezirks befinden sich im Grundplasma Cortexgranula von etwa 1 μm Durchmesser, einzelne Dottergranula mit eigener Hüllmembran und ebenso eine meist bedeutende Anzahl verschieden großer Vesikel, die sich vom Plasmalemma oder von subcortikal liegenden Strukturelementen, wie dem Endoplasmatischen Retikulum und den GOLGI-

Systemen, ableiten können, auch zu den dortigen multivesikulären Körpern Beziehungen haben (vgl. S. 45). Nach innen hin setzt sich die Rinde vom Entoplasma weniger scharf ab. In dem Übergangsbereich, dem Subcortex, pflegen sich in einzelnen Fällen Pigmente anzusammeln. Als Ektoplasma ist die Rinde ein wesentlicher Bestandteil des lebendigen Zellplasmas. Ihre Teile erscheinen als sehr fest gefügt, beziehungsweise dem Plasmalemma nahezu unverschiebbar angelagert. Durch Zentrifugieren kann im allgemeinen die Rindenstruktur des Eies nicht verändert werden. Nach der Besamung nimmt die Festigkeit der Rinde noch zu. Sie kann nicht entfernt werden, ohne daß das Leben des Eies zerstört wird, während sich die außerhalb des Oberflächenhäutchens folgenden Hüllen ohne Gefahr ablösen lassen: Die äußerst feine, der unreifen Eizelle dicht anliegende Protein-Dottermembran (Abb. 7 a, Do. M, Vitelline Membran, Dotterhäutchen) und ganz außen die saure Mucoproteide enthaltende Gallerthülle (Ga). Nach der Besamung ist die Dottermembran in die von der Eiperipherie sich abhebende Befruchtungsmembran umgewandelt (Abb. 47, Befr. M) und dem Ei außerhalb des Plasmalemma (P. Le) eine strukturlose cortikale Oberflächenhaut (hyalin layer, coat, Hy. M) aufgelegt.

Das Entoplasma ist im allgemeinen relativ flüssig und ermöglicht den Strukturelementen eine gewisse Beweglichkeit. Durch Zentrifugierung erhält man verschiedene Fraktionen dieser Elemente.

Ein schematisiertes Bild vom Aufbau einer Oozyte mit ihren Strukturelementen gibt die elektronenoptisch gewonnene Abb. 8 a (Chr. Krauskopf). Die Oozyte, welche einem Säugetierovarium entnommen ist, liegt im Graaf'schen Tertiärfollikel, umgeben von Follikelzellen (FZ). Durch die Wanderung des Kernes (N) zur Peripherie, an der er die Meiose vollziehen wird, kennzeichnet sich die animal-vegetative Hauptachse, die das Bild von oben nach unten durchschneiden würde. Durch die Follikelzellen ist als strukturlose Hülle die Zona pellucida (Z) der Oozytenoberfläche aufgelegt. Von ihrer durch die dunkle Linie des Plasmalemma und durch die Cortexgranula, sowie kleine Vesikel gekennzeichneten Rinde aus sendet die Oozyte eine unendliche Anzahl kleiner Zotten, Microvilli (MV), in die Zona hinein. Die nahe der ganzen Peripherie der Oozyte im Bereich der Rinde

Abb. 8a. Kaninchen-Oozyte. Räumliche Verteilung der Strukturelemente des Ooplasmas. Schematisiertes Schnittbild. Sämtliche Maßstäbe der Organellen im Verhältnis zur Gesamtfläche überhöht. Von den umgebenden Follikelzellen (*FZ*) aus durchziehen Follikelzellenausläufer (*FZA*) die Zona pellucida (*Z*) bis zur Peripherie der Oozyte. *E* Endplatten der Ausläufer. *D* Desmosomen. *G* GOLGI-Felder an der Oozytenperipherie in der Nähe der Endplatten. Ferner an der Peripherie im Cortex: *MV* Mikrovilli, *PV* Pinozytosevesikel, *CG* Cortex-Granula. In der subcortikalen Schicht: *MVK* Multivesikuläre Körper. Verteilt über das Entoplasma: *ER* Endoplasmatisches Reticulum mit *S* Sonderformen des *ER*, *L* Lipidkörper, *M* Mitochondrien, *R* Ribosomen und Polysomen als Punktgruppen. Umgebung des Zellkernes (*N*) weitestgehend organellenarm. *Ns* Nucleolus (nach den Untersuchungen von CHR. KRAUSKOPF aus SEIDEL 1969).

befindlichen Cortex-Granula (CG) treten bei der Besamung in Funktion (vgl. S. 155) und sind z. B. im Echinodermenei an der Bildung der inneren Schicht der Befruchtungsmembran beteiligt.

Von den Follikelzellen aus lassen sich zwei Transport- und Verarbeitungswege für Aufbaustoffe verfolgen. Einerseits wird die Zona von vielen Ausläufern der Follikelzellen (FZA) radiär durchzogen. Sie stellen die Verbindung zur Oozyte her und täuschen im lichtoptischen Bild eine Radiärstreifung der Zona vor. An den Berührungsstellen mit der Oozyten-Rinde verbreitern sie sich zu Endplatten (E) mit Desmosomen (D). In letzteren ist die Interzellularsubstanz zu einer kleinen Scheibe angeschwollen, und beiden Flächen dieser Scheibe liegen Membranverstärkungen der sie berührenden Zellmembranen auf. Tonofilamente strahlen vom Zellinneren her auf diese Membranscheiben zu. Meist liegen mehrere desmosomale Kontaktstrukturen nebeneinander. Unmittelbar gegenüber den Desmosomen der Follikelzellenausläufer sammeln sich Golgi-Apparate (Dictyosomen) an. Ihre Stapel von Doppelmembranen (G), die flache Säckchen, Zisternen, von 6–30 nm Durchmesser einschließen, umlagern die Endplatten der Follikelzellenausläufer. Peripher lösen sich von ihnen Vakuolen ab. Sie enthalten Flüssigkeiten verschiedener Dichte, oder auch Granulationen. Die Nachbarschaft zu den Endplatten (E) läßt daran denken, daß von den Follikelzellen herangebrachte lösliche höhermolekulare Substanzen, nach histochemischen Untersuchungen hauptsächlich saure Mukoproteine, in den Dictyosomen verarbeitet und durch die Vakuolen an das Zytoplasma übermittelt, sehr wahrscheinlich auch in das Kanälchen-System des Endoplasmatischen Retikulum (ER) eingeführt werden. Die Membranen der Dictyosomen sind lichtoptisch durch ihre Osmiophilie zu identifizieren. Sie reduzieren Osmiumtetroxyd, was von anderen intrazellulären Membranen nicht bekannt ist. Ferner beherbergen sie saure Phosphatasen für Umsetzungen im P-Stoffwechsel. Möglicherweise tragen die Dictyosomen, da sie Zellprodukte kondensieren, auch zur Regulierung des Wasserhaushaltes bei.

Das Endoplasmatische Retikulum (ER) ist im allgemeinen agranulär. Ribosomen (R) besetzen die Kanäle, Zisternen und Bläschen nicht oder nur an einzelnen Stellen. Durchweg sind die Ribosomen im ganzen Grundzytoplasma einzeln verteilt oder haben sich als

Polysomen zu kleinen Gruppen zusammengeschlossen. Soweit das ER granulär ist, läßt es sich, entsprechend der Darstellung S. 26, als Produktionsstätte für Proteine ansehen. Dieser Zustand ist in den Follikelzellen verwirklicht, die auf die Aufgabe von Proteinverbindungen eingestellt sind. In der Oozyte findet sich granuläres ER nur an sehr wenigen Stellen. Das hier durchweg agranuläre ER dient möglicherweise u. a. der Glykogensynthese. Man kann vergleichsweise in der Nachbarschaft des ER von Leberzellen vielfach Gruppen von Glykogengranula beobachten. Hauptsächlich aber müssen wir in dem agranulären ER wohl ein leistungsfähiges Glied des Transport- und Speichersystems sehen. Von den Dictyosomen aus läßt sich der Weg, der in den Follikelzell-Fortsätzen (FZA) begann, bis zu den Poren der Kernmembran (N) weiterverfolgen. Ebenso öffnen sich einige Kanäle des ER auch unmittelbar zur Zona pellucida (Z) und zu dem dortigen Interzellularraum hin. Die Kanäle sind sehr weitlumig. Der Stoffstrom kann in beiden Richtungen laufen, von der Peripherie her zum Innern der Zelle und umgekehrt. An besonders aufgeweiteten Stellen findet man Granula-Verdichtungen, die wir als Protein-Dotteransammlungen deuten.

Ein zweiter Transport- und Verarbeitungsweg beginnt an der Rinde durch Pinozytose (PV): Flüssigkeitsbläschen schnüren sich vom Plasmalemma der Rinde her nach innen ab. Sie werden in das Grundzytoplasma aufgenommen, scheinen sich aber auch in Gruppen zu sammeln. Wenn es sich bestätigt, daß diese sich mit einer einfachen Membran umgeben, müssen wir darin den Ursprung der sogenannten Multivesikulären Körper (MVK) sehen. Möglicherweise werden in diese auch Dictyosomen-Vacuolen mit eingeschlossen. Der Inhalt wandelt sich in elektronendichte Substanz um, und offenbar entleeren sich die Körper wieder, wobei sich die Membran an der Öffnung nach innen einrollt. Wie in den Golgi-Apparaten stellte man einen Gehalt an sauren Phosphatasen fest. Auch sollen sie hydrolytische Fermente enthalten, wie die ihnen funktionell vielleicht vergleichbaren Lysosomen. Auf jeden Fall sind die Multivesikulären Körper offenbar am Umbau und Abbau von Substanzen beteiligt. Die ihnen auf dem Wege der Pinozytose dargebotenen Stoffe werden Mukoproteine der Zona sein, ebenso aber auch aus den Interzellularräumen der Follikelzellen durch die Zona hindurch diffundierende Stoffe. Nach Untersuchungen an Insekten können diese u. a. Blutproteine sein. Die aus den Multivesikulären Körpern entlassenen Bläschen werden ihren Inhalt an das ER, das Grundzytoplasma abgeben oder ihn, soweit es Abbauprodukte sind, nach außen in Richtung Zona befördern.

Schwer einzuordnen in die beiden geschilderten Transport- und Verarbeitungssysteme sind einzelne Sonderformen (S) des ER, die ihrer Struktur nach aber auch zugleich zur Verarbeitung und zur Speicherung als geeignet erscheinen. Hier ordnen sich enge Zisternen, deren Grenzmembranen nur einen Durchmesser von 20–30 nm besitzen und die in ihren Lumina eine helle homogene und einschlußfreie Substanz enthalten, zu einem System zusammen (S. 43). Die extrazisternalen Zwischenräume, die etwa 40–50 nm messen, sind mit osmiophilen ribosomalen Granula angefüllt. In Stapeln ordnen sich die Zisternen, die sich an ihren Enden zu Sacculi erweitern, um ein Zentrum herum an. Hier finden sich Protein-Vakuolen oder auch Lipoidkörper (L).

Das energieliefernde System in der Oozyte wird, wie in jeder Zelle, durch die Mitochondrien (M) dargestellt. Sie finden sich einzeln im peripheren Teil der Oozyte, weniger im Zentrum und in Kernnähe. Die Mitochondrien enthalten das Multienzymsystem des Zitronensäurezyklus, die Enzymsysteme der Atmungsketten und der oxydativen Phosphorylierungen. Sie sind Energiespender für viele Reaktionen im Zytoplasma, speziell für die Syntheseprozesse der Proteine, Fettsäuren und Phosphatide. Auf dieser Tätigkeit beruht ihr supravitaler lichtoptischer Nachweis durch Janusgrün B und das „Nadi"-Reagens. Cytochromoxydase der Mitrochondrien hat bei ersterem die oxydative Grünfärbung zur Folge, während bei Sauerstoffmangel ein Umschlag zu rot und zur Entfärbung eintritt. Das „Nadi"-Reagens (α-Naphtol und p-Aminodimethylanilin) gibt bei Anwesenheit von Oxydasen die Phenolblau-Reaktion. Im Aufbau der Mitochondrien spiegelt sich das Funktionsprinzip wieder. Die innere der zwei Hüllenmembranen sendet in den Innenraum Microvilli, Cristae oder Tubuli und macht so auf diesen eine sinnvolle Anordnung der Enzyme für einen schrittweisen Reaktionsablauf möglich. Dabei liegt die Architektur der Mitochondrien nicht starr fest. Sie vermag sich mit wechselnden Anforderungen zu ändern. Die Lamellenzahl wächst mit dem Enzymgehalt der Mitochondrien an. In den Oozyten ist entsprechend Abb. 8 a der Innenraum der Mitochondrien nur wenig gegliedert. Vielfach findet man hier Ansammlungen von Reaktionsprodukten. Dabei können in solchen Speicherformen der Mitochondrien die Cristae durch Vervielfachung der normalen Doppelmembran ersetzt sein. In der Amphibienoozyte ließen sich an diesen Stellen Fettdotter- und Eiweißdotterkristalle feststellen.

Eingebettet sind, wie oben S. 40 betont war, alle Strukturelemente in das „flüssige" Grundzytoplasma. In diesem werden z. B. die Membranen als äußerst veränderliche Aggregatzustände von Phospholipiden aufgebaut. Die Membranen sind hydrophob, nicht leitend. Die im Grundzytoplasma frei verteilten Ribosomen (R) dienen zur Produktion von unmittelbar innerhalb der Oozyte verwendbaren Proteinen. Weitestgehend ist das Grundzytoplasma der Mutterboden für die verschiedenen Aufbau- und Umbauprozesse.

Produkte des Grundzytoplasmas können als Paraplasma in geformten Elementen, wie auch frei abgelagert werden. Cytosomen (C), Speicherorganellen, umgeben ihren Inhalt mit einer einschichtigen Hülle. Zu ihnen gehören die eisenhaltigen Siderosomen. Auch die Dottergranula befinden sich in einer Haut mit mutmaßlich verdauenden Funktionen, soweit sie nicht Vesikeln des ER eingefügt sind. Ohne Hülle liegen im Grundzytoplasma Pigmente, Lipidtropfen, deren größere meist Neutralfett, deren kleinste Lipide, wie Phospholipide (Phosphatide) und Cholesterine enthalten. Glygogen findet sich entweder in kleinen Granula oder gelöst. Eine große Reihe von freien Enzymen treten hinzu, wie Phosphatasen, Proteasen, Enzyme der Glykolyse. Entsprechend ist allem Anschein nach das Grundplasma der Ort der glykolytischen Energieproduktion.

Im Grundzytoplasma spielt sich auch der intrazelluläre Wasserwechsel ab, einerseits in Form von Wasserverschiebung bei den synthetischen und hydrolytischen Prozessen, andererseits als Folge von osmotischen Gefällen, die an der Zellmembran und an den intrazellulären Membranen entstehen. Schließlich trägt die Pinozytose zum Wasserwechsel bei, der dann in seiner Gesamtheit auch stärkere Zytoplasmaströmungen möglich macht.

In dieser elektronenoptischen und chemisch-physiologischen Beschreibung der Zytoplasma-Strukturen spiegelt sich die Bedeutung des Oozytenstadiums als eines Stadiums der Stoffbereitstellung wieder. Das energieliefernde System bleibt, soweit oxydativ ablaufende Prozesse in Frage kommen, in einem Stadium der Verhaltung. Die Oozyte ist auf eine Stoffzufuhr von den Follikelzellen her eingerichtet. Daher die periphere Anordnung der Transport- und Verarbeitungsorganelle. Das gleiche Bild des Bereitstellungsstatus bieten der Oozytenkern und die in großer Zahl frei im Plasma verteilten Polysomen. In Kernnähe fehlen alle weiterverarbeitenden Organelle.

Abb. 8 b vom Bau des Eies im Zweizellenstadium beim Säuger sei hinzugefügt, um zweierlei zu zeigen. Die Strukturelemente sind denen der Oozyte im allgemeinen vergleichbar, wenn auch einzelne Sonderformen des granulierten ER neu hinzutreten, wie z. B. Gefensterte Doppelmembranen (AL). Aber die Anordnung der Strukturelemente hat sich geändert. Mit dem Wegfall der Follikelzellen hat die Bedeutung der Eiperipherie für den Ernährungsstrom abgenommen. Der zur Mitte des Eies und der Furchungszelle gewanderte Kern (N) bildet ein neues Zentrum für die nun einsetzenden Funktionen der Entwicklung und Differenzierung. GOLGI-Felder (G) in sehr unterschiedlicher Orientierung umgeben ihn dicht, gemischt mit Mitochondrien (M), allerdings auch in Speicherform, sowie mit Lipidtropfen und Protein gefüllten blasigen Vesikeln des ER. Weiterhin finden sich hier Stapel von Gefensterten Doppelmembranen, welche auch in der Kernmembran und innerhalb des Kernes auftauchen. Granulastraßen führen weit vom Innern des Kernes her auf die Poren der Kernmembran zu (vgl. Abb. 5).

Naturgemäß ändert sich die *Anordnung der Strukturelemente in Oozyte und Ei* nicht nur in unterschiedlichen Entwicklungsstadien, sondern auch *bei den verschiedenen Tierformen*. Der *Aufbau der Organelle* selbst ist dagegen vielfach bei Wirbeltieren und Wirbellosen vergleichbar. Das Bild einer Oozyte etwa wird Abb. 8 a gegenüber abgewandelt sein, wenn das Nährepithel in anderer Weise ausgebildet ist. So finden sich beim Seeigel die *Dictyosomen,* die in der ganz jungen Oozyte meist nahe dem

Kern zu einem größeren GOLGI-Komplex um ein Centriol geschart sind (AFZELIUS), in den Stadien der wachsenden Oozyte, wo sie sich unter anderem auch durch Querteilung vermehren können, zu Hunderten über den ganzen Zellraum verteilt. Nach den Reifungsteilungen werden sie im anschließenden Ruhestadium der Oozyte wieder auf wenige verkleinerte, dazu in einigen Fällen weit aufgelockerte Dictyosomen eingeschränkt. Mit der Besamung steigt

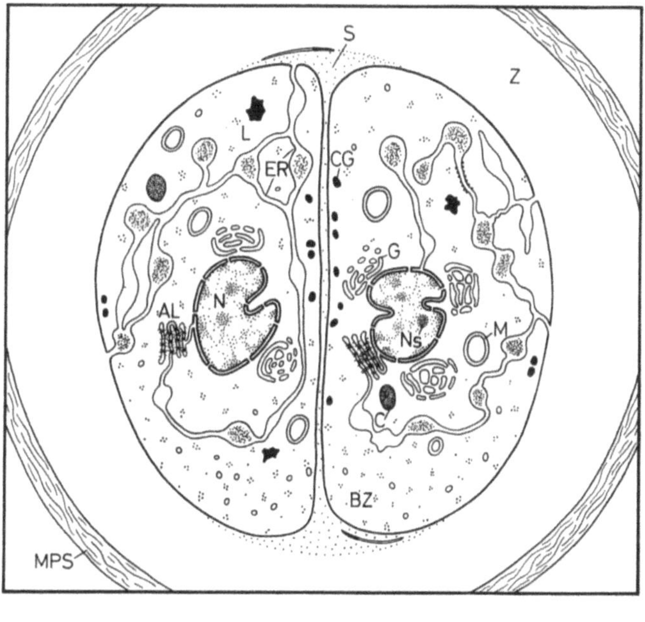

Abb. 8 b. Zweizellenstadium des Kaninchens. Räumliche Verteilung der Plasma-Strukturen. Schematisches Schnittbild vom Pol aus gesehen. Maßstäbe der Organellen im Verhältnis zur Gesamtfläche überhöht. *MPS* Mucoproteidschicht, *Z* Zona pellucida, *S* Perivitelliner Raum mit eingedrungenen Spermien. *ER* Agranuläres Endoplasmatisches Reticulum mit Zisternen und Sacculi, die Proteindotter enthalten. Häufung von Organellen in Nähe der Zellkerne (*N*) mit Nucleolen (*Ns*): Gefensterte Doppelmembranen (*AŁ*), GOLGI-Felder (*G*), Mitochondrien (*M*), Lipidkörper (*L*), Cytosomen bzw. Lysosomen (*C*). In der Rinde unter dem Plasmalemma Cortexgranula (*CG*). Außerhalb der Hauptachse an einer Seite des Eiäquators (unten im Bild): Basophile Zone (*BZ*) mit vermehrter Anzahl von Polysomen (*RNS*) und niedrigem Protein-Dottergehalt. Kleine *ER*-Vesikel. Lage des „Bildungszentrums" für die Keimscheibe (nach den Untersuchungen von CHR. KRAUSKOPF aus SEIDEL 1969).

ihre Zahl nochmals an. Zu Beginn des Gastrulastadiums sammeln sie sich, soweit sie dem Ektoblastem zugehören, nahe der Peripherie der Zellen. Das *ER* kommt beim Seeigel in zwei Formen vor. Ausgedehnte Schläuche, allerdings durch Ribosomen granuliert, durchziehen wie beim Säugerei den Zytoplasmaraum. Außerdem sind kleine granuläre Vesikel, eine möglicherweise embryonale Modifikation des ER, überall verteilt. Bei Säugern kann man solche kleinen Vesikel ungranuliert anstelle der Normalform des ER besonders in der sehr stark mit freien Polysomen besetzten „Basophilen Zone“ (BZ) der Abb. 8 b antreffen. Die *Mitochondrien* sind im Seeigelei nicht als Speicherformen, gefüllt mit elektronendichtem Material, ausgebildet, enthalten aber stets nur wenige Cristae. Sie verteilen sich über das ganze Ei. Wie bei den Säugern erscheinen sie an der Eiperipherie als vermehrt, weil sie die peripher ebenfalls zunehmenden Lipidgranula kranzförmig zu umgeben pflegen. In gleicher Weise wie mit Lipidgranula ist die Eiperipherie durch *Dottergranula* verschiedener Größe und offenbar auch unterschiedlicher Entstehung (Mitochondrien, GOLGI-Apparat, ER) vermehrt besetzt. Auch innerhalb der Rinde finden sich im Seeigelei einzelne, mit eigener Hülle umgebene Dottergranula. Im Säugerei fehlen ja solche eigenständigen Dottergranula zu Gunsten von Proteingranulationen in den großen Vesikeln des ER. Komplizierte *Sonderformen des ER* vermißt man bei Seeigeln ganz. Dagegen zeichnet sich die Umgebung des Kerns im Seeigelei ähnlich wie in den Säugetierblastomeren durch das Vorkommen von *Gefensterten Doppelmembranen* aus. Sie liegen zunächst etwa parallel zur Kernmembran. Mit Auftreten der Spermienkernstrahlung stellen sie sich radiär zur Kernoberfläche ein.

Wie aus dieser Übersicht über die Bestandteile und Funktionen des Zytoplasmas hervorgeht, sind bereits die kleinsten uns zugänglichen Teile geformt. Das *Zytoplasma ist eine organisierte Mannigfaltigkeit von Elementargebilden, welche selbst bereits eine bestimmte organismische Struktur besitzen. Je nach Zugehörigkeit zu einer bestimmten Tierform oder einem bestimmten Entwicklungsstadium sind die Strukturelemente in spezieller Form ausgeprägt und befinden sich innerhalb des Grundzytoplasmas in funktionsgerechter Lageorientierung.*

An zwei Beispielen sollen nunmehr **typische Architekturen von Eizytoplasmen** aus systematisch verschiedenen Gruppen gekennzeichnet werden. Zum **Eitypus mit wenig differenzierter Zytoplasmaarchitektur** gehört das *Seeigelei.* Um dieses ganz zu beschreiben, müssen den bereits genannten Kennzeichen noch einige hinzugefügt werden.

Unterschiedliche Methoden können angewandt werden, um Teilsysteme der Eier auf ihre entwicklungsphysiologischen Funktionen hin zu prüfen und daraus ein Bild über das ganze System zu gewinnen. So sollen nacheinander Ergebnisse aus der Methode der Entwicklungsbeobachtung 1. nach Trennung von Eibestandteilen durch Zentrifugierung, 2. nach Isolierung durch Zerschneidung, 3. nach Beeinflussung der ganzen Eier und der Teilsysteme durch chemische Mittel dargestellt werden.

Die Methode, Eier zu zentrifugieren, hat sich als geeignet erwiesen, um die Beziehung einzelner Plasmabestandteile zueinander kennen zu lernen und sie einzeln oder im Gefüge zu untersuchen. Im Gegensatz zur Rinde, die sich (nach ihrer Festigung im Anschluß an die Besamung) durch ihre Unveränderlichkeit bei starker Zentrifugierung als ein geschlossenes Teilsystem erwies, lassen sich alle Konstituenten des Entoplasmas umlagern. Zentrifugiert man die rot pigmentierten Eier vom Seeigel *Arbacia* in einem Seewasser, welches über eine Rohrzuckerlösung geschichtet ist und damit eine Dichteabstufung enthält (E. B. HARVEY), so wird verhütet, daß die Eier am Boden des Zentrifugenröhrchens zerdrückt werden. Die Bestandteile zunächst der ganzen Eier ordnen sich der Schwere nach in Schichten an (Abb. 9 a, b). Zentripetal sammelt sich 1. eine Ölschicht (Öl). In dieser findet sich nach elektronenoptischen Feststellungen (PASTEELS) ein Teil der Mitochondrien. Schon im Normalei sind die Lipidtröpfchen von einem Kranz von Mitochondrien, deren Enzyme zum Fettabbau benötigt werden, umgeben. Beim Zentrifugieren bleiben sie an den Lipidgranula hängen und gelangen mit diesen in die leichte Ölschicht. Weiter zentrifugal wird 2. die Eimitte von einer Schicht klaren Entoplasmas (Gpl) erfüllt. Sie schließt das besondere, vielleicht embryonale Verhältnisse kennzeichnende Endoplasmatische Reticulum in Form von lauter kleinen Bläschen ein, welche sich nur manchmal zu kleinen Kanälen zusammenfügen. Sie sind besetzt mit Ribosomen. An der zentripetalen Seite trägt dieses hyaline Grundplasma den Eikern (Eik). Zentrifugal sind nach elektronenoptischen Untersuchungen an *Paracentrotus* Dictyosomen(Di) eingelagert. Histochemisch lassen sich hier saure Phosphatasen und

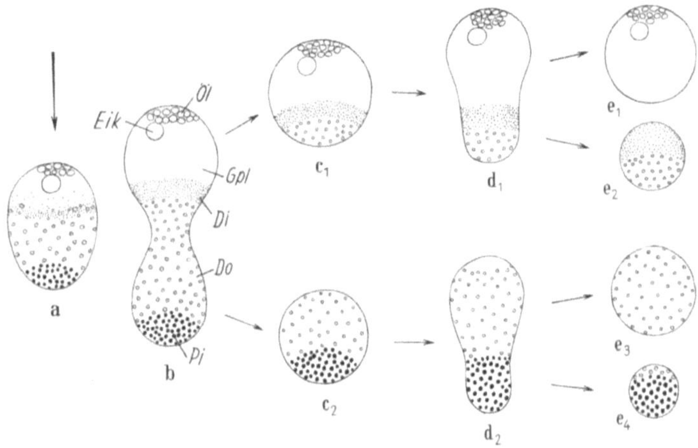

Abb. 9. *Arbacia* (Seeigel). Fragmentierung der unbefruchteten Eier durch Zentrifugierung (nach E. B. HARVEY 1936, 1940 verändert)

a) Unvollständige Schichtung. b) Vollständige Schichtung. c_1) Weiße Hälfte. c_2) Rote Hälfte. $d_{1,2}$) Die gleichen Hälften erneut zentrifugiert. e_1) Klares Viertel. e_2) Granula-Viertel. e_3) Dotter-Viertel. e_4) Pigment-Viertel

Di Dictyosomen. *Do* Dotter. *Gpl* Grundzytoplasma (klares Plasma) mit *Eik* Eikern. *Öl* Ölschicht (bei *Paracentrotus* mit Mitochondrien). *Pi* Pigment. Pfeil: Zentrifugale Richtung

saure Mucopolysaccharide nachweisen (vgl. S. 44). Hier findet man bereits einige Dottergranula, die in der zentrifugal folgenden 3. Dotterschicht (Do) kompakt gesammelt sind. Bis in diese Schicht hinein verteilen sich vom klaren Plasma her die granulären ER-Vesikel. Außerdem machen sich hier vereinzelte Gefensterte Doppelmembranen bemerkbar. Die 4. Pigmentschicht (Pi) enthält als Kappe zentrifugal den größten Teil der freien, nicht mit Fetttropfen verbundenen Mitochondrien. Dazwischen befinden sich eine Menge sehr kleiner, noch nicht analysierbarer Partikeln, sowie basophile dotterartige Granula bis zu einer Größe von 3,5 μm, die als „schwere Körper" bezeichnet sind und von Gefensterten Doppelmembranen umgeben sein können.

Bei weiterer Zentrifugierung werden die Eier hantelförmig und schließlich in Stücke gerissen (Abb. 9 c). Während die Ganzeier an der Sucrose-Grenze liegen, häufen sich die leichten „weißen" Eihälften zentripetal in der Nähe der Oberfläche des Seewassers, die schweren „roten" zentrifugal am Boden des Röhrchens. Erstere enthalten alle Eibestandteile, letztere meist Dotter und Pigment. Aus beiden Hälften können ganze Plutei (vgl. Abb. 10 g) entstehen, wenn auch aus den roten Hälften seltener. – Durch stärkere und noch längere Zentrifugierung lassen sich aus den Hälften Vierteleier herstellen (Abb. 9 d, e), von denen die leichtesten „weißen" Vierteleier lediglich etwa 61 % des klaren Entoplasmas mit dem Kern und Öltröpfchen besitzen (Abb. 9 e_1). Noch aus solchen können nach Besamung kleine ganze Plutei hervorgehen, welche lediglich etwas zu kurze Arme bilden. Pigmentgranula treten in diesen Plutei nach 4 Tagen neu auf. In sehr seltenen Fällen geht einmal aus einem Dotterviertel (e_3) nach Besamung ein (merogonischer) abnormer Pluteus hervor, dessen Skelet allerdings atypisch bleibt und dessen Pigment sich unregelmäßig verteilt. Die beiden anderen Viertel (e_2 und e_4) bringen es stets nur bis zur schwimmenden Blastula. Wie die Entwicklung der Plutei aus den klaren Vierteln erkennen läßt, befinden sich die wesentlichen formbildenden Faktoren nicht in den grob sichtbaren, verlagerbaren Bestandteilen des Entoplasmas wie Dotter und Pigment. Diese sind, wie S. 65 zu entnehmen ist, für das Ei nicht konstitutiv, sondern jederzeit aus dem Grundzytoplasma aufbaubare Strukturelemente. An der Atmung gemessen, ist die Stoffwechseltätigkeit zwar in kernlosen „roten" Eihälften (c_2) größer als in den kernhaltigen „weißen" Eihälften (c_1). Aber *den Entwicklungsprozeß kann das klare hyaline Grundzytoplasma mit dem Kern in Gang setzen ohne die Beteiligung von Dotter und Pigment.*

An diesem Grundzytoplasma, ebenso wie an den entoplasmatischen Einschlüssen, sind Veränderungen während der Eibildung lichtmikroskopisch nicht zu erkennen. Lediglich mischt sich bei den Reifungsteilungen das Karyoplasma dem Zytoplasma bei. Offenbar kann die *Zusammensetzung des Entoplasmas ohne*

Schaden gewisse erzwungene Änderungen ertragen, wie das positive Entwicklungsergebnis weißer und roter Eihälften aufweist. Selbst in ganzen Eiern ordnen sich die bei der Zentrifugierung gesonderten Schichten so langsam zurück, daß den einzelnen Keimregionen keineswegs die ursprünglich gegebenen Entoplasmabestandteile wieder zukommen, wenn sie ihre Entwicklung, die bis zum Pluteus führt, aufnehmen. Mit einer Mikropipette eines Mikromanipulators konnte überdies HÖRSTADIUS bis zu 50 % des Entoplasmas absaugen und erhielt doch ganze verkleinerte Plutei. Auch schon normalerweise ist ja im Seeigelei selbst die animal-vegetative Polarität, die sich für das Ektoplasma durch die Lage der Richtungskörper und den Pigmentring zu erkennen gibt, nach der Reifung des Eies nicht mehr deutlich. Der Eikern liegt nach BOVERI zu dieser Zeit nicht, wie in Abb. 7 b, c dargestellt, immer in der animalen Hälfte. Man findet ihn an jeder anderen Stelle, auch im Bereiche des Pigmentrings nahe dem vegetativen Pol. Mit Beginn der Asterbildung (Polstrahlung) für die erste Furchungsteilung rückt der Eikern in die Mitte des Eies. Dagegen läßt um so auffälliger die *ektoplasmatische Rinde eine bestimmte Entwicklungsordnung mit autonomen Umlagerungen* erkennen, welche einer Abänderung durch die Zentrifuge nicht unterliegen: Das orangerote Pigment des *Paracentrotus*-Eies, das zunächst im gesamten Eiplasma fein verteilt ist, wird sofort nach der Reifungsteilung durch einen sehr schnell verlaufenden Prozeß, welcher sich bisher der Beobachtung entzog, in der Übergangszone zwischen Ekto- und Entoplasma unmittelbar unter der Rinde zu einem dichten subäquatorialen Ring gesammelt (BOVERI, Abb. 7 c). Weitere architektonische Ordnungsvorgänge im Cortex erkennt man im Dunkelfeld: RUNNSTRÖM beobachtete am unbefruchteten Ei innerhalb der Rinde eine orangefarbig aufleuchtende und subcortikal eine mehr gelbliche Schicht, die vom vegetativen Pol aus etwa drei Viertel der Eioberfläche bedecken und sich nach der Besamung auch zu einem subäquatorialen Ring sammeln. An dieser Stelle, die etwas weniger Raum als der spätere Pigmentring (Abb. 7 c) einnimmt, mißt man eine Stärke der orange leuchtenden Oberflächenschicht des Cortex von 160 nm gegenüber 90 nm am animalen Pol. – Zusätzlich zu der deutlich hervortretenden animal-vegetativen Anordnung der Cortex-Architektur sind Hinweise auch auf dorsoventrale bzw. bilateral-symmetrische Strukturunterschiede gegeben. In hypertonischem Medium treten subcortikal parallel zur Eioberfläche fibrilläre Strukturen hervor, die hinsichtlich ihrer Schichtungsstärke symmetrisch zur Hauptebene orientiert sind.

Im Verlauf der Furchung des Seeigeleies *bleibt die gewonnene Substanzanordnung* im wesentlichen *erhalten*, da lediglich die äußerste Schicht der Rinde beim Einschneiden der Furchen ins Entoplasma hineingezogen, bzw. durch einen Wachstumsprozeß als Blastomerengrenze ausgezogen wird. Pigmentring und Dunkelfeldring verschieben sich nicht (Abb. 7 c–g), beschränken sich auch auf die Oberfläche des Eies.

Die beiden ersten Furchen schneiden meridional ein (Abb. 7 d, e), die dritte äquatorial, wobei die vegetativen Blastomeren größer als die animalen werden (Abb. 7 f). Die vierte Furche trennt am vegetativen Pol kleinste vegetativste Blastomeren ab. Man kann hier nun Makro- und Mikromeren unterscheiden (Abb. 7 g, Ma, Mi), während die animalen Zellen äqual zu den Mesomeren (Me) geteilt werden. Endstadium der Furchung ist beim Seeigelei die Blastula. Die weitere Entwicklung wird Bd. II dargestellt.

Das Seeigelei ist eines der wenigen, in denen sich am Anfang der Entwicklung morphologisch lediglich im Ektoplasma der Aufbau der Architektur andeutet. Es wurde deshalb seiner primären Organisation nach zum wenig differenzierten Eitypus gezählt. Da sich während der Zentrifugierung die Eier in beliebige Richtung zur Schwereachse einstellen, kann dabei über die jeweilige Herkunft der Eirindenteile nichts ausgesagt werden. Dazu muß man das E i m i t f e i n e r G l a s n a d e l d u r c h s c h n e i d e n. Geschieht dies vor der Besamung längs des Äquators (HÖRSTADIUS, Abb. 10 a, b), so verhalten sich animale und vegetative Hälfte hinsichtlich der Furchung, der Gastrulation und nach dem weiteren Entwicklungsergebnis durchaus verschieden:

Der Eikern kann bei diesem Experiment in die animale oder vegetative Hälfte gelangen. Nach Besamung vermögen sich beide Hälften zu entwickeln. Die eine wird einen diploiden, die andere einen haploiden Kern besitzen. Im folgenden sind, um die Kernverschiedenheiten vernachlässigen zu können, möglichst entweder diploide oder haploide Hälften miteinander verglichen.

Animale Hälften vom unbefruchteten Ei furchen sich stets äqual. Herkunftsgemäß bilden sich immer Mesomeren (Me, Abb. 10 c). In der Blastula bleiben die starren animalen Wimpern nicht als Schopf begrenzt (Abb. 39), sondern breiten sich über den ganzen Keim hin aus (Abb. 10 d). Diese animalen Hälften können weder gastrulieren, noch ein Skelet entwickeln. Vegetative Hälften bilden dagegen in der Furchung Makro- und Mikromeren (Abb. 10 e). Sie gastrulieren und bringen neben nicht vollständig

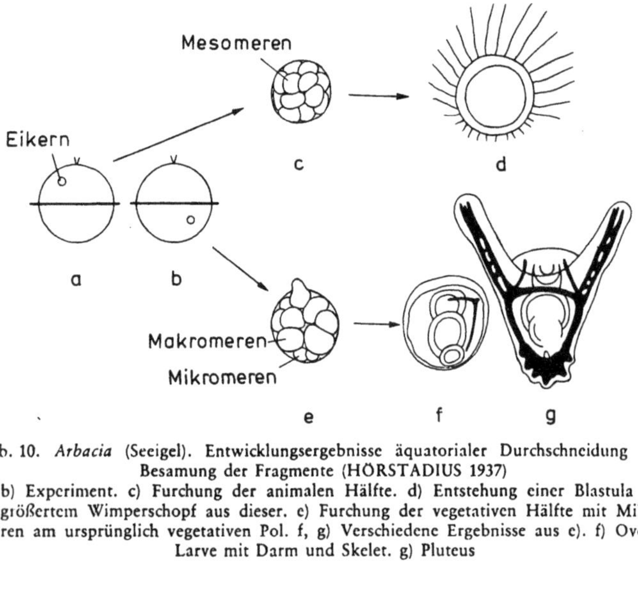

Abb. 10. *Arbacia* (Seeigel). Entwicklungsergebnisse äquatorialer Durchschneidung und Besamung der Fragmente (HÖRSTADIUS 1937)
a, b) Experiment. c) Furchung der animalen Hälfte. d) Entstehung einer Blastula mit vergrößertem Wimperschopf aus dieser. e) Furchung der vegetativen Hälfte mit Mikromeren am ursprünglich vegetativen Pol. f, g) Verschiedene Ergebnisse aus e). f) Ovoide Larve mit Darm und Skelet. g) Pluteus

ausgebildeten (vgl. Bd. II) auch Pluteus-Larven hervor (Abb. 10 f, g). Die Tatsache, daß überhaupt aus einem Teil eines Eies ein ganzes Individuum hervorgehen kann, mag hier vorerst noch außer Acht bleiben. Wichtig ist für die vorliegende Betrachtung: *Physiologisch ist schon das Plasma des unbefruchteten Eies entlang der animal-vegetativen Hauptachse hinsichtlich der Anordnung der Entwicklungsfaktoren verschieden.* Dieses kann für Eier aller Tiere verallgemeinert werden. Es gibt keines, welches sich anders verhielte. – In der vegetativen Hälfte befindet sich Zytoplasma mit Fähigkeiten zur Gastrulation. Ein Bezirk, der wie dieser durch besondere Entwicklungsleistung hervortritt, soll als *„Plasmatischer Faktorenbereich"* bezeichnet werden, auch wenn er hier nicht morphologisch, sondern nur entwicklungsphysiologisch abgegrenzt ist (vgl. dazu Bd. II). Die zytoplasmatischen Faktoren führen in diesem Falle die gestaltbildenden Vorgänge in dem gleichen Bereich, in dem sie liegen, herbei.

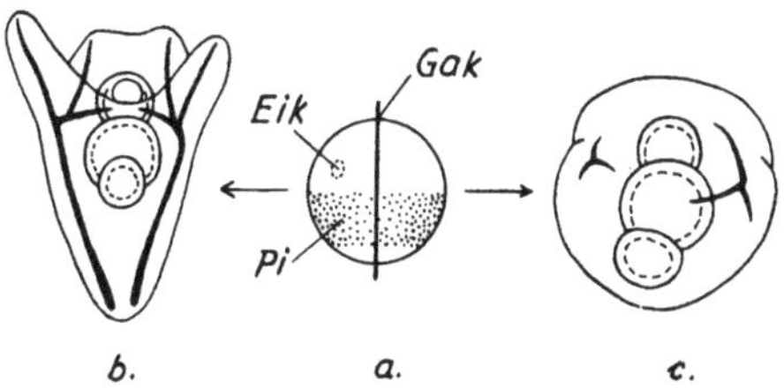

Abb. 11. *Paracentrotus* (Seeigel). Entwicklungsergebnisse meridionaler Durchschneidung und Besamung der Fragmente (HÖRSTADIUS 1936)
a) Schema des Experiments. b, c) Ein Paar von Rechts-links-Hälften: b) Pluteus aus der diploiden Hälfte, in der Entwicklung voran, mit verkürztem Arm an der Schnittfläche. c) Haploide Hälfte vor Ausbildung der Pluteusarme. Skelet der Schnittseite in der Entwicklung zurück
Eik Eikern. *Gak* Ort des Gallertkanals (Mikropyle). *Pi* Pigmentring

Teilt man das Seeigelei, an dem ja äußerlich eine bilaterale Sonderung von Plasmabestandteilen nur mit äußerster Mühe zu erkennen war (S. 55), vor der Besamung in animal-vegetativer Richtung durch (Abb. 11, HÖRSTADIUS) und besamt die Hälften dann, so geben beide eine verkleinerte normale Furchung, falls die Halbierung der Besamung unmittelbar folgt. Von zwei zusammengehörigen Hälften ist die haploide immer in der Entwicklung zurück (c). Da aber beide Zwillingspartner auch seitenverschieden sind, jeweils eine weniger entwickelte Seite besitzen und diese unvollkommenen Seiten immer auf die gemeinsame Schnittebene zurückgeführt werden können, der die Zwillinge ihre Entstehung verdanken, so werden die Eihälften Schwierigkeiten gehabt haben, aus den medianen Schnittflächen zwei Außenseiten mit ursprünglich jeweils nicht vorgesehener Seitenqualität werden zu lassen. Es müssen *im Eiplasma Verschiedenheiten in der Rechts-Linksrichtung* vorhanden gewesen sein.

Außer Rechts-Links-Zwillingen findet man auch Zwillinge, die zweifellos nach ihrem Entwicklungsergebnis als dorsoventrale angesprochen werden dürfen (Abb. 12). Als haploider Zwilling (kleine Kerne b_3) ist der links abgebildete (b_1–b_2) hinter dem diploiden rechts abgebildeten (c_1–c_2) in der Entwicklung zurück. Dennoch läßt sich bei beiden gut erkennen, daß die Schnittflächen gegenüber den ursprünglichen Außenseiten schwächer ausgebildet sind: An dem entsprechend der Schnittrichtung in der Papierebene (a) von der Ventralseite abgebildeten Ventralzwilling b_2 werden die dem Beschauer zugewandten Ventralarme gerade angelegt,

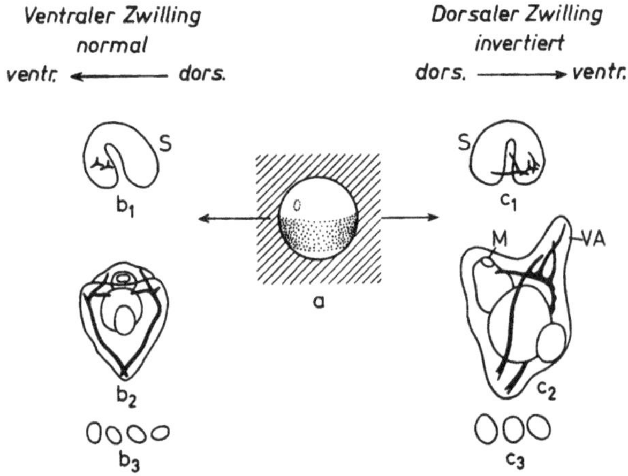

Abb. 12. *Paracentrotus lividus* (Seeigel). Entwicklungsergebnisse frontaler Durchschneidung in Richtung der Papierebene und Besamung der Fragmente (HÖRSTADIUS und WOLSKY 1937, verändert). a) Schema des Experiments, Ventralseite dem Beschauer zugewandt. b, c) Ein Paar von Dorso-Ventral-Hälften: b) Ventralhälfte, c) Dorsalhälfte. b_1) Gastrula aus der Ventralhälfte von der Seite (*S* Schnittfläche). Symmetrische Skeletnadeln. Darm in normaler Form (vgl. Bd. II). b_2) Verzögerte, aber regelmäßige Entwicklung des Pluteus. Ventralansicht. Ventralarme (*VA*) angedeutet, Dorsalarme der Schnittfläche noch nicht. b_3) Kontrolle der Kerngröße auf Haploidie, durch welche die Entwicklung verzögert ist. c_1) Gastrula aus der Dorsalhälfte von der Seite (*S* Schnittfläche). Drei unregelmäßige Skeletanlagen wachsen zusammen. Dorso-Ventralachse invertiert. c_2) Dorso-Ventral invertierter Pluteus mit entwickelten Ventralarmen (*VA*), aber schwächeren Dorsalarmen (links an der Schnittfläche) und Mundöffnung (*M*). Skelet unregelmäßig verwachsen. Inversion der Dorsoventral-Achse: An der Schnittfläche (links) statt einer Ventralseite eine Dorsalseite entwickelt. c_3) Kerngröße zeigt Diploidie an.

während die an der Schnittfläche liegenden praesumptiven Dorsalarme noch nicht zu sehen sind. Am dorsalen Zwilling, dessen Gastrula (c_1) wie die des ventralen Zwillings (b_1) von der Seite dargestellt wurde, bemerkt man überdies, daß dieser Zwilling invertiert ist. Er kehrt der Schnittfläche S nicht, wie zu erwarten wäre, die Ventralseite, sondern die Dorsalseite (dors) zu. Diese ist im gleichorientierten Pluteus (c_2) schwächer ausgebildet und ohne Arme, während die der ursprünglichen Außenseite entsprechenden Ventralarme (VA) normale Größe erreicht haben. Der Mund (M) liegt zwischen den praesumptiven Dorsalarmen. Die Skeletnadeln sind in unsymmetrischer Dreizahl angelegt und verschmelzen zu einem Skeletstück. Die schwächere Ausbildung der Schnittebenen und die Invertierung des dorsalen Zwillings zwingen zu dem Schluß: Im Keim muß schon vor der Durchschneidung *eine gewisse Verschiedenheit des Eiplasmas auch in dorsoventraler Richtung* bestanden haben.

Nimmt man diese experimentellen Ergebnisse mit den morphologischen Hinweisen S. 40, 54 f. zusammen, so erhält man ein gutes Bild über die *im Cortex gegebene Richtungsorganisation* des Seeigeleies hinsichtlich seiner frühzeitigen animal-vegetativen sowie dorsoventralen Polarität und seiner Bilateralität. Es ist jedoch zu betonen, daß die Dorso-ventralachse abgesehen davon, daß man sie invertieren kann, nicht so unwiderruflich festgelegt ist, wie die animal-vegetative Hauptachse des Eies. Wenn man das Ei quer zu der durch den Pigmentring bezeichneten Längsachse streckt, indem man es durch eine feine Kapillare treibt und dabei den vorangehenden Bereich mit Nilblausulfat vital schwach anfärbt, so wird in der großen Mehrzahl der Fälle aus diesem Eiteil die Ventralseite (Boveri, Lindahl). Dieser Bereich war offenbar stark gedehnt. Vergiftet man den zu färbenden Bereich durch stärkere Gabe von Nilblausulfat, so wird der gegenüberliegende unvergiftete Bereich zur Ventralseite. Morphologische Hinweise auf die Bilateralität der Eiarchitektur waren durch die Substruktur der Rinde gegeben. Weitere Hinweise topochemischer Art bringt die Vital-Färbung mit Janusgrün B. An der Stelle der späteren Mundbucht (vgl. Abb. in Band II) häufen sich die Mitochondrien. Hier muß, nach der Färbung zu urteilen, die Cytochromoxydaseaktivität am stärksten ausgeprägt sein (Abb. 13). Nach allen Seiten hin nimmt die Aktivität ab. Dieses Oralfeld (CZIHAK) überdeckt etwa ein Drittel der Eioberfläche (c) und reicht nach den Seiten hin bis an die sich später verdickenden seitlich-ventralen Partien der Gastrulawand heran, die sich durch drüsige Tätigkeit ihrer Zellen auszeichnen und an denen sich später die skeletbildenden primären Mesenchymzellen sammeln (Abb. in Bd. II). Bei Vegetativi-

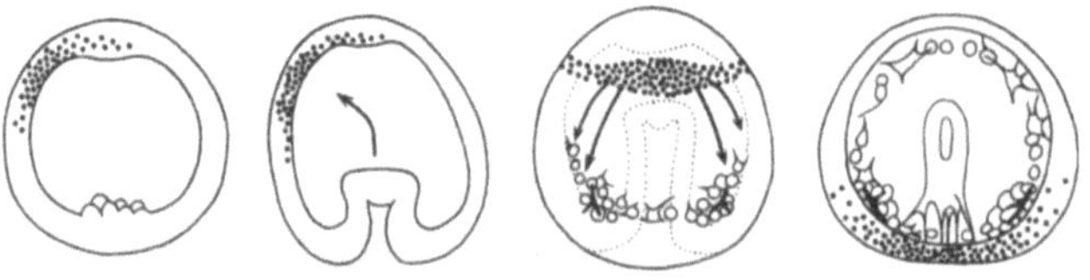

a. b. c. d.

Abb. 13. *Paracentrotus* (Seeigel). 2-stündige Vitalfärbung des Oralfeldes mit Janusgrün B (CZIHAK 1961, verändert).
a) Blastula, Seitenansicht. b) Desgl. Gastrula. Der Pfeil gibt die Invaginationsrichtung an. c) Gastrula von der Ventralseite. Die primären Mesenchym-Zellen sind nahe den Verdickungen des Ektoblastems angesammelt. Schattiert und durch Pfeile die Ausdehnung des Oralfeldes auf der ventralen Gastrula-Oberfläche angegeben. d) Gastrula, optischer Querschnitt von der Animalseite aus gesehen. Primäre Mesenchymzellen mit Skeletelementen an der Ektoblastemwand. Urdarmwand mit ventral zum Oralfeld hin ausgezogenen sekundären Mesenchymzellen. Bei der Färbung werden die Kerne ausgespart.

sierung der Keime durch Lithium-Einwirkung (vgl. S. 61) wird das Oralfeld und mit ihm das Gefälle des Zentrums apical verlagert. – Das Oralfeld scheint schon sehr frühzeitig hervorzutreten. Im 16 Zellen-Stadium zeichnet sich eine der 8 Mesomeren durch stärkere Affinität zu Janusgrün B aus. Es ist entwicklungsphysiologisch bedeutsam, daß eine in der Furchungsfolge histochemisch feststellbare *Richtungsorganisation* durch neue in der weiteren Entwicklung auftretende Bedingungen eine *regulative Umorientierung* erfahren kann.

Zur Analyse der Zytoplasmaarchitektur lassen sich Untersuchungen über R e a k t i o n e n d e s E i s y s t e m s m i t c h e m i s c h e n A g e n t i e n verwenden, wenn bestimmte Teilsysteme im Ei auf die gleiche Einwirkung unterschiedlich reagieren. Dadurch kann man solche Teilsysteme biochemisch charakterisieren.

Schon frühzeitig fand Curt Herbst, daß ein Zusatz von LiCl zum Seewasser von den unterschiedlichen Bereichen entlang der Hauptachse des Seeigeleies den animalen unterdrückt und dadurch den vegetativen fördert (Abb. 42 f–l). Im 16-Zellenstadium bis zur Blastula ist der Keim der Lithiumeinwirkung gegenüber am meisten empfindlich. Vermehrte Zusatzmengen lassen die animalen Differenzierungen schrittweise mehr und mehr zurücktreten. So sind am Keim der Abb. 42 i die Pluteusarme verkürzt (zur Normalentwicklung vgl. die Abb. in Bd. II). In Abb. 42 k fehlen die Arme, und das Skelet hat sich reduziert. In Abb. 42 l vollends ist nur ein kleines Ektoblastem-Bläschen ohne Skelet entwickelt. Umgekehrt hat sich in den genannten Keimen der Entoblastemteil ständig vermehrt: In Abb. 42 i kann der Urdarm nicht mehr invaginieren, ebenfalls in k nicht; es bildet sich eine Exogastrula. Schließlich besteht der Keim in l fast nur noch aus einer großen Entoblastemblase.

Mehrere Substanzen vermögen umgekehrt das animale Teilsystem zu fördern, so Zusatz von Rhodanid NaSCN zu Ca^{++}freiem Seewasser vor der Besamung. Die animale Wimpernplatte vergrößert sich (Abb. 42 g). Anstelle des begrenzten Wimpernschopfes (Bd. II) wird ein großes animales Feld mit starren Wimpern besetzt. Der Urdarm bleibt klein (Abb. 42 g, h). Ähnliche Wirkung wie Rhodanid haben Jodosobenzoesäure, Jodid, Bromid, Tartrat, Kalium, Dinitrophenol, auch Zusatz von Trypsin zum Seewasser während der ersten 20 Std. nach der Befruchtung sowie Entfernung der SO_4^{--}-Ionen aus dem Seewasser. Wie in Bd. II näher auseinandergesetzt wird, befindet sich die praesumptive Ekto-Entoblastengrenze im 16-Zellenstadium innerhalb der Makromeren zwischen ihrer animalen und vegetativen Hälfte. Offenbar handelt es sich bei der Beeinflussung der Entwicklung durch die genannten Chemikalien darum, daß diese Grenze zwischen praesumptivem Hautbereich und Darmgebiet in der animal-vegetativen Achse nach der einen oder anderen Richtung hin verschoben werden kann.

Da demnach die animalen und vegetativen Keimbereiche auf bestimmte Reagenzien bevorzugt mit charakteristischen Reaktionen ansprechen, so ist es möglich, diese Keimbereiche nach ihren biochemischen Eigenschaften zu kennzeichnen (Runnström). Man wird zur Analyse auch isolierte vegetative und animale Keimhälften hinzunehmen und möglicherweise aus der biochemischen Konstitution dieser Teilsysteme die Besonderheiten ihrer Entwicklungsweise ableiten können.

Animale Bereiche unterscheiden sich von *vegetativen* morphologisch durch die stärkere Vermehrung ihrer Blastomeren. Markierte Aminosäuren, z. B. ^{14}C-Leucin, werden am Anfang der Entwicklung schneller und in größeren Mengen von animalen als von vegetativen Hälften aufgenommen. So kann man physiologisch auf Verschiedenheiten hinsichtlich der Protein-Synthese-Systeme schließen. Schematisch sind der Kurve über den Proteinaufbau während der Frühentwicklung in Bd. II diese Unterschiede im animalen und vegetativen Proteinzuwachs hinzugefügt. Die quantitativen Unterschiede in der Aufnahme von Aminosäuren lassen sich durch Kennzeichnung der ernergieliefernden Systeme näher beleuchten. Das Atmungsvermögen, die Elektronentransportkapazität des respiratorischen Systems (festgestellt an dem durch 2,4-Dinitrophenol erreichbaren Atmungsüberschuß über die normale Atmung hinaus) ist in isolierten animalen Hälften größer als in vegetativen. Im Zusammenhang mit den höheren Anforderungen animaler Teilbereiche an die Sauerstoffzufuhr nehmen die Mitochondrien, die in frühen Entwicklungsstadien in relativ geringer Anzahl sich etwa gleichmäßig über das ganze Ei verteilen, vom Stadium der Blastula an im animalen Bereich stärker zu als im vegetativen. Die animale Region erscheint als sehr viel mehr empfindlich gegen irgendwelche Abnahmen des normalen Energieangebots als die vegetative. Substrate für die Energiegewinnung scheinen am animalen Pol bevorzugt Kohlenhydrate, am vegetativen vor allem Eiweiße darzustellen. So ist auch die Widerstandsfähigkeit der Zellen proteolytischen Enzymen gegenüber am animalen Pol größer als am vegetativen.

Besondere Einsichten vermitteln Erfahrungen über den Sulfat-Stoffwechsel. Bei Entfernung der SO_4^{--}-Ionen aus dem Seewasser wird der vegetative Bereich der Seeigelkeime in der Entwicklung geschädigt. Sulfat nimmt das Ei entsprechend der in Bd. II gegebenen Abb. zuerst 6 Std. nach Besamung auf, hauptsächlich während des Ausschlüpfens der Mesenchymblastula aus der Hülle, also kurz vor der Bildung des primären Mesenchyms

(12 Std. nach Besamung), und weiterhin in der zweiten Phase der Gastrulation (23–26 Std. n. Besamung). Sulfat ermöglicht die Bildung von Schwefelsäureester-Mukoproteinen. Diese Verbindungen sind Strukturerhalter und Proteolyse-Hemmer. Auf Strukturänderungen reagieren die vegetativen Zellen ihrer besonderen Funktionen wegen sehr empfindlich. Aus zwei Gründen sind Sulfatverbindungen für eine einwandfreie Differenzierung der vegetativen Hälften nötig: Fehlen SO_4^{--}-Ionen im Seewasser und kommen Sulfatverbindungen im Keim nicht zustande, so können die im Blastulastadium am vegetativen Pol einwandernden Mesenchymzellen Pseudopodien und Filopodien nicht bilden (Abb. 13 c, d). Sie vermögen sich nicht zu bewegen und bleiben am Einwanderungsort liegen. Auch die Invagination des Urdarms zur Gastrula kommt nicht voran (vgl. Bd. II). Zweitens bringen toxische Abfallprodukte von aromatischen Aminosäuren aus dem am vegetativen Pol vorherrschenden Proteinstoffwechsel, die bei Anwesenheit von SO_4^{--} durch Phenolsulphatasen entgiftet werden, ohne SO_4^{--}-Ionen den dortigen Stoffwechsel zum Erliegen. Der animale Stoffwechsel bleibt unangetastet und bedarf der Entgiftung nicht, da die hier nötige Energie vorwiegend aus einem Kohlenhydratabbau gewonnen wird.

Chemische Beeinflussung des Eisystems läßt demnach bestimmte *Besonderheiten im Stoffwechsel der Bereiche* entlang der animal-vegetativen Achse erkennen. Sie werden auf subtilere Teilsysteme, etwa des Cortex, bezogen werden können, wenn die chemischen Methoden mit den vorher beschriebenen morphologisch-histologischen und physikalisch isolierenden Methoden kombiniert werden und wenn dadurch weitestgehende Lokalisierung der erkannten Reaktionsweisen erreicht wird. Immerhin sind Beziehungen der Stoffwechselraten zum Auftreten von Strukturelementen des Zytoplasmas, wie zur Bildung von Mitochondrien, herausgestellt und vor allem entscheidende *physikalisch-chemische Eigenschaften einzelner Blastomeren und Blastemzellen* gefunden, bei deren chemischer Abänderung die fortschreitende Differenzierung nicht mehr gewährleistet ist. Zugleich werden damit *Bedingungen für die Gestaltungsbewegungen* erfaßbar. – Eine sehr *gezielte Beeinflussung des Aufbaustoffwechsels,* speziell der Nucleinsäurenbiosynthese, konnte *durch Anwendung von Antibiotica* erreicht werden. Voraussetzung für die Informationsübertragung vom Gen zum Zytoplasma ist eine völlig intakte DNS-Matrize. Durch Actinomycin D, das sich zwischen den Basenpaaren der Doppel-Helix, insbesondere beim Guanin, einlagert, läßt sich auf der Transcriptionsebene die Ablesung durch die m-RNS behindern. Andererseits vermögen Tetracycline durch bevorzugte Bindung an die Ribosomen die Anheftung der Aminoacyl-t-RNS zu unterbinden. Auch Puromycin stört als Analogon einer Aminoacyl-t-RNS die Proteinsynthese auf der Translationsebene. Zu einem ähnlichen Ziel der Stoffwechselbeeinflussung gelangt man durch einen Einbau basenanaloger Hemmstoffe. Auf diese Weise erreicht man Änderungen der chemischen und physiologischen Eigenschaften der Nucleinsäuren. Einige Basenanaloga hemmen bereits die Biosynthese der Nucleinvorläufer, der Pyrimidine und Purine. Andere, wie 5-Fluor-Uracil oder 8-Aza-Guanin, verändern nach Einbau in die m-RNS deren Codespezifität und bringen so Fehler in die Proteinsynthese. Ersteres verändert auch die r-RNS und verhindert damit die Ribosomenbildung. m-RNS, in welche 8-Aza-Guanin eingebaut ist, vermag Ribosomen nicht so dauerhaft zu binden, daß die Translation gesichert bleibt.

Wenn sich animale Hälften anders furchen als gleichkernige vegetative, oder nur letztere gastrulieren, so ist damit über ihre plasmatischen Entwicklungsfaktoren insbesondere gesagt, daß nicht nur ihre materialen Bildungsaufgaben verschieden sind, sondern daß sie vor allem auch unterschiedliche materialbewegende Kräfte hervorrufen müssen. Die Wirkung solcher Kräfte kann für die Furchung noch besonders gezeigt werden. Durch verdünntes Seewasser, Schütteln oder mechanisches Zerschneiden wird der Kern vorübergehend an der Teilung gehindert. Beginnt nun die Furchung verspätet, zu einer Zeit, in der etwa die normalen Eier im Zweizellenstadium sich befinden (Abb. 14 b, B), so schneidet wohl die erste Furche meridional ein, die zweite jedoch unmittelbar äquatorial, wie die dritte der Normalkeime (d, D). Die dritte Furche führt bereits zur Bildung von Mikromeren wie sonst die vierte (e, E). Die Mikromerenbildung tritt nicht nach bestimmter Anzahl von Teilungsschritten, sondern nach Ablauf einer bestimmten Zeitspanne seit der

Besamung ein: Unabhängig von der Teilungsbereitschaft der Kerne muß von der Besamung an *im Plasma eine Zustandsänderung ablaufen, durch welche die Richtung der Spindeln und der einschneidenden Furchen geleitet wird* und die gebildeten Blastome-

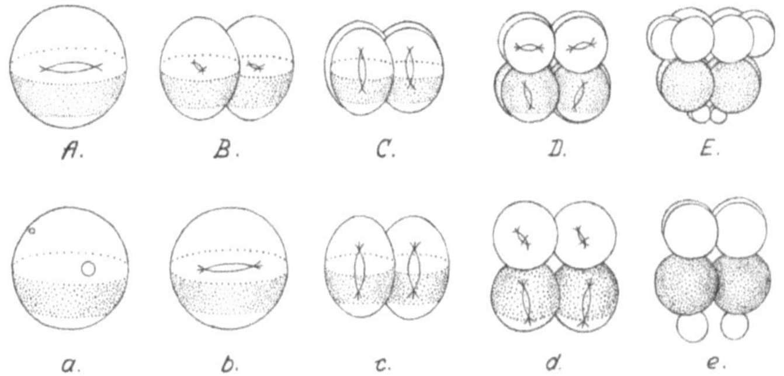

Abb. 14. *Paracentrotus* (Seeigel). Schematische Darstellung der Einstellung der Kernspindeln bei verzögerter Furchung nach normaler Besamung. Zu gleicher Zeit erreichte Stadien übereinander gezeichnet (HÖRSTADIUS 1928)
A–E) Normaler Ablauf der Furchung bis zum 16-Zellenstadium. a–e) Furchungsteilung gegenüber der normalen Entwicklung um einen Schritt verzögert. e) „Vorzeitige" Mikromerenbildung

ren eine bestimmte Form erhalten (vgl. S. 178). – In Übereinstimmung mit dieser Feststellung richten sich bei art- oder gattungsfremd besamten Seeigeleiern die Form und Größe der Blastomeren und die Furchungsgeschwindigkeit in der ersten Generation nach der Art- oder Gattungszugehörigkeit des Eiplasmas (Driesch, Boveri, Moore).

Die dargestellten Experimente führen von verschiedenen Seiten her auf ein *allgemeines Ergebnis über die Bedeutung von Rinde und Entoplasma im Entwicklungsgeschehen bei einem Eitypus mit wenig differenzierter Zytoplasma-Architektur:*

Durch die Zentrifuge beliebig geschichtete Ganzeier (Abb. 9 a) entwickeln sich normal, auch wenn die Schichtung zu Beginn der Furchung noch nicht wieder ausgeglichen ist. Weiterhin entstehen normale Embryonen, obwohl bis zu 50 % des Materials aus dem Entoplasma abgesogen sind. Trotz unterschiedlichem Entoplasmainhalt konnten auch Halbeier ganze Embryonen hervorbringen.

Bei diesem schwach differenzierten Eitypus entscheidet über die Art der Entwicklung nicht die Anordnung des Entoplasmas. Diese kann variieren. Wesentlich für die Differenzierung ist der Aufbau der Rinde. Von diesem hängt es ab, welche Wege die Entwicklung der Eier nimmt. Zum vollen Verständnis der Zentrifugierversuche sei daher noch folgendes hinzugefügt: Die *Arbacia*-Eier stellen sich in der Zentrifuge mit ihrer eigenen Achse nicht selbst in die Schwereachse der Zentrifuge ein. So weiß man nicht von vornherein, welche Kalotte der Rinde etwa das „weiße" Viertel erhalten hat. Nach Abb. 10 darf dafür die animale nicht in Frage kommen. Nur vegetative oder seitliche Rindenanteile würden die Ganzbildung eines Pluteus gewährleisten. Dabei müssen auch diese eine *Regulation*, Umbildung bzw. Neueinstellung eines Teiles zu einem ganzen System (vgl. S. 177 ff.) durchführen. Nach Untersuchungen an *Lytechinus* genügt $^1/_{10}$ des Eivolumens, um eine Gastrula zu erzielen. Aber ein ganzer Pluteus bedarf zu seiner Entwicklung mindestens $^1/_4$ des Eivolumens. Wäre das System um mehr verkleinert, so würden wesentliche Teile der Rinde zur Entwicklung fehlen (vgl. Bd. II). Da sich beim Zentrifugieren Teile der Rinde nicht verlagern und sie beim Absaugen des Entoplasmas allein in natürlicher Ordnung erhalten bleiben, so sind damit entscheidende Hinweise auf die *Bedeutung der Eirinde für die Aufrechterhaltung der Eiorganisation* gegeben, über die nach Untersuchungen an anderen Eitypen noch Genaueres ausgesagt werden kann.

Sehr viel auffälliger als beim Stachelhäuterei treten bei den Eiern der Gliedertiere (Borstenwürmer, mancher Insekten), der Weichtiere, sowie der Mantel- und Wirbeltiere Anzeichen von Bildungsvorgängen hervor. Sie sind dort meistens schon lichtmikroskopisch an besonderer Konstitution von Teilbereichen vor allem auch des Entoplasmas zu erkennen. Unterschiede in den Zytoplasmapartien beschränken sich nicht nur auf den Gehalt von Dotter und Pigmenten, sondern betreffen die jeweilige Beteiligung der einzelnen Strukturelemente des Zytoplasmas, wie Mitochondrien, Dictyosomen. Sie beziehen sich außerdem auch auf die besondere Qualität dieser Elemente, wie des ER oder verschiedener Sorten von Dottergranula, und auf den Gehalt an bestimmten Substanzen wie RNS, Eisen, Glutathion, Ascorbinsäure. Vor allem heben sich durch solche Zytoplasmaunterschiede größere Bereiche diskontinuierlich heraus, so daß diese als *„Faktorenbereiche" nicht nur durch entwicklungsphysiologische Experimente,* wie beim Seeigelei, *sondern unmittelbar histologisch oder topochemisch abgegrenzt* und in ihrem Verhalten verfolgt werden können.

Als Beispiel für einen **Eitypus mit stark differenzierter Zytoplasmaarchitektur** möge das Ei der Schlammschnecke *Limnaea* dienen (RAVEN). Schon sehr frühzeitig zeichnet sich eine Anordnung deutlich zu unterscheidender Plasmen und Dotterbestandteile ab, die folgendermaßen zustande kommt:

In der jungen *Oozyte* (Abb. 15 a), welche im Ovarium einer Bindegewebeschicht aufsitzt, nimmt der GOLGI-Komplex (G, vgl. S. 49) mit zentralem Centriol und Mitochondrien einen großen Raum des Zytoplasmas in unmittelbarer Nachbarschaft des Kernes ein (Dotterkern). In der *Wachstumsphase* (b, c) vermehren sich diese Elemente und verteilen sich gleichmäßig über das ganze Eiplasma. Die zuerst globulären Mitochondrien werden fadenförmig (3,6 μm). Gegen Ende der Oogenese zerfallen die Mitochondrien zu kleinen α-Granula (0,5 μm). Letztere sammeln sich beim Zentrifugieren in besonderer Schicht an, während die fadenförmigen Mitochondrien dabei im Grundplasma verteilt bleiben. Das granuläre Endoplasmatische Reticulum besitzt nicht den primitiven bläschenförmigen Bau der Seeigeleier, sondern bildet auch längere Kanäle aus, welche größere Zytoplasmapartien durchziehen. Überdies sind freie Ribosomen im Grundplasma. Sie scheinen bei diesem Ei mit stark differenzierter Architektur durch ein feines fibrilläres Netz miteinander verbunden zu sein. Eiweißdottergranula treten im Zytoplasma in zweierlei Form auf: Durch die Vakuolen der Dictyosomen werden runde β-Granula (1,5 μm) ausgeformt. In ihrem Inneren befinden sich oft Kristalloide von Proteinen bzw. Eisenproteinen, sowie gelbes Pigment. Weiterhin entstehen in den Dictyosomen größere ellipsoide γ-Granula. Sie bleiben von den Vacuolen, die sich später stark vergrößern (S. 71), eingehüllt und enthalten anderes Protein als die β-Granula. Sehr wahrscheinlich ist die Doppelmembran für die weitere Verarbeitung der γ-Granula notwendig. Eine Basophilie des Grundplasmas geht auf den Gehalt an Nucleinsäuren zurück. Am Ende der Oogenese wird ein großer Teil der RNS an die β-Granula adsorbiert.

Die für den Abbau der Reservematerialien wie für die Einleitung von Synthesen in der Oozyte gleich wichtigen Oxydo-Reduktionssysteme wurden an den genannten Strukturelementen und im Grundzytoplasma biochemisch untersucht. Die Dictyosomen sind daran mit ihrem Reichtum an Lipoproteiden und ungesättigten Fettsäuren als H-Acceptoren und -Donatoren beteiligt. Ihr

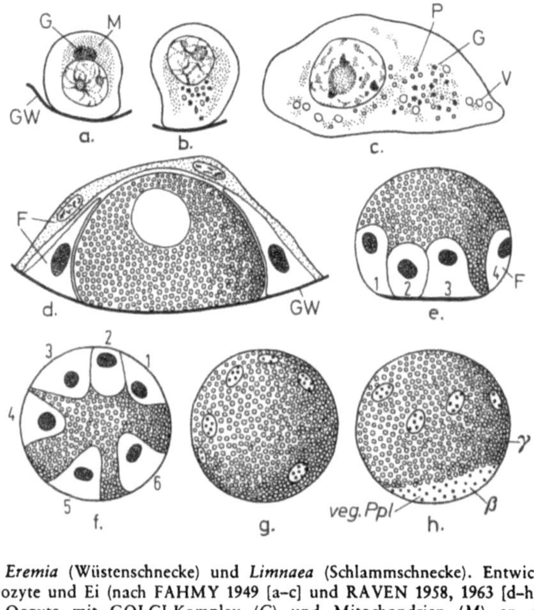

Abb. 15. *Eremia* (Wüstenschnecke) und *Limnaea* (Schlammschnecke). Entwicklung von Oozyte und Ei (nach FAHMY 1949 [a–c] und RAVEN 1958, 1963 [d–h]).
a) Frühe Oozyte mit GOLGI-Komplex (*G*) und Mitochondrien (*M*) an der Bindegewebewand der Gonade (*GW*). b) GOLGI-Apparate (Dictyosomen) im Beginn der Verteilung. c) Oozyte im amöboiden Stadium. Proteindotter (*P*) im GOLGI-Apparat synthetisiert. d) Schnitt durch die Oozyte, der Gonadenwand (*GW*) angelagert, umgeben von zwei Lagen von Follikelzellen (*F*). e) Anordnung der inneren Follikelzellen (1–4) rund um die Oozyte, Seitenansicht. f) desgl. Aufsicht auf den in die Gonadenhöhle hineinragenden animalen Pol. g) Ei unmittelbar nach Ablage, vom animalen Pol, mit subcortikalen Flecken und Polplasma-Färbung, welche der Anordnung der inneren Follikelzellen in f entsprechen. h) desgl. Seitenansicht, vergleichbar mit e. Stadium wie in Abb. 16 a.

Reduktionsvermögen gewinnt durch angelagerte Ascorbinsäure (Vitamin C) an Stärke. Die Mitochondrien, wie auch die eisenhaltigen Proteingranula, sind für den Ablauf der Oxydationen von Bedeutung. Glutathion, dessen chemisch hoch aktive SH-Gruppe durch Übergang in die Difulfidgruppe H-Atome abgeben kann, findet sich gelöst im Grundzytoplasma. Ähnlich wie die Ascorbinsäure dient es der Regulierung der Oxydo-Reduktionsprozesse.

Für die Anordnungsweise der Plasmakonstituenten ergeben sich, wie beim Seeigelei, Beziehungen zur *Lage der Oozyte* in der Keimdrüse und speziell *innerhalb des Follikelepithels:*

Während die junge Oozyte zuerst noch amöboid beweglich ist (Abb. 15 c), beginnt sie sich im Wachstumsstadium mit einer Seite an der Bindegewebswand der Gonade festzusetzen und dort abzuflachen (Abb. 15 d). In der Mitte dieser Fläche liegt der spätere vegetative Pol. Von ihm aus erhebt sich senkrecht die animal-vegetative Achse. Auch wird bemerkt, daß die Dichte aller Granula vom vegetativen zum animalen Pol hin um etwas abnimmt. Der Zellkörper stülpt sich concav zum animalen Pol hin aus. Er ist umgeben von einem zweischichtigen Follikelepithel, dessen innere Schicht aus 6 Zellen besteht. Diese zeigen eine *feststehende Ordnung* (e, f): Drei Zellen liegen nahe beieinander (1-3), eine vierte folgt mit geringem Zwischenraum, die letzten beiden sind etwas weiter entfernt. Die. Oozyte selbst bildet an ihrer Oberfläche Microvilli. Eine dünne Zona radiata umgibt sie. Während die Oozyte sich im Ovotestis bis zur Nidamentaldrüse bewegt, beginnt am Zytoplasma ein vegetatives Polplasma in der Ausdehnung der vorher abgeplatteten und der Basalmembran anliegenden Basis (Abb. 15 h) sich abzusetzen.

Solche *Bewegungsvorgänge der Zytoplasmabereiche während der Eibildung und der Furchung,* die bei diesem differenzierten Eitypus *auch im Entoplasma* zu beobachten sind, und über die Abb. 16 Auskunft gibt, betreffen meistens nicht nur die einzelnen Konstituenten allein, sondern sind dem ganzen Eisystem inhaerent. In den Zusammenhang mit der Bildung des vegetativen Polplasmas bei *Limnaea* gehören z. B. auch Bewegungen, die bei der marinen Pantoffelschnecke *Crepidula* in einem Stadium entsprechend dem der Abb. 16 a auftreten und vom animalen Pol subcortikal zum vegetativen Pol ziehen, um von dort in der Mitte des Eies zu den Polstrahlen der Reifungsspindel zurückzuführen. Unmittelbar nach der Ablage der Oozyte, im Stadium der ersten Richtungsspindel, tritt bei *Limnaea* das vegetative Polplasma (veg. Ppl) scharf abgegrenzt hervor. Es enthält β-Eiweißdotter-Granula, welche sich wie das Plasma mit Azan blau färben lassen. Unmittelbar am vegetativen Pol geht das Polplasma in eine Kappe sehr feiner, licht graublau sich färbender Granula über. In den animalwärts anschließenden Teilen des Eies finden sich in dem nach Azan-Behandlung organgefarbenen Grundzytoplasma neben einzelnen fein verteilten β-Granula vor allem die großen mehr basophilen tiefroten γ-Eiweißdottergranula und eine große Menge feiner orangeroter α-Granula (Mitochondrien-Abkömmlinge). Der Sektor des vegetativen Polplasmas steht in seiner ursprünglichen Flächenausdehnung nicht genau senkrecht zur Achse der Richtungsspindel. Er nähert sich an einer Seite (Abb. 15 h) etwas dem animalen Pol. Im äquatorialen Raum aber entdeckt man subcortikale linsenförmige Flecken, die sich mit Azan genau so blau färben wie das vegetative Polplasma. Nur sind die darin vorhandenen β-Granula ein wenig kleiner als die normalen. Die Lage der Flecken entspricht derjenigen der Kerne der inneren Follikelzellen (Abb. 15 f). Vier liegen an der Seite, an der das vegetative Polplasma hochgezogen ist, zwei gegenüber (Abb. 15 g, h). So deutet sich in der Oozyte außer der animal-vegetativen Polarität auch eine dorso-ventrale an, welche ihr von den Follikelzellen als aufgeprägt erscheint. Die Asymmetrie der Richtungsorganisation wird jedoch unabhängig davon durch das Genom der Mutter bestimmt (S. 80). Entsprechend ist das subcortikale Fleckenmuster bei rechts- und linksgewundenen Schalen der Schnecken *Limnaea peregra* nicht verschieden.

Unmittelbar nach der Eiablage, noch vor der Abschnürung des ersten Richtungskörpers, während sich die Reifungsspindel mit einem Pol an den Eicortex anheftet, breitet sich das vegetative Polplasma subcortikal nach der animalen Seite hin aus (Abb. 16 b). Es überfließt auch die linsenförmigen äquatorialen Flecken, so daß deren weiterer Verbleib nicht verfolgt werden kann. Zunächst muß es daher leider ungeklärt bleiben, in welcher Weise ihre Anordnung mit der späteren embryonalen Organisation korrespondiert.

Nach Bildung der beiden Vorkerne, kurz vor dem Einschneiden der ersten Furche, haben sich die γ-Granula sämtlich mit größeren wasserreichen Vakuolen umgeben. Nun wird eine neue Plasmadifferenzierung sichtbar: Am animalen Pol sammelt sich ein sehr dichtes dotterloses Polplasma, das aus dem Eiinnern kommt. Es erhält Zuzug von viel α-Granula und Mitochondrien, welche durch die Reifungsspindeln angezogen und an den Pol herangeführt wurden (Abb. 16 c, an. Ppl). Kurz vor dem Einschneiden der dritten Furche konzentriert sich auch das dem vegetativen Polplasma entstammende subcortikale Plasma sehr stark in Richtung auf das animale Polplasma und vereinigt sich mit ihm. Verdichtetes Plasma aus der Umgebung der Furchungskerne tritt noch hinzu (Abb. 16 e).

Dieses kombinierte Plasma, das demnach viel Mitochondrien und β-Granula, und damit entsprechend Ribonucleinsäure und SH-Verbindungen enthält, gelangt in die animalen Mikromeren (Mi), die Bildner ektoblastematischer Teile, während sich in den entoblastematischen und mesoblastematischen Makromeren (Ma) im wesentlichen vakuoläres Plasma mit den im Innern des Eies verbliebenen γ-Eiweißdottergranula und Fettropfen befindet.

Das Ei hat während seiner Bildung eine Architektur gewonnen, die nicht nur morphologisch die Differenzierung in der animal-vegetativen und dorso-ventralen Achse durch *bestimmte Plasmenanordnung* hervortreten läßt (Abb. 15–16), sondern auch über *Kräfteanordnungen* verfügt, um schrittweise Bewegungen der Plasmen einzuleiten, durch welche die Blastomeren während der Furchung ein bestimmtes Material erhalten (Abb. 16 *„Ooplasmatische Segregation“*). Sehr bemerkenswert ist dabei, daß sich bei diesem Eitypus mit stark differenzierter Plasmenanordnung die Furchungswände nicht wie beim Seeigelei nur durch die äußerste Schicht der Rinde bilden, sondern daß mit der Furche die gesamte Eirinde einschließlich des subcortikalen Plasmas zur Oberflächenschicht der neuen Blastomere wird (Abb. 16 d). Im übrigen hat der *Bau der Rinde* weitgehende Ähnlichkeit mit dem der Rinde beim wenig differenzierten Eitypus, soweit es sich um das Plasmalemma und die Stabilität des diesem anliegenden Gefüges von Strukturelementen, wie Mitochondrien und ER-Vesikeln, handelt. Auch hier werden die Teile des Cortex durch normale Zentrifugierung nicht verlagert. Den Cortex des *Limnaea*-Eies begrenzt nach innen eine Doppelmembran von 10 nm Durchmesser. Sie ist reich an RNS und Sulphhydril-Verbindungen, doch besitzt man über die besondere lokale Anordnung solcher Substanzen keinerlei Erfahrungen. Die stetige Abnahme der Empfindlichkeit bei einer Behandlung mit den einzelnen Ionen der Reihe Li^+, Cs^+, Rb^+, K^+, Na^+ bzw. Ba^{--}, Str^{--}, Mg^{--}, Ca^{--} läßt darauf schließen, daß nicht Carboxyl- oder Sulfat-Kolloide vorliegen, sondern ein Phosphat-Kolloid. Phosphatide (Phospholipide) scheinen die Hauptkomponenten des Cortex zu sein. Das Medium muß eine gewisse Menge von Ca^{++}-Ionen enthalten, um die Stabilität und physiologische Integrität des Cortex zu wahren. Zu viel Ca^{++} andererseits

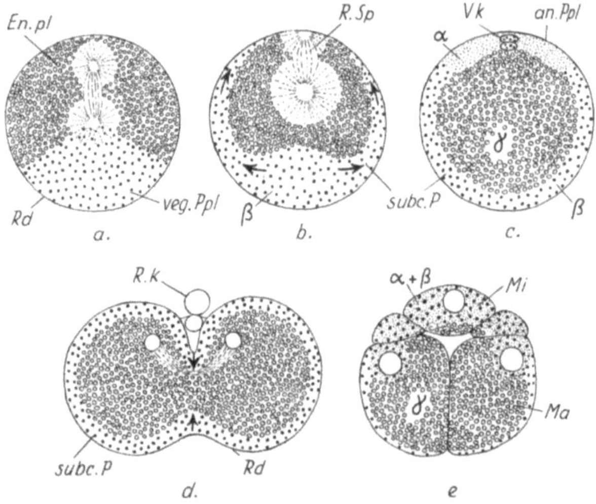

Abb. 16. *Limnaea* (Schlammschnecke). Ooplasmatische Segregation und Furchung (nach RAVEN 1948).

a) Frisch abgelegtes Ei. b) Ausbreitung des vegetativen Polplasmas (*veg. Ppl*) über die Eioberfläche in animaler Richtung. c) Bildung des animalen Polplasmas (*an. Ppl*) nach Abschnürung der Richtungskörper. d) Beginn des Zweizellenstadiums. e) 8-Zellenstadium: Anreicherung des dichten Plasmas (subcortikales Plasma [*subc. P*] + *an Ppl* + Plasmahof der Kerne) in den Mikromeren (*Mi*).

Enpl Entoplasma. *Ma* Makromeren. *Rd* Plasmarinde. *R.K* Richtungskörper. *R.Sp* Richtungsspindel. *Vk* Vorkern. *α-Granula:* Mitrochondrien. *β-Granula:* Eisenhaltiger Protein-Dotter nebst RNS. *γ-Granula:* Andersartiger Proteindotter in wasserreichen Vacuolen.

steigert die Festigkeit des Cortex übermäßig, zu viel Alkali-Ionen macht ihn zu weich. In beiden Fällen sind Entwicklungsreaktionen nicht mehr gewährleistet.

Über die *Bedeutung und die entwicklungsphysiologischen Fähigkeiten der einzelnen Plasmen des Limnaea*-eies sind wir nicht ausreichend orientiert. Dagegen ergeben sich aus Experimenten am Ei der Elefantenzahn-Schnecke *Dentalium* des Mittelmeeres einige Hinweise (Wilson). An diesem Ei treten frühzeitig ein animales und ein vegetatives Polplasma hervor (Abb. 17 a). Wenn die Furchen einschneiden, so bleibt das vegetative Polplasma zunächst unberührt. Es wird während jeder Furchungsteilung als sog. Pollappen abgeschnürt (Abb. 17 b) und als ganzes nacheinander den Zellen CD, D, 1 D zugeteilt (Abb. 17 d, k), schließlich später gleichmäßig in 2 d, 3 d und 4 d überführt (vgl. Abbildungen Bd. II). So bietet das Ei eine Möglichkeit, dieses Polplasma in verschiedenen Furchungsstadien aus der Entwicklung auszuschalten. Wird der Pollappen mit feinem Messerchen zu Beginn der Furchung abgetrennt (Abb. 17 g), so fehlen der entstehenden Larve (Abb. 17 i) im Gegensatz zur normalen (Abb. 17 f) das Apikalorgan mit Wimperschopf (Wi), sowie die posttrocheale Region (p. Tr. R) mit den Organbildungen der Schalendrüse, des Mantels, der Mantelfalte, des Mundes und des Fußes. Sie enthält dann kein Mesoblastem. Trennt man den Pollappen erst nach dem Zweizellenstadium ab (Abb. 17 k), so wird das Apikalorgan nicht betroffen (Abb. 17 l). Im Zweizellenstadium muß vom Pollappenplasma her eine Reaktion eingeleitet sein, durch welche das für das Apikalorgan notwendige Bildungsagens am animalen Pol zur Wirkung kommen konnte: *Die im Ei durch besondere Struktur und Anordnung ausgezeichneten Plasmen besitzen Entwicklungsfaktoren mit genau bestimmten Funktionen für den Ablauf der Formbildung.* Der Pollappen vom *Dentalium*-ei, welcher als *„Plasmatischer Faktorenbereich"* Zytoplasmamaterial und Bildungsfaktoren für die posttrocheale Region enthält, *vermag gleichzeitig Faktoren für formbildende Wirkungen an andere Keimbereiche abzugeben.*

Bei dem Versuch, *die Strukturelemente in einem solchen Faktorenbereich* zu kennzeichnen, findet man, daß in den Pollappen Mitochondrien auch gesammelt und bis zum D-Quadranten ver-

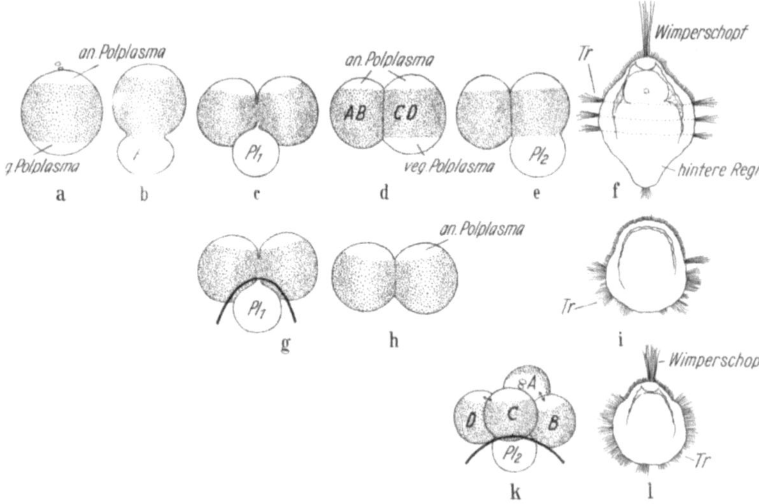

Abb. 17. *Dentalium* (Schnecke). Verteilung des vegetativen Polplasmas bei normaler Furchung und Entwicklungsergebnisse nach Entfernung des Pollappens in verschiedenen Stadien (nach WILSON 1904) a) Ei nach der Besamung mit animalem und vegetativem Polplasma. b) Bildung des ersten Pollappens (Pl_1) vor Beginn der ersten Furchung. c) Einschneiden der ersten Furche. Kleeblattstadium. d) Zweizellenstadium. e) Bildung des zweiten Pollappens (Pl_2) für die nächste Furchungsteilung. f) Normale Trochophoralarve. Mund nahe hinter dem Trochus. Bei der Metamorphose entsteht die Schalendrüse am hinteren Pol der Trochophora. g) Abtrennung des ersten Pollappens. h) Zweizeller ohne Pollappen. CD-Zelle ohne vegetatives Polplasma. i) Entwicklungsergebnis aus h): Posttrocheale Region und Apikalorgan mit Wimperschopf fehlen. k) Abtrennung des zweiten Pollappens. l) Entwicklungsergebnis aus k): Apikalorgan mit Wimperschopf vorhanden. Posttrocheale Region fehlt
Pl Pollappen. *Tr* Trochus, Wimperkranz.

frachtet werden. Ebenso gelangen Mitochondrien in das animale Polplasma, den Faktorenbereich für den apikalen Wimperschopf und den Trochus. Dies ließ sich durch Anwendung von Janusgrün B zeigen, das vital Mitochondrien färbt. Man kann auch durch vitale oder subvitale Behandlung mit dem „Nadi“ Reagenz (α-Naphtol und p-Aminodimethylanilin) entsprechend der Bildung von Phenolblau Oxydasen aufweisen (z. B. die in Mitochondrien lokalisierte Cytochromoxydase). Als entscheidend für die

Differenzierungsfunktion des Pollappens muß jedoch gelten, daß dieser z. B. bei der marinen Hinterkiemer-Schlammschnecke *Ilyanassa* 75 % mehr Purin- und Pyrimidinbasen, vermutlich in Form von Polynucleotiden, als Bausteine für Nucleinsäuren enthält als das übrige Eiplasma (COLLIER, BERG und KATO). Unter den Nucleosiden ist in diesem pool besonders Uridin vorhanden. So muß Entfernung des Pollappens die RNS-Synthese unmöglich machen oder unterbrechen. Die Proteinproduktion wird als weitere Folge merklich herabgedrückt. Abgesehen davon haben sich seit dem Beginn der ersten Reifungsteilung am vegetativen Pol der Oozyte DNS-Partikeln abgelagert, die am Cortex des Pollappens haften bleiben (TIMMERMANNS, GEILENKIRCHEN, VERDONK). Schon im Furchungsmuster wirkt sich dieses insofern aus, als der D-Quadrant nach Verlust des Pollappens einen neuen nicht bildet. Dem animalen Teil fehlt dann die besondere Furchungsordnung, welche sich nach Abb. 17 z. B. darin äußert, daß die CD-Zelle, wie die D-Zelle, die übrigen Blastomeren an Größe übertreffen. Ohne Pollappen verliert auch der 2. Somatoblast 4 d seine Sonderstellung hinsichtlich der Mesoblastemsprossung (*Ilianassa*). Dem Keim fehlen dann, wie schon S. 73 erwähnt, die mesoblastematischen Organe. Ein Herz wird nicht gebildet. Muskulatur entsteht aus Mesenchym. Im Pollappen werden offenbar bereits während der Furchung bestimmte Proteine neu synthetisiert. Da der Pollappen nicht die einzige Vorratsquelle für Polynucleotide im Embryo darstellt, wird ein Kontrollmechanismus erforderlich, der die selektive RNS-Synthese im Pollappen steuert und dadurch eine spezifische Translation ermöglicht. Über die weitere Möglichkeit, daß stabile m-RNS im Pollappen bewahrt werden, lassen sich bindende Aussagen noch nicht machen.

Die Polplasmen im Ei des kleinen Süßwasser-Ringelwurmes *Tubifex,* die nach den Abb. Bd. II über 2 d und 4 d in den ersten und zweiten Somatoblasten aufgenommen werden und von denen sich das Ektoblastem bzw. das Mesoblastem des Keimstreifs herleiten, zeichnen sich ebenso wie die Pollappen der Mollusken durch sehr hohen Gehalt an Mitochondrien aus. Diese sind hier vom Tubulustypus. Im 1. Ekto-Somatoblasten, 2 d, ist dazu das hier kleinvesikuläre und granuläre ER sehr dicht. Der 2. Meso-Somatoblast, 4 d, enthält dazu lokal reichlich Lipidtropfen und

Dottergranula. Andererseits finden sich in der Entoblastemzelle, 4 D, im ganzen wenig, nur perinucleär etwas gehäuft Mitochondrien mit Vakuolen. Das ER bleibt hier spärlich. Es sind wenig Lipidtropfen, aber sehr reichlich Dottergranula vorhanden. Diese Zusammenstellung vermittelt zwar noch nicht eine Einsicht in die entwicklungsphysiologische Funktionsweise der Somatoblasten. Sie läßt nur erkennen, daß diese Blastomeren für Proteinsynthese und Energiestoffwechsel besonders vorbereitet sind. Wenn man von der spezifisch embryonalen Vesikelform des ER absieht, finden sich bei den genannten Strukturelementen nicht qualitative Besonderheiten, sondern lediglich *quantitative Unterschiede* in der Verteilung der einzelnen Elemente auf die verschiedenen embryonalen Faktorenbereiche. Entsprechend der Häufung der Mitochondrien ist die Cytochromoxydaseaktivität (nach Ausweis der Nadi-Reaktion) im Polplasma der ungefurchten Eier, in den Somatoblasten und beiden Schichten der Keimstreifen sehr hoch. Nur in diesen Teilen des Embryo läßt sie sich histochemisch nachweisen. Lipoide, sowie N- und P-haltige Nährstoffe stehen für den Aufbau des Mesoblastems mehr als für den des Ektoblastems zur Verfügung. Auch können diese den angrenzenden vegetativen Bla-

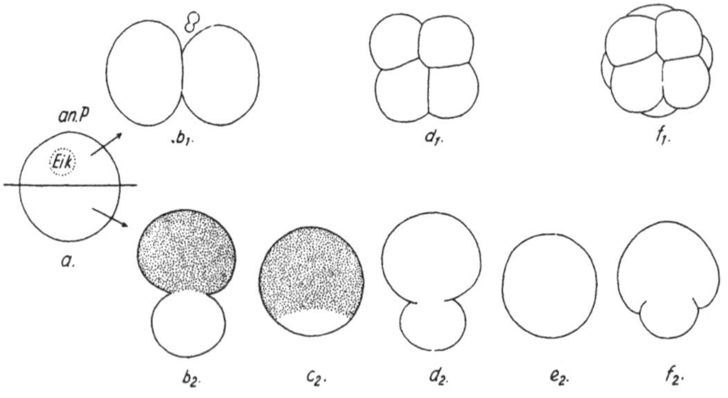

Abb. 18. *Dentalium* (Schnecke). Autonome Bewegungserscheinungen von Pollappen aufeinanderfolgender Entwicklungsstadien in kernlosen Eifragmenten befruchteter Eier (nach WILSON 1904)

a) Durchschneidung des befruchteten Eies. Eikern in der animalen Hälfte. b_1, b_2) Zwillinge aus a). b_2, d_2, f_2) Rhythmische Abgliederung des Pollappens der kernlosen vegetativen Hälfte in den durch b_1–f_1) angezeigten Furchungsstadien

stomeren entnommen werden. Ein erster Hinweis auf die besondere plasmatische *Qualität von Polplasmen* ist nunmehr durch die oben erwähnte Feststellung über den *DNS-Gehalt und die RNS-Synthese-Aktivität* im Mollusken-Pollappen gegeben, die zu eingehenderer Analyse auffordert.

Daß die Kräfteanordnungen, welche den Plasmen bestimmte Bewegungsrichtungen zuteilen, im Zytoplasma selbst lokalisiert sind, zeigt eindrucksvoll die Beobachtung eines kernlosen vegetativen Eifragmentes von *Dentalium* (Abb. 18). Jeweils zur gleichen Zeit, zu der das animale kernhaltige Fragment in das Zwei- oder Vierzellenstadium eintritt, wird vom rein plasmatischen vegetativen Fragment rhythmisch ein Pollappen gebildet und wieder eingezogen. – Für das Seeigelei wurde bereits auf die Bedeutung der Rinde für die Aufrechterhaltung der normalen Entwicklung nach der Zentrifugierung hingewiesen. Auch beim Ei von *Limnaea* gliedern sich die Plasmabestandteile aus der Schichtung wieder zurück und lassen einen normalen Embryo entstehen.

Sehr gut sind diese Verhältnisse am animalen Polplasma zu verfolgen, das sich nach der Besamung aus dem Eiinneren heraus als dichtes Grundzytoplasma mit sehr viel α-Granula und Mitochondrien am Pol sammelt (Abb. 16 a). Bei der Zentrifugierung in diesem Stadium grenzen sich 4 scharf geschiedene Hauptzonen ab, zentripetal eine Fett- und Lipoidzone, in der Mitte klares Grundzytoplasma mit dem Kern und den fadenförmigen Mitochondrien, anschließend als dritte Schicht α-Granula (kleine Mitochondrien) und zentrifugal die Eiweißdotterkappe mit β- und γ-Granula (Raven, Bretschneider, Brunnekreeft, van der Wal). Im Ei, das sich selbst nicht vollständig in der Zentrifuge orientiert, bilden die Schichten vielfach kleine Winkel mit der Eiachse. Trotz der Zentrifugierung in diesem Stadium unmittelbar nach Abschnürung des ersten Richtungskörpers sammelt sich das animale Polplasma an der normalen Stelle. Demnach scheinen während der frühen Reifungsperiode vom animalen Cortex Anziehungskräfte für bestimmte Grundplasmakomponenten des Eiinneren auszugehen, welche entgegen der Zentrifugierung in ursprünglicher Richtung wirken und durch die künstlichen Fliehkräfte nicht außer Kurs gesetzt werden. Bei späterer Zentrifugierung fehlt das Polplasma ganz. Auf α-Granula übt der Cortex in seinem ganzen Verlauf nur eine unspezifische Anziehungskraft aus. Sie und die Mitochondrien werden durch die Sphären der Reifungsspindeln angezogen und in die Matrix des animalen Polplasmas verfrachtet.–

Ein drittes Beispiel, um die Kräfteanordnungen und ihre Lokalisierung im Zytoplasma zu untersuchen, bietet *Tubifex*. In der normalen Entwicklung des Ringelwurmes sammeln sich aus der zuerst gleichmäßig mit Plasma und Dotter erfüllten Oozyte Polplasmen dadurch am animalen und vegetativen Pol, daß die Rinde bei den amoeboiden Bewegungen der Oozyte während der Reifungsteilungen dieses Plasma gewissermaßen aus der Mitte des Eies herauszieht. F. E. LEHMANN konnte diese Vorstellung durch ein besonderes Experiment erhärten. Das Ei läßt sich mit erzwungener Orientierung zentrifugieren. Stimmt dabei seine animal-vegetative Achse mit der Schwererichtung überein, so wird das gesamte Polplasma an einem Pol gesammelt und bleibt dort angehäuft liegen. Wird aber das Ei quer zur Schwererichtung orientiert und sammeln sich die Polplasmen durch die Zentrifugierung an seinem Äquator an, so kriechen nach Beendigung der Zentrifugierung die Polplasmen entlang der Rinde in die Polregionen zurück. Zwischen dem Polcortex und dem Polplasma muß eine besondere Affinität bestehen. In Schnittpräparaten zeigen animale und vegetative Kalotte des Eies stärkere Wände als die Äquatorialzone: *Der Ektoplasmarinde kommt gegenüber dem Entoplasma durch Affinität (Bd. II) bestimmter Zonen zu bestimmten Plasmen eine ordnende Fähigkeit zu.* In den Ausbuchtungen der Rinde, die sich während der Meiose und vor dem Einschneiden der ersten Furche bilden, sammeln sich aus dem Eiinnern für kurze Zeit auch ungesättigte Fettsäuren (HESS). Mengen von Mitochondrien begleiten sie und gelangen dabei in die Polplasmen. Fettsäuren und Mitochondrien lassen auf hohen Energiebedarf bei der Bewegung und Dehnung der Rinde schließen. Offenbar sind diese Cortexbewegungen sehr genau mit den inneren Vorgängen in Oozyte und Ei koordiniert. Die Lobulationen finden regelmäßig erst kurz vor Beginn jeder der drei Anaphasen statt und sind auf den peripheren ihrer Pole ausgerichtet, so daß die Rindenreaktion auf die Kernspindelbildung abgestimmt zu sein scheint. Festlegung der Rinde durch Antimitotica, wie Naphtochinon, hindert die Kernteilung nicht, wohl aber den Ablauf der Polplasmenlokalisierung und die Ausbildung des normalen Furchungsmusters.

Auch völlig selbständig kann das Entoplasma an dem Vollzug von Bewegungserscheinungen beteiligt sein. Das Ei der marinen Pantoffelschnecke *Crepidula* orientiert sich in der Zentrifuge nicht. Liegt der animale Pol zentrifugal und wird mit dem Grundzytoplasma die Richtungsspindel zentripetal nach der vegetativen Seite verschoben, so zeigt die gezackte Schichtgrenze an, daß das Grundzytoplasma mit feinsten Fasern noch das Ei durchzieht (Abb. 19 a, b, d). Tatsächlich verlagern sich schon wenige Stunden

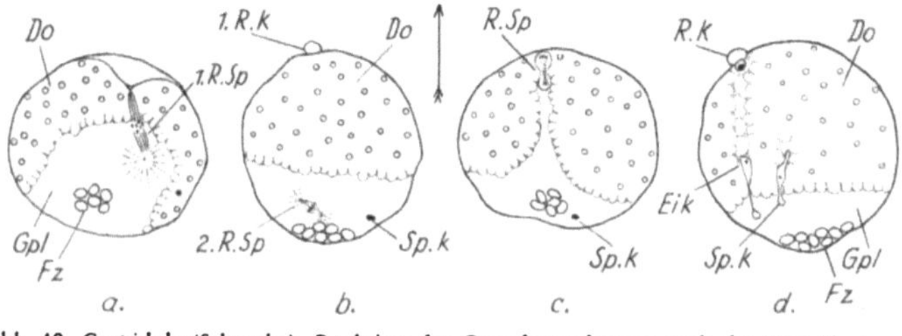

Abb. 19. *Crepidula* (Schnecke). Reaktion des Grundzytoplasmas nach der Zentrifugierung von Eiern im Stadium der Reifungsteilungen und der Vorkernbildung (nach CONCLIN 1917)

a) Verlagerung des Grundzytoplasmas zentripetal in Richtung des vegetativen Poles. Richtungsspindel, welche mit einem Pol an der Rinde verankert war, ausgezogen. Eindellung der Rindenschicht. b) Plasmaverlagerung im Stadium der 2. Richtungsspindel, welche noch nicht an den animalen Pol angeheftet war. c) Rückverlagerung der 2. Richtungsspindel bei einem Ei, $1^1/_2$ Std. nach der Zentrifugierung, an den animalen Pol. d) Plasmaverlagerung auf dem Vorkernstadium. Verstärktes Hervortreten des Grundzytoplasmanetzes zwischen animalem Pol und den in zentripetaler Richtung langgezogenen Kernen

Do Dotter. *Eik* Eikern. *Fz* Fettzone. *Gpl* Grundzytoplasma. *R. K* Richtungskörper. *R. Sp* Richtungsspindel. *Sp. K* Spermakern. Pfeil: Zentrifugale Richtung

nach der Zentrifugierung die Richtungsspindeln mit dem Plasma wieder zum animalen Pol zurück (c, CONCLIN). *Das Grundzytoplasma im Entoplasmaraum*, das den Zusammenhang mit dem Cortex an der Eioberfläche nicht aufgibt – wie auch die Richtungsspindel im Stadium der Metaphase zeitweise an die Rinde angeheftet wird –, muß die Fähigkeit besitzen, *eigene Kontraktionsbewegungen zur Aufrechterhaltung der Anordnung von Plasmabestandteilen im Eiinnern* durchzuführen. Dieses „Dotter-Entoplasma-System" ist zur Zeit der Mitosen viskoser und elastischer als während der Interphasen, in denen es, nach der leichten Verlagerungsmöglichkeit der Teile zu urteilen, lockere Form annimmt. Man würde glauben, daß für solche Bewegungen im Grundzytoplasma fibrilläre Differenzierungen, Plasmafilamente, ausgebildet seien, wie sie im Amoeben-Entoplasma gefunden wurden (WOHLFAHRT-BOTTERMANN). Doch erweist sich das Grundzytoplasma im Ei durchweg elektronenoptisch als unstrukturiert.

Wie zu erwarten ist, richtet sich bei Besamung mit rassenfremdem Spermium die Furchungsordnung nach dem in der Oozyte des mütterlichen Tieres bereitgestellten Eiplasma. Dies war S. 65 bereits für die Form und Größe der Seeigelblastomeren, sowie für die Furchungsgeschwindigkeit festgestellt. Entsprechend unterscheiden sich links- und rechtsgewundene Rassen der Schlammschnecke *Limnaea* auch durch laeotrop bzw. dexiotrop beginnende Spiralfurchung. Das besamende Sperma der linksgewundenen Rasse hat keinen Einfluß auf die Drehungsrichtung der Spiralfurchung, welche dem Ei der rechtsgewundenen Rasse eigen ist, und umgekehrt.

Eine ganz andere Frage ist es, ob diese dem Plasma eigene Richtungsorganisation auch allein durch das Plasma vererbt wird, d. h. ob für ihr Auftreten im Eiplasma einer folgenden Generation auch lediglich konstant dort anwesende und nur durch Plasma weitergegebene Faktoren verantwortlich gemacht werden können. Nach den bisher vorliegenden Kreuzungsergebnissen muß man damit rechnen, daß über eine solche alternative Eigenschaft wie Rechts- und Linksdrehung der Spiralfurchung praedeterminativ durch den Genotypus der Mutter entschieden wird. Das diesen Genotypus mitbedingende großelterliche Spermium wirkt sich hier anteilig aus. Das plasmatische System bereits der mütterlichen Oozyte hat durch den normalen Erbgang eine Prägung für den Ablauf einer laeotropen oder den einer dexiotropen Spiralfurchung erhalten. **Rein plasmatischer Erbgang** ist unter Tieren einerseits bei Insekten für folgende Merkmale bekannt geworden: Entwicklungsgeschwindigkeit, Raupenpigmentierung, unterschiedliche Stärke der weiblichen Tendenz bei der Geschlechtsbestimmung des Schwammspinners *Lymantria* (R. GOLDSCHMIDT); die Pigmentierung bei der Schlupfwespe *Habrobracon* (KÜHN). Andererseits werden bei Amphibien Artmerkmale der Haut, wie der oberflächliche Höckerchenbesatz des Fadenmolches *Triturus palmatus*, sehr wahrscheinlich auch durch plasmatische Faktoren bestimmt (HADORN). Wo solche im Plasma weitergegebenen Faktoren lokalisiert sein könnten, ob sie einzelne elementare Struktureinheiten darstellen, oder ob sie sich in Plasmabereichen oder im ganzen Gefüge des Plasmas manifestieren, ist unbekannt. Unter den Autoreduplikanten des Plasmas, die zugleich auch DNS enthalten, kommen als Erbträger nach Untersuchungen an panaschierten Pflanzen (*Mirabilis jalapa*, CORRENS) Plastiden, nach Erfahrungen an Defekten im Atmungsenzymsystem bei Hefen (*Saccharomyces*, EPHRUSSI) und an Mäusen mit Geschlechtsunterschieden im Enzymverhältnis dieses Systems (CASPARI), Mitochondrien in Frage. Beide Arten von Strukturelementen enfalten ihre wirkungskonstanten Faktoreneigenschaften stets in Kombination mit Genwirkungen. Das bei Moosen und höheren Pflanzen von v. WETTSTEIN als Plasmon bezeichnete kontinuierliche Erbgefüge ließ sich im Zytoplasma noch nicht lokalisieren. Nach den Untersuchungen an Pflanzen (MICHAELIS) vollziehen sich Veränderungen bei den plasmatischen Erbfaktoren nicht jeweils in Form einer sprunghaften Mutation, sondern mehr im Sinne einer allmählich wirksam werdenden und ebenso sich wieder abschwächenden und wieder abänderbaren Dauermodifikation.

Im Überblick auf die bisherige Darstellung lassen sich einige **allgemeine Feststellungen zur Architektur des Zytoplasmas und der plasmatischen Bildungsfaktoren** machen: Im Eizytoplasma ist nicht wie in den Kernen ein inneres Gerüst vorhanden, das für alle Tiergruppen in mehr oder weniger ähnlicher Form die Entwicklungsfaktoren trägt, sondern nach allen Richtungen des Raumes hin nehmen die plasmatischen Substanzen und Strukturen je nach der Tiergruppe, dem das Ei zugehört, andersartige Gruppierungen ein. Sie sind Gestaltungsbewegungen zugänglich. Zwischen den Bildungsfaktoren und ihrem Substrat bestehen im Zytoplasma besondere, im Eikern nicht vorhandene Beziehungen: *Unabhängig von ihrer Wirkung im einzelnen sind die Zytoplasmafaktoren*, wie besonders am *Dentaliumei* S. 73 ff. gezeigt wurde, *in Bereichen* *angeordnet, welche gleichzeitig räumlich ausgedehntes plastisches Bildungsmaterial darstellen.* Es lassen sich *„Plasmatische Faktorenbereiche"* abgrenzen. Sie enthalten aber *vielfach nicht nur Bildungsfaktoren für den eigenen Bereich, sondern auch solche für andere Plasmabezirke.* Zur Kennzeichnung solcher Plasmen ist die alte klassische Bezeichnung „Organbildender Keimbereich" zu eng, weil es sich wohl um Bildung von Formen, aber nicht unmittelbar von Organen handelt. Daher sind hier die Ausdrücke „Plasmatische Faktorenbereiche", „Plasmabereiche" oder auch einfach „Plasmen" gewählt, wobei jeweils die Art der vorhandenen Faktoren noch besonders genannt werden kann. *Obwohl die Richtungsorganisation im Ei der des späteren Embryo vergleichbar ist, sind die Faktorenbereiche des Zytoplasmas nicht notwendig von vornherein in gleicher Weise angeordnet wie die aus ihnen entstehenden Körperteile des späteren Embryo.* Die Beziehungen zu diesen müssen in jedem Falle durch das Experiment geprüft werden.

An größeren Teilsystemen lassen sich generell lediglich *Rinde und Entoplasma* unterscheiden. Innerhalb dieser finden sich die *Plasmabereiche,* die sich durch ihre verschiedenartigste Zusammenordnung aus Einzelelementen auszeichnen. An ihrem allgemeinen Aufbau sind das Grundzytoplasma und seine Strukturelemente verschieden stark beteiligt. Durch diese (Endoplasmatisches Retikulum, Dictyosomen, Ribosomen, Mitochondrien, Lysosomen), durch paraplasmatische Pigmente, Dotter- und Reservesubstanzen sowie Produkte des Stoffwechsels erhalten die Plasmabezirke sehr unterschiedliches Aussehen und vielseitige Funktionsmöglichkeiten. Die Bezirke können über eigene DNS und RNS, wie auch RNS-Vorstufen und bestimmte Arten von Ribosomen verfügen.

Die gegeneinander abgesetzten Typen plasmatischer Architektur, die bei den Eiern der Tiergruppen möglich sind, wenig differenzierte und stark differenzierte (vgl. S. 51, 67), unterscheiden sich am auffälligsten im Entoplasma. Dieses ist beim erstgenannten Typus durchweg homogen, beim zweiten dagegen mehr oder weniger deutlich aufgegliedert. Die mehrschichtige Rinde besitzt in jedem Eitypus eine ihm eigene regionale Struktur. Dem Aufbau dieser Rinde ist es bei undifferenziertem Entoplasma wesentlich zuzuschreiben, wenn bereits das ungefurchte Ei Anordnungen von Entwicklungsfaktoren trägt, durch welche die animal-vegetative, wie auch die Rechts-links-Richtung und manchmal die Dorsoventral-Richtung deutlich hervortreten (vgl. auch S. 198 f.).

Unter diesen Faktoren der Rinde sind ebenso wie unter denjenigen des Entoplasmas solche für die *materielle Differenzierung* und solche für die *Bewegungstätigkeit* vorhanden. Sie vermögen allerdings in den meisten Fällen ohne Beisein des Kernes nur nächstliegende Wirkungen zu entfalten. Diese Tatsache ist nicht so selbstverständlich wie die andere, daß Faktoren des Kernes stets der Architektur des Plasmas als Grundlage der Gestaltbildung bedürfen. Durch das Formänderungsvermögen der Rinde, die Spannungs- und Kontraktionsbefähigung fibrillärer Elemente des Entoplasmas, kombiniert mit einer Affinität bestimmter Rindenregionen zu bestimmten Entoplasmateilen, kommen Bewegungen der Plasmaregionen zustande, bei denen die Rinde jedesmal dann führend erscheint, wenn sie, wie in den meisten Fällen, fester strukturiert ist als das Entoplasma und mehr als dieses allen Verlagerungsversuchen widersteht. –

Wie weit für Zustandsänderungen im Plasma, durch welche die Teilungsebenen während der Furchung ausgerichtet werden, Rinde und Entoplasma entscheidend sind, wird im Einzelfall zu bestimmen sein. Werden die Wände der Blastomeren nur durch äußere Rindenschichten hergestellt, wie beim *wenig differenzierten Seeigelei,* so bleibt die *ursprüngliche Architektur des Zytoplasmas weitgehend bis zur Blastula erhalten. Im Gegensatz dazu verändert sich die Plasmaarchitektur bereits während der Furchung,* wenn an der Bildung der Furchungswände die gesamte Rinde einschließlich des subcortikalen Plasmas unter größeren Bewegungserscheinungen beteiligt ist, wie dies für das *stark differenzierte Limnaea-ei* beschrieben wurde. In diesem Falle setzen an den Plasmabezirken schon vor und während der Furchung, bevor deren Aufteilung in Zellen vollendet ist, die Umlagerungen ein, welche zur endgültigen Anordnung der Anlagen für die Ausbildung der Körperformen nötig sind.

c) Reaktionen zwischen Kern und Zytoplasma im Ei und während der Furchung

Ähnlich wie im *Dentalium*-ei finden sich im Insektenei bestimmte ausgezeichnete Plasmabereiche, auch wenn sie hier morphologisch nicht immer so gut abgrenzbar sind. So ließ sich im Ei der Libelle *Platycnemis* nahe dem hinteren Pol ein Plasmabereich von etwa $^1/_{10}$ Eilänge auffinden, mit dessen Abschnürung oder Abtötung durch den Thermokauter (Abb. 20 e, g, h) die Bildung der gesamten Keimanlage verhindert werden konnte (SEIDEL, vgl. Bd. II, Bildungszentrum). Eine leichte Einschnürung stört die Entwicklung nicht. Man kann die Schnur am Ei so anbringen, daß die Wirkung des hinteren Polplasmas zum vorderen Eiraum hin sich ungehindert entfaltet (Abb. 20 i, k). Während dieser Zeit breiten sich die Furchungskerne, von nur wenig, für die superfiziellen Furchungsteilungen physiologisch notwendigem Hofplasma umgeben, über den Eiraum aus (Abb. 20 a, b). In diesem Entwicklungsstadium war es möglich, zu prüfen, ob eine **Beeinflussung der Entwicklungsweise des Eizytoplasmas durch Reaktionen mit den Furchungskernen** eintritt. Legt man die Schnur so an, daß keiner der Furchungskerne durch den Knoten hindurchschlüpfen und den entscheidenden Plasmabereich des Zentrums erreichen kann (Abb. 20 l), daß also eine Isolierung des Hinterpolplasmas von den Furchungskernen geschieht, so entwickelt sich auch keine Keimanlage (Abb. 20 m): *Zur Aktivierung der Keimanlagenentwicklung ist in diesem Ei eine Reaktion zwischen einem bestimmten plasmatischen Faktorenbereich und einem Furchungskern nötig.*

Bei dieser Reaktion ist es gleichgültig, welcher der Furchungskerne sie vollzieht und an welchem Furchungskern sie vollzogen wird. Normalerweise bevölkert während der superfiziellen Furchungsteilungen von den beiden ersten Kernen der hintere die hintere Eihälfte, der vordere die vordere (Abb. 20 a, b). Tötet man nun durch Bestrahlung mit ultraviolettem Licht den hinteren der beiden Kerne (Abb. 20 n, o), so läuft die Entwicklung zur Keimanlage genau so gut ab, wie wenn der hintere Kern vorhanden gewesen wäre: *Gegenüber der mehr oder weniger differenzierten Plasmaanordnung der Eier sind die Furchungskerne anfangs „isopotent"*, d. h. gleichartig wirkungsbefähigt. – Isopo-

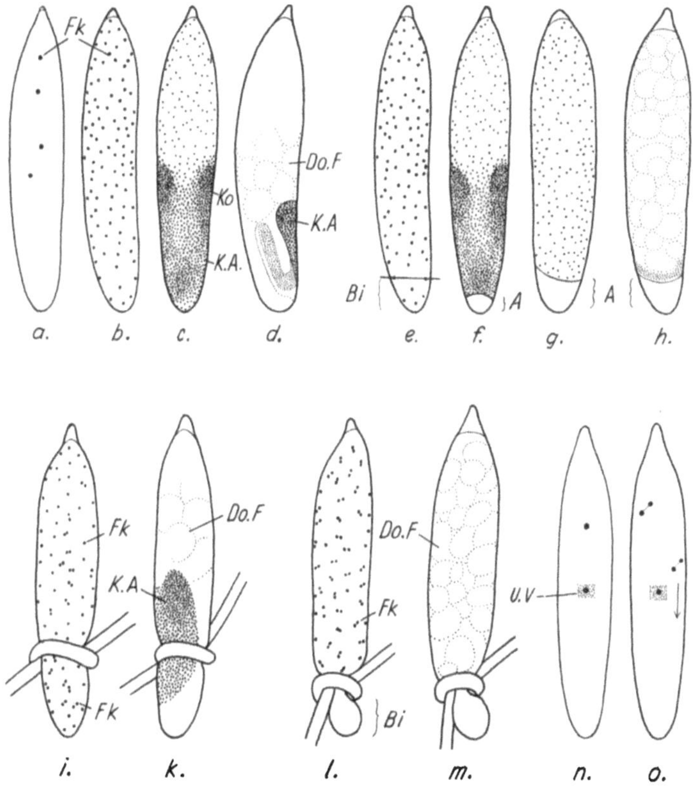

Abb. 20. *Platycnemis* (Libelle). Normale Entwicklung der Keimanlage (a–d). Nachweis der Wirkung des hinteren Polplasmas als Bildungszentrum (e–h), der Notwendigkeit der Kernversorgung des Bildungszentrums (i–m) und der Isopotenz der Furchungskerne (n–o). (Nach SEIDEL 1929–1932)

a) Vierkernstadium. b) 256-Kernstadium. c) Keimanlage. d) Beginn der Einrollung der Keimanlage und der Dotterfurchung. e) Operationsstadium für f–h mit Abgrenzung des Bildungszentrums. f) Bildung der Keimanlage trotz Abtötung eines kleinen Bereiches am hinteren Eipol mit dem Thermokauter. g) Ausbleiben der Zusammenscharung der Kerne zur Keimanlage nach Ausschaltung eines größeren Bereiches am hinteren Eipol. h) Späteres Stadium nach dem gleichen Versuch. Ergebnis: Keine Keimanlage, nur Dotterfurchung. i) Leichte Einschnürung des Eies ohne Verhinderung der normalen Verteilung der Furchungskerne. k) Ergebnis aus i): Bildung der Keimanlage. l) Abschirmung des Bildungszentrums gegen die Furchungskerne durch engeren, jedoch nicht ganz zugezogenen Schnürknoten. m) Entwicklungsergebnis aus l): Keine Keimanlage, nur Dotterfurchung. n) Abtötung des hinteren von den ersten beiden Furchungskernen. o) Ausbreitung der Nachkommen des vorderen $^1/_2$-Furchungskernes in Richtung des Pfeiles über das ganze Ei

A Abgetöteter Bereich. *Bi* Bildungszentrum. *Do. F* Dotterfurchung. *Fk* Furchungskern. *Ko* Kopflappen. *K. A* Keimanlage. *U. V* Strahlenstichbereich

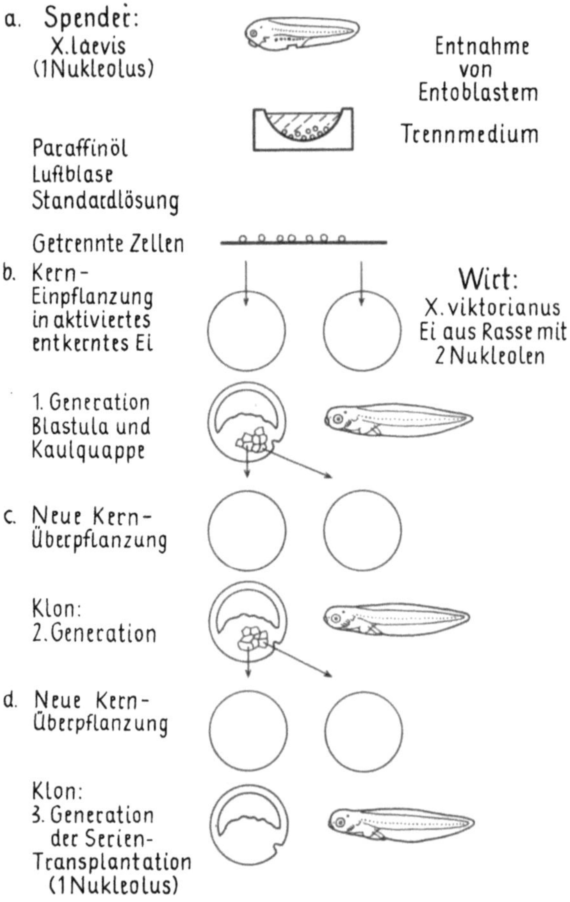

Abb. 21. *Xenopus* (Krallenfrosch). Seriale Transplantation von Kernen aus dem Kaulquappendarm einer Bastardrasse von X. *laevis* mit 1 Nucleolus in ein entkerntes Ei der Rasse X. *victorianus* mit 2 Nucleolen (nach GURDON 1966).

a) Entnahme und Isolierung der Zellen. b) Aufnahme einer Zelle in so enge Kapillare, daß die Zellwand aufplatzt, und Übertragung eines Kernes, der nunmehr fast völlig ohne Plasma ist, auf das parthenogenetisch aktivierte Ei. Aus diesem entwickelt sich eine Kaulquappe. c) Entnahme von Entoblastemzellen aus einer Blastula der 1. Transplantatgeneration und Übertragung der Kerne auf aktivierte und entkernte Eier von X. *victorianus*. d) desgl. aus Blastula-Entoblastemzellen der 2. Generation. Die Kerne aus dem Darm von X. *laevis* lieferten einen Klon, der 3 Generationen von Kaulquappen hervorbrachte.

tent sind die Furchungskerne auch beim Seeigelei, bei dem dies dadurch nachgewiesen wurde, daß die Blastomeren sich nach Pressung des Eies umordneten und doch eine gut geformte Larve zur Entwicklung brachten (DRIESCH). Gleiches gilt für das Amphibienei (O. HERTWIG).

Als man daran ging, die Frage nach der Isopotenz der Furchungskerne mit einer anderen Methode zu prüfen, tauchten Zweifel darüber auf, ob diese Isopotenz eine fortdauernde sei, oder ob man während der Differenzierung der Zellen mit einer **Beeinflussung der Kerne durch Reaktionen mit dem Plasma** rechnen müsse, welche ihre Isopotenz einschränken würde. BRIGGS und KING unternahmen es, diese Frage bei Amphibien durch Transplantation von Kernen aus älteren Embryonalstadien bis zur Neurula (vgl. Bd. II) in unbefruchtete Eier zu entscheiden. Vorher regt man diese Wirtseier entweder durch Anstich mit feiner Glasnadel oder mittels Hitze- bzw. elektrischem Schock zur Parthenogenese an (vgl. S. 162) und entfernt den Kern, der sich zu dieser Zeit unmittelbar unter dem animalen Pol befindet, mit einer Glasnadel oder durch U. V.-Bestrahlung. Für die Transplantation gewinnt man aus Spenderkeimen Kerne, indem man eine Blastula oder Gastrula aufschneidet und die Zellen in einer Salzlösung, welche frei von Ca^{++}- und Mg^{++}-Ionen ist und in der sich zur völligen Ca^{++}-Bindung (vgl. S. 141 f.) noch 10^{-3} m Versen (EDTA, Dinatriumäthylen-Diamin-Tetraessigsäure) befindet, voneinander isoliert (Abb. 21 a). Eine Einzelzelle saugt man in eine so enge Mikropipette ein, daß die Zellwand aufplatzt, und transplantiert dann den nur in einem winzigsten Plasmaklümpchen befindlichen freien Kern mittels dieser Pipette in das aktivierte kernlose Ei (Abb. 21 b). Die geringe Plasmamenge ist nötig, da sonst der Kern zu sehr geschädigt würde. Auch ist wohl ein Zytozentrum darin enthalten. Spender und Wirtskern lassen sich beim afrikanischen Krallenfrosch *Xenopus* dadurch unterscheiden, daß man zwei besondere Rassen benutzt. Die Kerne von *Xenopus laevis laevis* weisen nur je einen Nucleolus auf (Bastard aus letaler nucleolenloser Rasse mit einer 2 Nucleolen besitzenden Rasse), diejenigen von *Xenopus laevis victorianus* je zwei Nucleolen. Letztere wurden entkernt und immer wieder als Wirtseier verwandt, so daß die Transplantatkeime sämtlich nur einen Nucleolus tragen mußten.

Mit dem alten, aus differenzierten Zellen entnommenen Kern vermag ein Amphibien-Ei die gesamte Entwicklung bis über die Metamorphose zum fertigen Frosch neu durchzuführen. Dies gelingt selbst dann, wenn der alte Zellkern aus dem Entoblastem eines Schwanzknospenstadiums oder aus dem Darmepithel einer Kaulquappe (GURDON) stammt. Auch wurde die Transplantation mehrerer Generationen serienweise hintereinander vom Blastulastadium aus mit gleichem Erfolg wiederholt (Abb. 21 c, d). *Die Kerne selbst weit entwickelter Zellen,* als welche wir Darmzellen mit gestreiftem Cuticularsaum ansprechen müssen, *besitzen noch allseitige Potenzen, sind „omnipotent"*, sowohl für Entwicklungsleistungen, die normalerweise von ihnen und ihren Nachkommen gefordert werden, als auch für solche, die bereits ein oder mehrere Male von vorhergehenden Kerngenerationen vollzogen sind.

Nicht in allen Fällen ist das Entwicklungsergebnis serialer Kerntransplantationen so positiv. Manche Versuchsserien scheinen die Deutung nahezulegen, daß Kerne durch den Aufenthalt in bestimmten Keimschichten (Entoblastem der Gastrula) stabilen Abänderungen unterliegen, die sich in alle Transplantationsgenerationen hinein erhalten und Klone mit stadieneigenen Entwicklungshemmungen oder bestimmten Störungen der Gestaltbildung zeitigen. Die Frage bleibt offen, ob sich auf diese Weise Äußerungen gesetzmäßiger Entwicklungsänderungen zeigen oder ob dies transplantationsbedingte Schäden sind. Haben sich die Keime bei der Operation etwa in einer ungünstigen Mitosephase befunden, so könnten Mitosenstörungen mit Chromosomenverklumpung, unregelmäßige Chromosomenverteilung bei multipolarer Spindelbildung, irreguläre Furchung die Folgen sein. Allerdings würden Transplantat-Embryonen mit solchen Entwicklungsstörungen schwerlich über das Blastula- oder Gastrulastadium hinauskommen. Wenn jedoch Zellen, die einmal eine Entwicklung bis zur jungen Kaulquappe geleistet haben, in weiteren serialen Transplantationen konstant Klone von unterschiedlicher Differenzierungsleistung ergeben, so liegt es nahe, solche Einschränkung der Differenzierungspotenz als real erworben anzusehen. *Die Kerne bestimmter Zellen könnten Veränderungen eingegangen sein.* Als anmerkenswert muß man in diesem Zusammenhang auch hervorheben, daß bisher aus Ekto- und Mesoblastemzellen Kerntransplantationen nicht von Erfolg begleitet waren.

Solange bei negativen Ergebnissen Transplantationsschäden nicht ausgeschlossen werden können, muß die Frage nach der Kernveränderung durch entwicklungsbedingte Zelldifferenzierung unbeantwortet bleiben. Man muß sich auf das positive Ergebnis stützen, daß zum mindestens einzelne Zellen des Entoblastems noch nach Abschluß der Embryonalentwicklung über völlig omnipotente Kerne verfügen.

Die genauere Untersuchung des Verhaltens und der Reaktionen der transplantierten omnipotenten Kerne in den verschiedenen Entwicklungsstadien, die sie mit Wiederholung im Experiment durchlaufen mußten, ergibt sehr eindrucksvolle Beispiele zur Kennzeichnung von einem *Zytoplasma-Einfluß auf den Kern.* Das Kernvolumen von Entoblastemzellen der Gastrula beträgt normalerweise etwa 4400 μm^3. Werden Kerne aus dem Darmepithel der Kaulquappe, deren Volumen etwa 170 μm^3 beträgt, transplantiert, so wachsen sie stets in der Gastrula auf die für dieses Stadium normale Größe an. Auch verschwinden nach der Transplantation beim Durchlaufen der Furchungsstadien zunächst die vorher im Darmepithel klar sichtbaren Nucleoli, um im Gastrula-Stadium wieder zu erscheinen. Im Einklang damit unterbleibt während der Furchungsstadien im kerntransplantierten Keim entsprechend den normalen Verhältnissen die Produktion der beiden Hauptfraktionen von r-RNS. Im Neurulastadium läuft sie in normalem Ausmaß wieder an. Demnach wird die Kernaktivität, bzw. die Aktivität der für die Produktion von r-RNS in Betracht kommenden Gene durch den Typus desjenigen Plasmas, in welchem die Kerne liegen, kontrolliert. Auch für die DNS-Synthese selbst konnte dieses nachgewiesen werden. Normal besamte Eier zeigen etwa $^1/_2$ Stunde nach der Befruchtung eine kurzfristige Steigerung der DNS-Synthese. Durch ^{3}H-Thymidin-Markierung ließ sich auch bei über 70 % von Kernen aus Gehirnzellen und Blutzellen erwachsener Frösche, die sich normalerweise kaum mehr teilen, nach ihrer Transplantation in entkernte Eier ein Wiederaufleben der DNS-Produktion dartun.

Sucht man nach Anhaltspunkten dafür, inwiefern die Omnipotenz der Kerne verändert oder eingeschränkt werden könnte, so

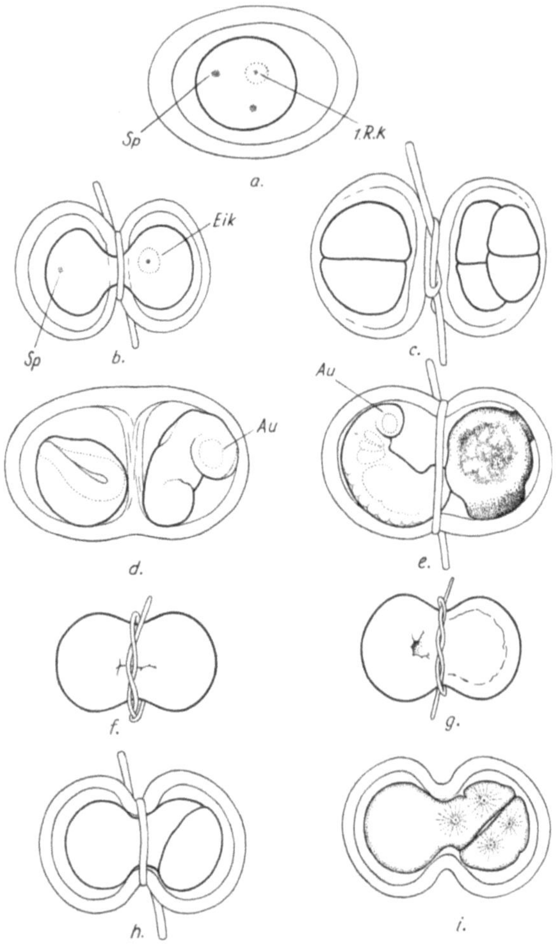

Abb. 22. *Triton* (Molch). Prüfung der Fähigkeiten verschiedener Eibereiche mit normaler und verzögerter Kernversorgung (SPEMANN 1901–1928, i nach FANKHAUSER 1930) a) Ei innerhalb der Gallerthülle. b) Einschnürung kurz nach der Besamung; im Stadium der Gastrula als median zu erkennen (f). c) Ergebnis aus b): Linke Hälfte haploid, rechte diploid. d) Späteres Ergebnis aus b): Zwei ganze Embryonen, der haploide Embryo links im Stadium noch nicht ganz geschlossener Medullarwülste, der diploide rechts mit Anlage von Kopf und Schwanz. e) Ergebnis aus ähnlichem Versuch, bei dem die Lage der Schnur im Gastrulastadium als frontal erkannt war (g): Links ein ganzer

gibt dazu ein Experiment einen Hinweis, in welchem differenzierte Kerne in artfremdes Eiplasma transplantiert wurden, so Kerne von *Xenopus laevis* auf *Xenopus tropicalis*. Nachdem sie eine Generation in artfremdem Plasma verbracht hatten, waren sie, in das arteigene Eiplasma rücktransplantiert, nicht mehr imstande, Differenzierungen zur Kaulquappe wie die Kontrollen, sondern höchstens nur noch bis zur frühen Morula zu leisten. Nach MOORE wäre es möglich, daß im fremden Zytoplasma die DNS-Synthese des Kernes irreversible Abänderungen erfahren hat.

Durch die Architektur des Zytoplasmas entstehen für Reaktionen mit Kernen unterschiedliche Bedingungen. Die **Reaktionsbereitschaft der plasmatischen Faktorenbereiche** untersuchte SPEMANN am Molchkeim. Nach seinen Ergebnissen über die *experimentelle Verzögerung der Kernversorgung einer Eihälfte* unterliegt die Bereitschaft zu Reaktionen mit den Kernen bestimmten Zeitbeschränkungen. Im Molchei ist ein der späteren Dorsalseite angehörender Plasmabereich gegenüber den übrigen Eiteilen besonders ausgezeichnet (SPEMANN, vgl. Bd. II, Organisationszentrum. Schraffierter Bereich in Abb. 50 I, II). Schnürt man das Ei kurz nach der Besamung mit einem Kinderhaar mitten durch (Abb. 22 b) und legt dabei die Schnur median, was allerdings erst an der Lage der oberen Urmundlippe im Gastrulastadium zu erkennen ist (Abb. 22 f.), so wird beiden getrennten Hälften dorsales Plasma zugeteilt, und es können sich Zwillinge entwickeln (Abb. 22 d). Bei frontaler Lage der Schnur erhält nur eine Hälfte dorsales Plasma (Abb. 22g, links), und nur in dieser bildet sich ein ganzer Embryo (Abb. 22 e). Die andere Hälfte kann es nur zu einem Bauchstück bringen, einem Körperteil, der lediglich Gewebe aus den drei Keimblättern besitzt, aber kein Achsensystem (Abb. 22 e, rechts). Da zu Beginn des Versuchs nur eine Hälfte, z. B. die rechte der Abb. 22 b, den Eikern enthält und die

Embryo mit Ursegmenten, Augenblasen und Kiemenwülsten, rechts ein Bauchstück. f) Schema für eine Gastrula mit medianer Lage der Schnur. Obere Urmundlippe, aus dem dorsalen Plasmabereich hervorgegangen, wird beiden Partnern zugeteilt. g) Desgl. für frontale Lage der Schnur. Nur der linke Partner erhält dorsales Plasma. h) Verzögerte Kernversorgung. Befruchteter Eikern durch die Schnur auf die rechte Seite gedrängt. Erste Furchung der kernhaltigen Eihälfte beendet. i) Schnittbild eines gleichen Versuches. Der Kern an der Plasmabrücke wird bei seiner nächsten Teilung einen Tochterkern in die kernlose Eihälfte hinübersenden

Au Augenblase. *Eik* Eikern. *R. K* Richtungskörper. *Sp* Spermien‚einschlag'

Furchungskerne sich in dieser zuerst verteilen, so hat man es in der Hand, wann man auch auf die andere Seite einen Furchungskern hinüberschicken will. Je mehr der Schnurknoten angezogen ist, um so später wird dies geschehen, da dann die Polstrahlen allmählich kleiner werden. Man kann der anderen Hälfte schon nach zwei Teilungen $^{1}/_{4}$ Eikern oder erst nach 5 Teilungen $^{1}/_{32}$ zuteilen. Die isopotenten Furchungskerne vertreten sich bei der Reaktion mit dem dorsalen Plasma gegenseitig. Die Tatsache aber, daß $^{1}/_{8}$ Eikern genügt, um aus der eikernlosen Eihälfte einen ganzen Embryo zu erhalten, andererseits aber trotz Anwesenheit von $^{7}/_{8}$ Eikern aus der eikernhaltigen Hälfte nur ein Bauchstück wird, zeigt noch einmal die entscheidende Bedeutung der plasmatischen Architektur für die Formbildung. Nun aber vermag sich mit einem $^{1}/_{32}$-Kern wohl eine ventrale Eihälfte zu entwickeln, aber niemals eine dorsale. Diese verliert die Fähigkeit zur Ausbildung eines ganzen Embryo, wenn ihr nicht rechtzeitig ein Kern zugeführt wird: *Die in fortschreitender Entwicklung befindlichen plasmatischen Faktorenbereiche müssen zu bestimmt begrenzter Zeit in Reaktionen mit den Furchungskernen eintreten. Strukturänderungen der Faktorenbereiche begrenzen deren Reaktionsbereitschaft gegenüber den Furchungskernen.* Im Bildungssystem des Eies erscheinen die *Kerne* dagegen infolge ihrer Fähigkeit zu identischer Reproduktion *überdauernd reaktionsbereit.*

Ohne Kern sind die formbildenden Leistungen des Plasmas stets begrenzt. Dies zeigen besonders gut Keime oder Keimteile, die zur Furchung ohne Kern angeregt werden konnten. Daß das Plasma über eine Bewegungsfähigkeit verfügt, war bereits am

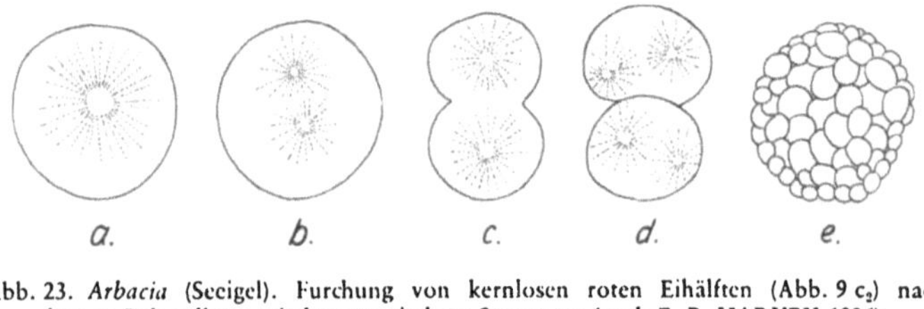

Abb. 23. *Arbacia* (Seeigel). Furchung von kernlosen roten Eihälften (Abb. 9 c_2) nach kurzer Behandlung mit hypertonischem Seewasser (nach E. B. HARVEY 1936)
a) Monasterbildung, zwei Stunden nach Rückbringung in normales Seewasser. b) Bildung eines Amphiasters. c), d) Erste Furchungsteilung. e) Sterroblastula nach 3 Tagen

Beispiel des Pollappens von *Dentalium* (S. 77, Abb. 18) geschildert worden. Bringt man die rote Eihälfte des *Arbacia*-Eies in hypertonisches Seewasser (vgl. S. 53, Abb. 9 c_2), so entstehen im Eiplasma Polstrahlungen (Zytaster, Abb. 23 a). Obwohl die Chromosomen und mit ihnen die Kernspindeln fehlen, teilen sich die Polstrahlungen, weichen auseinander und geben den Anlaß für eine Furchung des Plasmas, ähnlich wie es auch vom Insekten- und Amphibienei beschrieben ist. Unter der Oberflächenschicht von kleineren Zellen wird das Innere der Blastula wie bei einer Sterroblastula durch große Blastomeren ausgefüllt (e). Ein Blastozöl wird nicht gebildet, und die Entwicklung überschreitet das Blastulastadium nicht, obwohl z. B. die Atmungsintensität der kernlosen Eihälften größer ist als die der kernhaltigen (SHAPIRO und HARVEY). *Das Plasma besitzt eigenen Energiestoffwechsel wie die Fähigkeit zur Durchführung von Bewegungen* und vermag lange selbständig am Leben zu bleiben. *Zum Wachstum und zur Differenzierung aber bedarf es der Reaktionen mit den Kernen.*

Über die **Wirkungsweise des Kernes bei der Einleitung von Wachstums- und Differenzierungsprozessen** lassen sich aus den Untersuchungen über die Eiweißsynthese in der Zelle Hinweise gewinnen. Zur Zellteilung bedarf es solcher Synthesen von Proteinen. Da die Kerne in den roten Eihälften fehlen, die Zellteilungen aber dennoch ablaufen, so muß man zwangsläufig schließen, daß m-RNS-Moleküle im Eiplasma vorhanden sind, die von der Oogenese her aufbewahrt wurden (vgl. S. 35). Über die Proteinsyntheseaktivität in den ersten Stadien der normalen Seeigelentwicklung (GROSS, BRACHET, HULTIN) unterrichtet Abb. 24. Radioaktive Aminosäuren, wie ^{14}C-l-Valin, werden zunehmend eingebaut (▲–▲–▲). Zur gleichen Zeit bleibt die Einbaurate von ^{14}C-2-Uracil, welche über die Syntheseaktivität von RNS unterrichten kann, zunächst sehr gering (●–●–●). Daß es sich dabei auch um m-RNS handelt, erfährt man durch gleichzeitige Zugabe von Actinomycin D: Die Aktivitätskurve wird auf ein Minimum herabgedrückt (○–○–○). Unter diesen Bedingungen ändert sich die Proteinsyntheseaktivität nicht (△–△–△). Tatsächlich ist also die Neusynthese von m-RNS während der Furchung bis 5 Std. nach Besamung ganz außerordentlich gering, so daß die oben

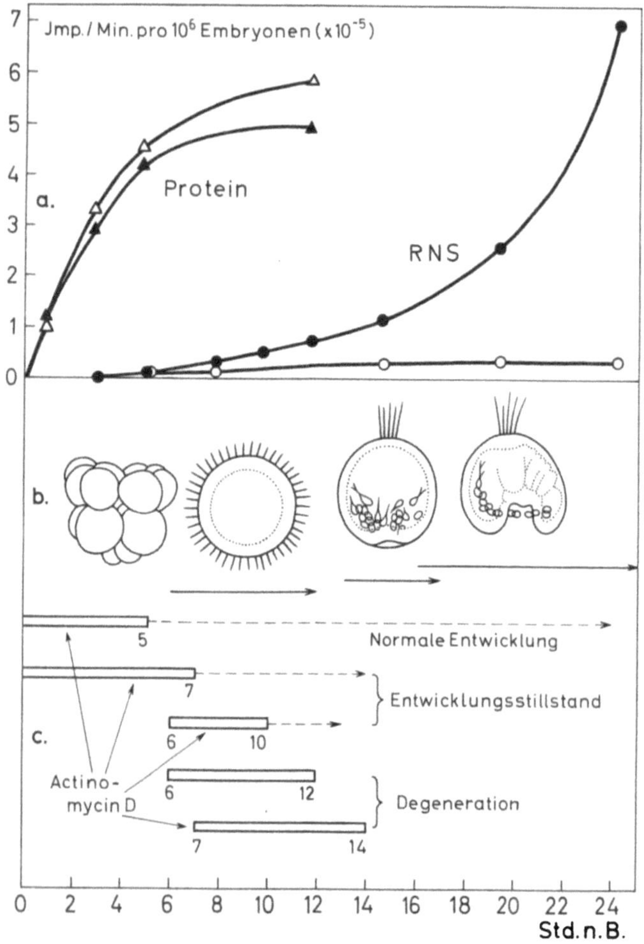

Abb. 24. Seeigelei.

a) Einbau von radioaktivem Valin und Uracil in säureunlösliches Material von Seeigelembryonen (nach GROSS und COUSINEAU 1964 aus DUSPIVA 1969).

▲ Einbaurate von ^{14}C-l-Valin (0,53 mμM/ml) in die Proteine.

● Einbaurate von ^{14}C-2-Uracil (12,3 mμM/ml) in die Nucleinsäuren.

Die offenen Marken betreffen Embryonen, die mit Actinomycin D (115 μg/ml) behandelt

angeführte Meinung als bestätigt erscheint, daß das Ei einen *Vorrat stabiler m-RNS-Moleküle* enthält, die die Proteinsynthese während der Furchung bis zur Blastula codieren, und *die für die wiederholte Bildung der mitotischen Apparate*, wie Zentriolen und Spindelfasern, *hinreichen*. Die Kontrolle der Codierung dieser Bildungen erfolgt demnach auf der Translationsebene. Der Unterschied von Proteinsynthese auf Grund praeexistenter „mütterlicher“ Messengers, bzw. der „Depot-RNS“, und der durch m-RNS-Neusynthese zusätzlich ermöglichten Transcription kommt in den beiden Kurvenpaaren der Abb. 24 klar zum Ausdruck.

Nun wird in den kernlosen Eihälften weder das normale Furchungsmuster, das ja Mesomeren, Makro- und Mikromeren in geordneter Folge enthält (Abb. 24 b; 7), ausgebildet noch die Gastrulation durchgeführt. Wie zeitabgestimmte Prüfung durch Actinomycin D ausweist (Abb. 24 c), erlaubt der Actinomycineinfluß, der während der Furchung, also bis einschließlich 5 Std. nach Besamung ausgeübt wird, Gastrulation und Pluteusbildung. Neusynthese während der Furchung ist demnach nicht unbedingt erforderlich. Man würde hier wie in anderen Fällen (vgl. Bd. II) annehmen dürfen, daß die Furchungsordnung nicht starr eingehalten werden muß, wenn die weitere Entwicklung normal bleiben soll. Aber kurze Einwirkung von Actinomycin D auf die Zilienblastula und Mesenchymblastula (sog. Pulsbehandlung 6–7 bzw. 6–10 Std. n. B.) verhindert die Gastrulation, obwohl doch primäre Mesenchymzellen gebildet werden: Die auf Abb. 24 a dargestellte *Neusyntheseaktivität für m-RNS* ist *für Neubildungsvorgänge unumgänglich nötig*. Die kernlosen Eihälften vermögen aus diesem Grund die Entwicklung mit Depot-RNS nicht über das Stadium der Blastula herüber weiterzuführen.

Schon unmittelbar nach dem 4-Zellenstadium bis zur Blastula setzt eine wenn auch sehr geringe, doch nicht zu übersehende

wurden. Ordinate: Impulse/Minute pro 10^6 Embryonen $\times 10^{-3}$. Abszisse: Entwicklungszeit nach Besamung in Stunden bei 20 °C. b) Jeweils erreichte Stadien der normalen Entwicklung. Horizontale Pfeile: Dauer jedes Stadiums (nach IMMERS 1961) c) Entwicklung nach Pulsbehandlung mit Actinomycin D während der angegebenen Stadien (▭). Horizontale durchbrochene Pfeile: Erreichte Entwicklungsstufe (nach Untersuchungen von GIUDICE, MUTOLO, DONATUTI 1968).

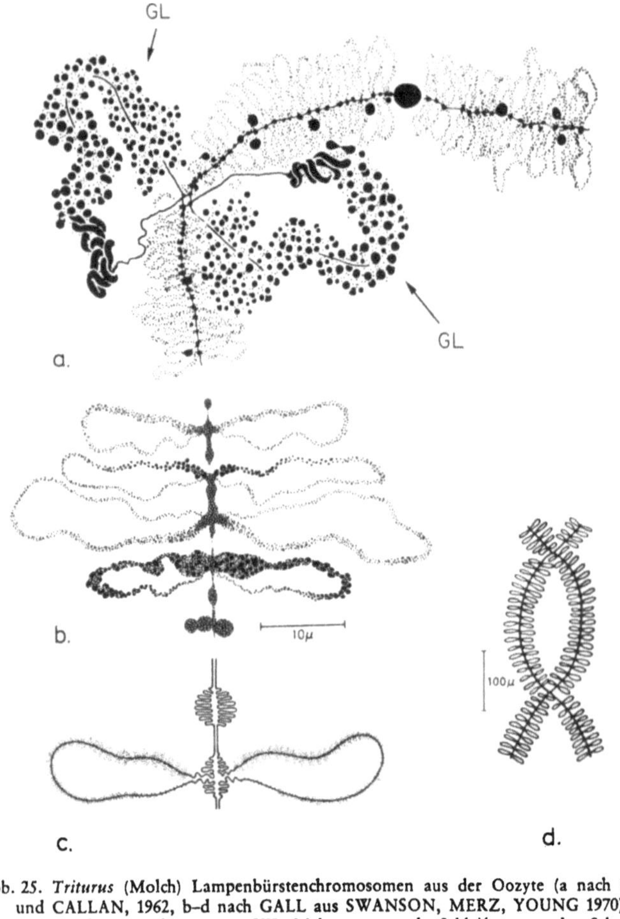

Abb. 25. *Triturus* (Molch) Lampenbürstenchromosomen aus der Oozyte (a nach GALL und CALLAN, 1962, b–d nach GALL aus SWANSON, MERZ, YOUNG 1970).
a) Linkes Ende von Chromosom XII. Mehrere normale Schleifenpaare der Schwesterstränge einer Chromatide und ein einzelnes Paar von Riesenschleifen (*GL*). b) Vier aufeinanderfolgende Schleifenpaare wie in a. Syntheseprodukte von RNS und Proteinen jeweils an den dickeren Enden jeder Schlinge angesammelt. c) Schema von 2 Chromomeren; unteres entspiralisiert. Aus den Schlingen ragen verschiedenartig geformte Fasern und gestielte Granula hervor. Eine Chromatide besteht aus einer Doppelhelix DNS. d) Ein Bivalent des Diplotäns (Paarungsverband zweier homologer Chromosomen) mit zwei Chiasmata und der paarigen Anordnung der Schlingen, die aus jedem der längsgeteilten Homologen herausragen.

Neusynthese von m-RNS ein (GLIŠIN und GLIŠIN). Untersucht man unter Anwendung verfeinerter Methoden das entsprechende Muster der Proteinsynthese (BAKER), so finden sich eine große Anzahl unterschiedlicher Proteinsorten. Ihre Menge ist jeweils so überaus winzig, daß sie bei dem üblichen Verfahren der elektrophoretischen Auftrennung der Proteine nicht ins Gewicht fällt. Bei diesem klassischen Analyse-Verfahren, das eine Aufspaltung nach der Beweglichkeit der Proteinmoleküle im elektrischen Feld und bei Polyacrylamid-Gelen infolge ihres hohen Quervernetzungsgrades unter besonderen Bedingungen eine Sonderung nach der Molekülgröße gestattet, ist dennoch während des Verlaufs der Furchung eine Darstellung der anlaufenden Differenzierung des Bandenmusters der Proteine nicht zu erreichen. Vor allem trüben die Massenproteine der Dottergranula das Bild. Aber mittels Impulszählung beim Einbau radioaktiver Aminosäuren läßt sich das sehr vielfältige Muster neu sich synthetisierender Proteine aufdecken. Durch sie werden, wie wir annehmen müssen, die Reaktionen in Gang gesetzt, die für die Erstellung des jeweils besonderen Furchungsmusters, die primäre Mesenchymbildung und die Vorbereitung der Gastrulation, unentbehrlich sind.

Über die entsprechenden Verhältnisse in der Oozyte, über die wir aus biochemischen Untersuchungen nicht unterrichtet sind, lassen sich durch z y t o l o g i s c h e D a t e n einige Hinweise gewinnen. In den Vorbereitungsstadien für die Reifungsteilungen, in denen der Plasmakörper der Oozyte in eine starke Wachstumsphase eintritt, lockern sich die Chromosomen außerordentlich auf. Bei Wirbeltieren, insbesondere bei langschwänzigen Amphibien, ziehen sich die entspiralisierten Chromatiden sehr stark aus (Abb. 25). Sie polytänisieren sich nicht, wie die hinsichtlich der Funktionsphase vergleichbaren Riesenchromosomen der Dipteren, sondern treten in ihr Funktionsstadium während des Diplotäns, der Paarung der homologen Chromatiden in der Prophase der 1. Reifungsteilung, ein (Abb. 25 d). Von der Interphase her ist die Verdoppelung der Homologen angelegt, so daß in jedem Homologen je 2 Schwesterstränge, Doppel-Helices DNS, vorhanden sind. Sie verlängern sich sehr stark und formen an jedem sich entspiralisierenden Chromomer (bc) je eine ca. 50–100 μm lange Schleife von jeweils charakteristischer Form und Größe. Jede der beiden im Diplotän gepaarten Chromatiden bildet demnach am Ort jeden Chromomers je zwei Schleifen. Jede Schleife ist unsymmetrisch, dünn an einem und dick am anderen Ausgangspunkt des Chromomers. Wie bei den Puffs der Riesenchromosomen (Abb. 5) ragen verschiedenartig geformte Borsten mit Granula aus den Schleifen hervor. Nach dem Aussehen werden diese Funktionsstadien mit den vielen Hunderten von Schleifen als Lampenbürstenchromosomen bezeichnet. Abb. 25 a gibt ein Teilstück zweier Schwesterstränge mit 2 Riesenschleifen (GL) wieder. Sie erreichen bei dem Molch *Triturus viridescens* eine Länge von etwa 1 mm. Nach Abschluß des Oozytenwachstums, das sich bei Amphibien auf mehr als ein Jahr ausdehnen kann, bilden sich die Schleifen zurück, die Chromosomen kondensieren sich und treten in die Anaphase der 1. Reifungsteilung ein.

Wie Autoradiographie nach Inkubierung mit ^{3}H-Uridin zeigt, wird dieses in den Schleifen zur Synthese von RNS, u. a. m-RNS, selektiv eingebaut (GALL und CALLAN). Hierin gleichen diese den entspiralisierten Schleifen der Puffs von Riesenchromosomen. Die Syntheseprodukte sammeln sich an den dicken Enden der Schleifen. Ebenso wie bei den Riesenchromosomen liegt bei den Lampenbürstenchromosomen der DNS-Gehalt einer Schleife von 100 μ um ein bis zwei Größenordnungen über demjenigen, der für die Codierung eines oder mehrerer Proteine nötig wäre (BEERMANN). Die überschüssigen Mengen an DNS werden auch hier regulatorische Funktionen haben und zur Herstellung von Depot-m-RNS dienen, welche schon auf der Ebene des Chromosoms mit Proteinen verknüpft wird. Von der Natur dieser Proteine würde es abhängen, wie und wann die genetische Information in Aufbau-Proteine umgesetzt wird, die während der ersten Entwicklungsstadien in dem oben geschilderten Sinne zur Differenzierung der Eizelle dienen.

Syntheseort für die r-RNS ist der Nucleolus, der in Einzahl oder Vielzahl vorhanden sein kann. Wie S. 13 beschrieben, bilden sich die Nucleoli von bestimmten Chromosomenabschnitten, den Nucleolusbildungsorten aus, vor Beginn der Interphase. Bei der nun folgenden Mitose lösen sie sich wieder auf. Nach elektronenoptischen Bildern sind sie von einer Membran nicht umgeben (Abb. 8). Die r-RNS-Synthese beginnt am Bildungsort. Von hier aus ragen codierende DNS-Stränge in den Nucleolus hinein, der von Ribonucleoprotein-Granula und bis zu 80 % von Protein erfüllt ist. Da die Basenzusammensetzung der Nucleolen-RNS sehr weitgehend der der ribosomalen RNS gleicht, sieht man die hier synthetisierte hochmolekulare 45s-RNS als Vorläufer der die Ribosomen aufbauenden 18s- und 28s-RNS an. Die Nucleolen-Aktivität unterliegt sehr wahrscheinlich auch umgekehrt der Beeinflussung durch den Bedarf an Ribosomen im Zytoplasma.

Nucleolenlose Mutanten, z. B. von der Zuckmücke *Chironomus*, sind letal (BEERMANN, H. KROHN). Im Zusammenhang damit, daß auch in normalen Embryonen Nucleolen während der Furchungsstadien fehlen und erst im Blastodermstadium (vgl. Bd. II) wieder auftreten, zeigen sich bei den letalen Mutanten die ersten Schäden im Stadium des Keimstreifs. Der Embryo tritt nicht, wie der normale, in starkes Längenwachstum ein. Er verbreitert sich auch nach den Seiten hin nicht. Sämtliche Differenzierungsprozesse bleiben in Anfangsstadien stehen. Der Nucleolendefekt manifestiert sich in allen Zellen, ohne Rücksicht auf Zellart und Zellfunktion. In irgend einer Weise erscheint primär das Wachstum gestört, was wieder auf Mängel in der r-RNS- und Proteinsynthese zurückgeführt werden kann. Im wesentlichen ist der Aufbau der Ribosomen betroffen.

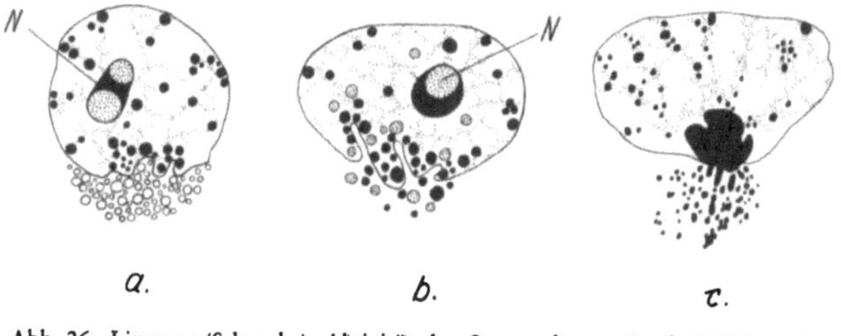

Abb. 26. *Limnaea* (Schnecke). Aktivität des Oozytenkernes (nach RAVEN 1946). a) Absonderung von Vacuolen, b) von Granula, c) von Nucleolus-Substanz in das umgebende Zytoplasma. *N* Nucleolus.

In demjenigen Lampenbürstenchromosom der Oozyte, das einen Nucleolen-Bildungsort trägt, wird nun nicht je ein Nucleolus pro Mitosenzyklus gebildet, sondern es entstehen dauernd, bis zu 1000, Nucleolen, die sich nacheinander ablösen und ins Grundplasma des Kerns gelangen. Viele sind mehr ringförmig als kugelig, als wären es Stücke der DNS-Schleifen, denen sie entstammen. Auf jeden Fall dürfen sie als Depot-Nucleolen gelten, die in den Furchungsstadien, in denen die normale Nucleolenbildungstätigkeit ruht, zum Aufbau von Ribosomen verbraucht werden können. Eindrucksvoll erfährt man die Zusammenwirkung von Kern und Zytoplasma in der Oozyte durch Bilder von Oozyten der Schlammschnecke *Limnaea* (Abb. 26). Der Kern nimmt wechselnde Formen an. Tropfen, Vakuolen werden abgesondert und ganze Nucleolen ins Plasma ausgestoßen. – In der Spermiogenese sind die Erscheinungen nicht so ausgeprägt, obwohl z. B. sich bei *Drosophila* hier auch besondere den Schleifen der Lampenbürstenchromosomen vergleichbare Funktionsstrukturen am Y-Chromosom bilden (HESS, G. F. MEYER).

Eine gewisse Bestätigung findet sich für diese Ergebnisse über die auf Depotwirkung bzw. Neusynthese von m-RNS beruhende Genfunktion in früher Differenzierung durch schon länger bekannte **Bastardierungsergebnisse erfolgreich kreuzbarer Arten oder Gattungen.** Hierfür gibt es nur wenige aufschlußreiche Beispiele, weil gut kreuzbare Tierformen sich meistens in den ersten Stadien der Entwicklung wenig unterscheiden und weil wir entsprechend unserer geringen Kenntnis der Entwicklungsvorgänge meist nur bereits fertige Formgestaltungen, aber nicht schon ihre Entwicklungsphasen zur Analyse der Wirkungsweise von Faktoren heranziehen können. Wenn in einem Bastardierungsexperiment die Entstehung und das Verhalten eines Merkmales der frühen Embryonalentwicklung mit dem Normalverhalten genau verglichen werden könnten, so wären dadurch nicht nur Aufschlüsse über die zur Ausbildung des Merkmals führenden Reaktionen möglich, sondern auch darüber, ob die reagierenden Faktoren dem Kern oder dem Plasma der untersuchten Eisysteme angehören.

Daß bei dem holoblastischen Seeigelkeim *Form und Größenunterschiede der Blastomeren* im Anfang der Furchung ganz der Herkunft des Plasmas entsprechen, wurde bereits S. 65 betont. Das *Furchungstempo* verhält sich ebenso. Bei den Seeigelbastarden *Echinus* ♀ × *Paracentrotus* ♂ richten sich die *Blastulazellen* in ihren Formen auch nach der Mutter, aber der väterliche Einfluß läßt sich an einzelnen Merkmalen des Zellinhaltes, an der Ansammlung von Granula im distalen Pol des Plasmas dieser Zellen, aufweisen (FISCHEL). Für die meroblastischen Eier des amerikanischen Zahnkarpfens *Fundulus* liegt ein Bastardierungsexperiment vor, nach welchem auch der väterliche Einfluß auf das Teilungstempo und die Größe der Peridermzellen im Blastodermstadium deutlich hervortritt (NEWMAN).

Hinsichtlich der *Anzahl der Mesenchymzellen* hat BOVERI beim Bastard *Sphaerechinus* ♀ × *Echinus* ♂, dessen mütterliche Gattungsangehörigen bei etwa gleichem Plasmavolumen weniger Mesenchymzellen entwickeln als die väterlichen, eine intermediäre Anzahl gefunden. BOVERI gelang es seinerzeit nicht, außer dem Pluteus von *Sphaerechinus* ♀ × *Psammechinus* ♂ mit meist intermediärer Ausbildung von Merkmalen auch den entsprechenden Merogon (vgl. S. 108) erfolgreich zu züchten, so daß er klar hätte entscheiden können, ob durch das Zytoplasma mütterliche Merkmale übertragen werden. Seine Methode, durch Schütteln Eier zu fragmentieren und kernlose Fragmente zu besamen, bei welcher man nicht mit Sicherheit weiß, ob dem Plasmafragment der Kern fehlt, oder ob lediglich seine Membran aufgeplatzt ist und die Chromosomen sich zerstreut haben, ersetzte VON UBISCH durch die Methode, vom Ei mit feiner Glasnadel die Kernkalotte abzuschneiden und dann das Plasmafragment zu besamen. Bei den entstehenden Merogon-Plutei *Sphaerechinus* (♀) × *Paracentrotus* ♂ konnte er neben väterlichen Merkmalen am Skelet, der Armlänge, der Bewimperung als mütterliches Merkmal eine nur *Sphaerechinus* eigene Streckungstendenz der Haut feststellen. Zwischen der zu weiten Haut und dem Skelet bildet sich am hinteren Ende der Larve ein ziemlich großer Hohlraum. Demnach tritt in diesem Merogon, dem gewissermaßen in das Zytoplasma ein gattungsfremder Kern implantiert ist, unmittelbar ein Einfluß dieses Plasmas auf das Entwicklungsergebnis hervor. Die einfache Form dieser Aussage darf nicht darüber hinwegtäuschen, daß hier ein sehr verwickeltes Problem vorliegt. Ein plasmatischer Einfluß kann auf sehr unterschiedliche Weise zustande kommen. In diesem Falle würde man einerseits nach der Art des Merkmals, das übertragen wird, vermuten dürfen, daß hier die Konstitution des Zytoplasmas als plastisches Bildungsmaterial (S. 82) entscheidend beteiligt ist. Die Streckungstendenz der Zellen könnte durch die chemische Zusammensetzung des Eiplasmamaterials, den besonderen Grad der Viskosität, des kolloidalen Zustandes bedingt sein. Andererseits wird man nach weiterer genetischer Analyse, die in diesem Fall allerdings kaum durchzuführen ist, plasmaeigene genetische Faktoren (S. 80) wie auch stabilisierte mütterliche Messengers in Betracht zu ziehen haben.

Zur Entscheidung darüber, ob bei den Reaktionen zwischen Kern und Plasma der Einfluß des ersteren sich auch bei der *Anordnung von Zellen* bemerkbar macht, läßt sich nur ein Beispiel aus der Kreuzung der Seeigel *Cidaris* ♀ × *Toxopneustes* ♂ heranziehen. Bei diesem Bastard werden die Mesenchymzellen nicht, wie bei den Eiern von *Cidaris,* am blinden Ende des vollends eingestülpten Urdarms ausgeschieden, sondern von dort entfernt, bereits zu Beginn der Gastrulation an der Basis des präsumptiven Urdarms und der benachbarten vegetativen Blastulawand. Einzelheiten über diesen Vorgang sind leider nicht bekannt.

Die dargestellten Bastardierungen lassen einen plasmatischen Einfluß auf Furchungszeitmaß und Blastomerengestaltung, sowie auch auf weiterführende Differenzierungen des Ektoblastems als gegeben erscheinen. Das Gleiche darf man von den Wirkungen des Spermiums bei der Strukturbildung der Blastulazellen, sowie der Bildungsweise der primären Mesenchymzellen sagen. Naturgemäß können sowohl für die Erklärung der Plasma-, wie auch der Spermienwirkungen Faktoren des genetischen Depots in Anspruch genommen werden. Aber es liegt ebenso nahe, die Einflußnahme des Spermienkernes auch auf die Einleitung von Neusynthesen auszudehnen. Dies würde mit den S. 97 als zwar zögernd anlaufend, aber doch als sehr vielseitig differenziert geschilderten Neusynthesen der Frühentwicklung im Einklang sein. Die Methode der Artkreuzungen kann demnach wohl erste Hinweise auf Plasma- und Kerneinflüsse geben. Für genauere Analysen muß sie jedoch anderweitig ergänzt werden. Hier bietet sich eine Methode an, die allerdings nur begrenzt anwendbar ist, weil man Untersuchungsobjekte braucht, deren Genetik sehr gut bekannt ist und die in Kreuzexperimenten leicht zu handhaben sind. Sie führt sehr anschaulich in die Möglichkeiten frühembryonaler Analyse ein: Man beobachtet die **Entwicklungsvorgänge nach Abänderung der Chromosomensätze im Ei.**

Bei Insekten, speziell bei *Drosophila,* kann man gewisse Mutanten so kreuzen, daß jeweils ein bestimmter Prozentsatz der Nachkommen im Ei aberrante Chromosomensätze erhält. So wurden bei *Drosophila* befruchtete Eier gewonnen, deren Chromosomensätzen ein Chromosomenpaar fehlte, entweder das I. (nullo-X), oder das II. (nullo-II) oder das III. (nullo-III). Kreuzt man zum Beispiel *Attached*-X ♀♀ mit normalen ♂♂, so befinden sich unter den Nachkommen 25 % YY-Männchen, welche ein X-Chromosom nicht besitzen. Auch Nullo-XY-Eier wurden so hergestellt (POULSON, SCRIBA). Alle diese Eier sind wie die genannten Aberrationen embryonal letal. Sie erreichen nur ein bestimmtes Embryonalstadium. Abb. 27 gibt eine Übersicht. In der oberen Reihe sind 5 Stadien der normalen Entwicklung dargestellt (vgl. zur Erläuterung Abb. 20 und Bd. II). In der unteren Reihe werden diejenigen Stadien angegeben, in denen sich die Fehlleistungen der Aberrationen offenbaren. Die Schädigungsmuster sind sehr unterschiedlich und treten bei den verschiedensten Entwicklungsreaktionen auf. In Nullo-III-Keimen vermögen schon in der ersten Furchungsteilung die Chromosomen die Anaphase-Bewegung nicht zu vollziehen (Abb. 27 a). Fehlt das II. Chromosom, so wird die Furchung durch große Vakuolen im Dotter-Entoplasma-System sehr behindert und in verschiedenen Stadien so blockiert, daß die Furchungskerne nicht auf eine normale Weise in das Rindenplasma einwandern können (Abb. 27 b). So bilden sich auch Zellwände nicht. Nullo-X-Keime führen die Furchung normal durch (Abb. 27 d). Dagegen gewinnen die Kerne nur unregelmäßige Kontakte zum Rindenplasma. Die von der Peripherie her sich ausbreitenden Zellwände umfassen vielfach mehrere Kerne. Andererseits bleiben Teile des synzytialen Kernverbandes erhalten. Manche Kerne sammeln sich in der inneren Zone des sekundären Periplasmas. Ein gleichförmiges Blastoderm wird nicht gebildet, und aus diesem Grunde sind auch alle weiteren Formungen gestört. Eine Primitivrinne deutet sich kaum an, der Keimstreif wird nicht klar geschichtet und verlängert sich nicht genügend durch sekundäres Wachstum. Polzellen können abgeschieden werden (Abb. 27 d, f). Aber sonst unterbleibt eine organspezifische Diffe-

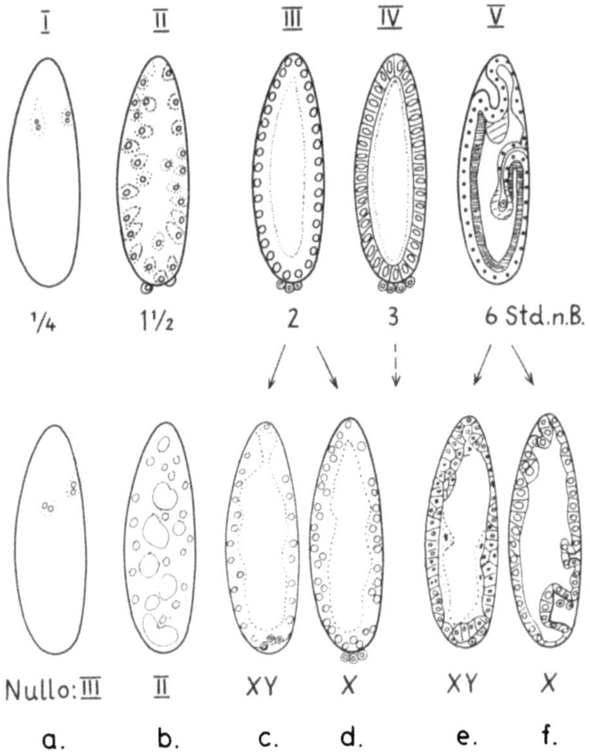

Abb. 27. *Drosophila* (Taufliege). Schädigungsmuster bei Chromosomenverlusten (nach den Untersuchungen von SCRIBA 1964–1969).

Oben: Normale Entwicklung (halbschematisch, nach Schnittpräparaten). I. $^1/_4$ Std. n. Ablage: Befruchtung. Rechts an der Eihaut Richtungsplasma. II. $1^1/_2$ Std.: Einwanderung der Furchungskerne (mit Entoplasmahöfen) in das Rindenplasma. III. 2 Std.: Praeblastoderm mit sekundärem Periplasma. Polzellen. IV. 3 Std.: Blastoderm, Zellbildung. V. 6 Std.: Mehrschichtiger Keimstreif, Einstülpung von Vorder- und Enddarm. – Dotterkugeln sind nicht eingezeichnet. In den Keimschichten: Schwarze Punkte = Ektoblastem, Horizontalschraffur = Unteres Blatt, weite Schrägschraffur = Entoblastem.

Unten: Entwicklung der genannten Chromosomenaberrationen. a) $^1/_4$ Std. n. Ablage, Nullo-III: Blockierte Anaphase der Befruchtungsspindel. b) $1\,^1/_2$ Std., Nullo-II: Gestörte Einwanderung der Furchungskerne (mit Entoplasmahöfen) in die Rinde, zum Teil bedingt durch große Vakuolen im Dottersystem. Später keine Zellmembranen. c) 2 Std., Nullo-XY: Ungeordnete Kernlagerung im Praeblastoderm und später im

renzierung der Zellen bis auf die induktiv erfolgende Bildung der hinteren Mitteldarmanlage. Nullo-XY-Keime, die im übrigen gleiches Schädigungsmuster aufweisen, lassen die nur selten oder verkleinert ausgebildeten Polzellen nicht aus dem Blastodermverband heraustreten (Abb. 27 c). Daher fehlt auch bei ihnen die durch die Polzellen zu induzierende Mitteldarmanlage und ihre Einstülpung (Abb. 27 e). Sie besitzen weder den X-, noch den Y-Nucleolus (zur Induktion vgl. Bd. II).

Die Frage, ob die Schädigungsmuster auf das Fehlen bestimmter Quantitäten von Chromosomensubstanz zurückzuführen sind oder aber fehlender Wirksamkeit einzelner Gene zugeschrieben werden müssen, entscheidet sich im letzteren Sinne, denn je nach dem Ausfall einzelner Chromosomenindividuen werden sehr unterschiedliche Vorgänge der frühen Embryonalentwicklung betroffen. Weiterhin können Defizienzen bestimmter Chromosomenhälften, die zusätzlich untersucht wurden, gleiche oder auch unterschiedliche Schädigungsmuster hervorrufen. Im ersten Falle würde man den Schaden auf den Ausfall eines bestimmten in der Hälfte wie im ganzen Chromosom gleichgelagerten Genes oder einer Gengruppe zurückführen. Etwa haben Beseitigung des ganzen II. Chromosoms oder Ausschaltung nur des linken Armes dieses Chromosoms jeweils Blockierung der Furchung zur Folge (Abb. 27 b). Fehlt aber der rechte Arm, so beginnt, wie in Abb. 27 d, die Entwicklungsstörung erst im Blastodermstadium und erreicht während der Keimstreifbildung (Abb. 27 f) ihren Höhepunkt. Es ist gut vorstellbar, daß diese spätere Entwicklungsstörung durch Ausfall eines im rechten Arm des II. Chromosoms gelegenen Gens nur im Experiment mit der isolierten Hälfte zur Beobachtung kommen kann, weil der Schaden zu einem späteren Zeitpunkt eintritt als der durch eine Defizienz von Genen aus dem linken Arm des II. Chromosoms bedingte der Abb. 27 b.

Blastoderm. Schlechte Abgrenzung zum Dotter-Entoplasma-System. Unvollkommene Polzellenbildung, Keine Nucleolen. d) 2 Std., Nullo-X: Gleiches Schädigungsmuster wie c, jedoch vollständige Polzellen, Nucleolen. e) 6 Std., Nullo-XY: Zellen von ungleicher Form und Größe, nicht zur Peripherie geordnet, mehrkernige Zellen. Keimstreif unregelmäßig, ohne Wachstum, aber normale Mitosenaktivität. Kein Enddarm. f) 6 Std., Nullo-X: Mangelhafte Zellbildung wie in e. Kerne jedoch polarisiert, Heterochromatin und Nucleolen peripher gelagert. Keimstreifwachstum, so daß Polzellen auf die Dorsalseite gelangen und zur Anlage des hinteren Mitteldarms anregen.

Durch die Ergebnisse dieser Experimente läßt sich belegen: Wenn aus den Darlegungen S. 84–92 allgemein zu ersehen war, daß zur Einleitung und zum Fortgang der Embryonalentwicklung Kerne Reaktionen mit dem Plasma vollziehen müssen, so kann man nunmehr im Einklang mit S. 95 ff. sagen, daß sehr früh, von der ersten Furchungsteilung an, stufenweise Gene in Funktion treten, und zwar aus verschiedenen Chromosomen und verschiedenen Regionen der Chromosomen. – Vergleichbare Hinweise gewinnt man aus der letalen Entwicklungsweise der Mutationen einzelner auf dem X-Chromosom lokalisierter Genloci, wie *deep-orange,* die zum Aufbau des Eizytoplasmas und dem normalen Ablauf der Meiose beitragen (SHEILA COUNCE), oder X 20 und X 10, die an der normalen Regelung der Furchungsteilungen Anteil haben (EDE).

Versucht man aus den Schädigungsmustern der Chromosomenaberrationen einige wesentliche Funktionen der Gene für die Embryonalentwicklung zu rekonstruieren, so entsteht etwa folgendes Bild: Gene haben Teil an der Spindelbildung der Befruchtungs- und Furchungsmitosen, an der Aufrechterhaltung der Konstitution und Bewegungstätigkeit des Dotter-Entoplasma-Systems, an der Fähigkeit der Furchungskerne, mit dem Rindenplasma zu reagieren, so daß dieses Furchungskerne aufnimmt, Zellwände formt und in die Zellen sekundäres Periplasma einfügt. Gene steuern ferner die Polzellenbildung und damit die Induktion zum hinteren Mitteldarm.

Es wird einer genaueren Analyse bedürfen, um festzustellen, wann diese Gene ihre Funktion beginnen. Schon vor der Besamung sind z. B. für Nullo-X-Eier die Oozyten ohne X. So ist schwer zu entscheiden, ob die Entwicklungsstörungen auf Grund des Fehlens mütterlicher Messengers oder auf Grund fehlender Neuproduktion von m-RNS eintreten. Nach den Erfahrungen am Seeigelei schreibt man die Bildung mitotischer Teilungsspindeln mütterlichen Messengers zu. Wenn dagegen nach den Untersuchungen von MAHR Plasmahöfe bei *Gryllus* (in sog. Pseudofurchung) niemals ohne Kern, sondern nur bei Anwesenheit eines Kernes engen Kontakt zum Rindenplasma der Eiperipherie aufnehmen können, so wird man speziellere Bewegungsformen des Dotter-Entoplasma-Systems, die Fähigkeit der Furchungsenergiden, mit dem Rindenzytoplasma zu reagieren, die Bildung funktionsgerechter Zellwände und der Polzellen einer unmittelbar durch Furchungskerne eingeleiteten Genaktivität zuschreiben. Dies würde dann allgemein für Reaktionen von Kernen mit dem Periplasma gelten müssen, etwa auch für die S. 84 dargestellte Reaktion einer Furchungsenergide mit dem plasmatischen Faktorenbereich am hinteren Eipol des Libelleneies.

Nach den Ergebnissen, die aus Eingriffen in den molekularen Reaktionsablauf von Gen zum Proteinmolekül (S. 93) oder aus experimentellen Abänderungen der Genom-Architektur (S. 103) gewonnen wurden, und nach den Einsichten, die zeitliche Verschiebungen der Entwicklungsstufen von reagierendem Kern- oder Plasmasystem vermittelten (S. 87), tragen bereits von Anfang an sowohl Kern wie Plasma wechselseitig zum Aufbau der Eiorganisation bei. Zur Erweiterung der Erfahrungen kann man diesen Methoden eine noch mehr radikale hinzufügen. Bringt man Kern- oder Plasmasysteme von möglichst unterschiedlicher Herkunft zusammen, prüft also die **Reaktionsmöglichkeiten disharmonischer Kern-Plasma-Kombinationen,** so werden die positiven wie negativen Entwicklungs-Ergebnisse bestimmte Schlußfolgerungen über die stattfindenden Wechselwirkungen zulassen: Durch *Bastardierung* wird lediglich einem bekannten Kern-Plasma-Verhältnis ein fremder Kernanteil eingefügt. Wenn man jedoch entsprechend den S. 108 zu schildernden Merogonieversuchen ein entkerntes Ei mit dem Sperma eines art- oder gattungsfremden Tieres besamt, **Bastardmerogone, haploide heterogene Kern-Plasma-Kombinationen,** herstellt, so tritt das Eiplasma mit einem qualitativ vollständig andersartigen Kern in die Entwicklung ein. Diese experimentelle Veränderung wirkt sich negativ oder positiv aus. Es soll zunächst von denjenigen Fällen gesprochen werden, in denen während der Entwicklung früher oder später Schäden zu Tage treten, die besondere Aufschlüsse über Ort und Zeit einiger Kern-Plasma-Reaktionen geben.

Die Entwicklung verläuft bei reinen Bastardkeimen häufig ganz anders als bei den entsprechenden Bastardmerogonen. So sind die Bastarde der Seeigel *Sphaerechinus* ♀ × *Paracentrotus* ♂ durchaus bis zum Pluteus entwicklungsfähig; ebenso kommen z. B.

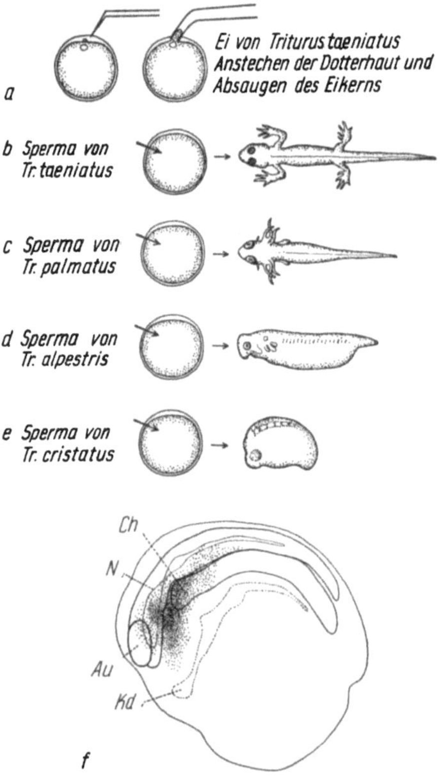

Abb. 28. *Triturus*. Steigende Entwicklungsschwierigkeiten bei vermehrter Heterogenität von Kern-Plasma-Kombinationen in Bastardmerogonen (nach den Untersuchungen von BALTZER 1920, 1930).
a) Dem Ei wird nach der Methode von CURRY, der mütterliche Kern abgesogen. b–e) Entwicklungsergebnisse bei Besamung des kernlosen Eies mit arteigenen oder -fremden Spermien. f) Typische regionale Erkrankung (punktiert) bei dem jungen merogonischen Bastard *Triturus taeniatus* (♀) × *cristatus* ♂.
Au = Auge, *Ch* = Chorda, *Kd* = Kopfdarm, *N* = Neuralrohr.

die der Bastardkröten *Bufo communis* ♀ × *Bufo viridis* ♂ über die Metamorphose. Bei der umgekehrten Kombination versagt die Entwicklung. Der Bastardmerogon: Kernloses Eifragment *Sphaerechinus* (♀) × *Paracentrotus* ♂ erreicht den Pluteus. Dagegen bringt es das durch Radiumstrahlen kerngeschädigte Ei *Bufo communis* (♀) × *Bufo viridis* ♂ nur bis zum Beginn der Gastrulation (P. HERTWIG). Die Schädigungen, welche in diesen Fällen sehr frühzeitig den ganzen Bastardkeim ergreifen, treten bei anderen Bastardmerogonen später auf, in ganz bestimmten Entwicklungsstadien und bestimmten Bereichen (Abb. 28). Die

Bastardmerogone aus dem entkernten Ei Teichmolch (♀) und Kammolch ♂ (*Triturus taeniatus* (♀) × *cristatus* ♂ bzw. *palmatus* (♀) × *cristatus* ♂), deren gleichnamige diploide Bastarde sich sehr gut über die Metamorphose hinaus entwickeln können, erreichen bereits das Stadium eines jungen Embryo mit 4–6 Ursegmenten, sowie Kopf- und Augenanlagen und gehen dann an einer Krankheit im Kopfmesenchym zugrunde (Abb. 28 e, f, BALTZER). Von der als Bastard auch entwicklungsfähigen Kombination Teichmolch ♀ und Bergmolch ♂ (*taeniatus* ♀ × *alpestris* ♂) kommt der Bastardmerogon weiter als der von *taeniatus* (♀) × *cristatus* ♂. Er entwickelt sich zu einem Embryo mit pulsierendem Herzen und beginnender Sprossung von Vorderbein und Kiemen (d). Der Bastardmerogon *Triturus taeniatus* (♀) × *palmatus* ♂ erreicht das älteste Larvenstadium mit Kiemenbüscheln, Haftfäden und Vorderextremitäten (c). – Aus dem Entwicklungsstadium, in dem die Schädigungen sichtbar werden, sowie aus der Zugehörigkeit der Schädigungszone zu bestimmten embryonalen Bereichen lassen sich Schlüsse auf Umstände und Art der Fehlreaktion zwischen den nicht zueinander passenden Kernen und Plasmen ziehen. Allerdings muß man bei dem Vergleich der Maximalleistungen von diesen Bastardmerogonen mit unterschiedlich stark heterogenen Kern-Plasma-Anteilen auch in Betracht ziehen, daß diese ja haploide Organismen sind und ihnen daher gewisse Minderleistungen der Haploidität zugeschrieben werden müsssen (vgl. S. 120).

Verpflanzt man nach der Idee BALTZERS geschädigte Bereiche in gleichaltrige Keime mit harmonischer Kern-Plasma-Kombination, so lassen sich daraus, ob und wie die Schädigungen sich wieder ausgleichen, Gründe für die Störung der Entwicklung ausfindig machen und Hinweise auf die Reaktionen gewinnen, die voraussichtlich im unbeeinflußten Keim den fraglichen Entwicklungsvorgang steuern.

Im Falle der Kreuzung *Triturus palmatus* (♀) × *cristatus* ♂ wurde vor der Erkrankung des Kopfmesenchyms ein entsprechendes Stück Ektoblastem der Neurula mit unterlagerndem Kopfdarmdach entnommen und in eine normale *Triturus palmatus*-Gastrula verpflanzt. (Zur Erläuterung der Stadien vgl. Bd. II). Trotz der normalen Umgebung blieb jedoch das verpflanzte Kopf-

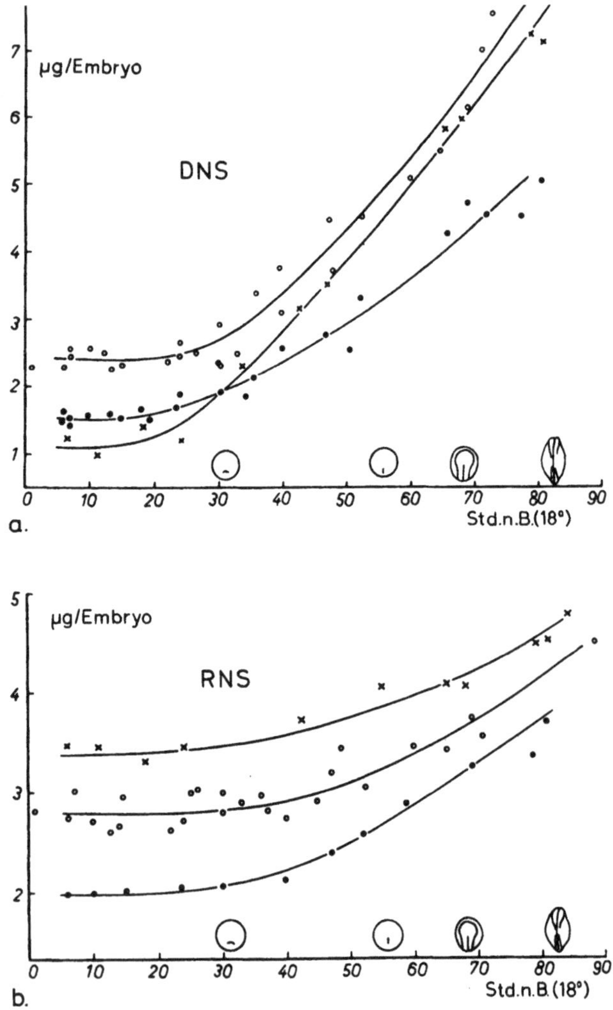

Abb. 29. *Triturus* (Molch). Nucleinsäure-Gehalt der Keime in der frühen Entwicklung (nach CHEN 1960). a) DNS-Gehalt. b) RNS-Gehalt.
Ordinate: DNS- bzw. RNS-Gehalt in µg pro Embryo.
Abszisse: Entwicklungszeit in Std. n. Besamung bei 18 °C.
● *Triturus palmatus*, × *Triturus cristatus*, ○ *Triturus alpestris*

darmstück *Triturus palmatus* (♀) × *cristatus* ♂ letal. Die Letalität war autonom und nicht durch Nachbarschaftswirkungen der Blasteme eines normalen Embryo heilbar. Die heterogene disharmonische Kernplasma-Kombination erlaubte eine Differenzierung über das erreichte Stadium hinaus nicht, während alle anderen Blasteme, in normale Embryonen verpflanzt, bis über die Metamorphose hinaus gesund erhalten werden konnten.

In diesem Zusammenhang interessiert die Situation der genetischen Kernreaktionen. Über sie geben die Abb. 29–30 Aufschluß: In normalen *palmatus*(●)-Keimen bzw. *cristatus*(×)- und *alpestris* (○)-Keimen hält sich von der Besamung an bis zum späten Blastula-Stadium der DNS-Gehalt auf nahezu gleicher Höhe (Abb. 29). Dies ist angesichts der Mitosentätigkeit nur möglich, wenn von Anfang der Entwicklung an eine gewisse Menge DNS auch im Zytoplasma gespeichert ist. Neue Synthesetätigkeit macht sich erst im Gastrulastadium bemerkbar. Zu dieser Zeit steigen DNS- und RNS-Produktion an. Im Bastard m e r o g o n *Tr. palmatus* (♀) × *cristatus* ♂ folgt nun die Synthese von DNS und RNS, beurteilt nach dem jeweiligen Gehalt pro ½ Embryo, bis zu einem etwa 60 Std. nach Besamung erreichten Stadium früher Neurula durchaus der gleichen Tendenz, wie sie ein normaler *pc*-Bastard zeigt (Abb. 30 ○ und △). Dieses gilt insbesondere, wenn als Kontrollkeime solche gewählt werden, die durch eine vergleichbare Anstichoperation etwas verkleinert sind (● *Op. pc)*. Der *cristatus*-Kern vermag demnach DNS aus Bausteinen des *palmatus*-Plasmas zu synthetisieren. Vom Stadium der Neurula an sinkt jedoch der Gehalt an Nucleinsäuren auf den Anfangswert ab. DNS-Synthese und Transcription auf m-RNS bzw. Produktion von r-RNS versagen (- - -). Offenbar ist der *cristatus*-Kern wohl imstande, RNS zu synthetisieren. Aber das fremde Zytoplasma vermag wahrscheinlich diese RNS nicht zu verwerten, was dann besonders bei der Differenzierung des Kopfmesenchyms zum Austrag kommt (Abb. 28 f). Zur Zeit sind die Ergebnisse nicht umfangreich genug, um darüber zu entscheiden, ob die fehlerhafte Produktion von RNS die primäre Ursache für die Letalität darstellt, oder ob die morphologische Differenzierung der Organe aus anderen Gründen stehen blieb.

Für die vorliegende Fragestellung nach den Reaktionen im Ei und in den Furchungsstadien ist die Analyse des echten diploid-

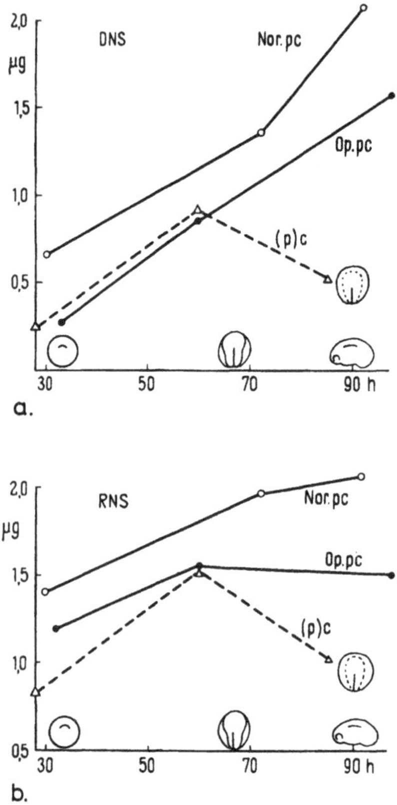

Abb. 30. *Triturus* (Molch). Nucleinsäure-Gehalt von Bastarden und Bastardmerogonen in der frühen Embryonalentwicklung (nach CHEN und ZELLER 1961).
Ordinate: DNS- bzw. RNS-Gehalt in µg pro $^1/_2$ Embryo.
Abszisse: Entwicklungszeit in Std. n. Besamung bei 18 °C.
○ Normale diploide Bastarde *Tr. palmatus* ♀ × *cristatus* ♂.
● Operierte, durch Anstich verletzte Bastarde *p* ♀ × *c* ♂.
△ Haploide Bastardmerogone *Tr. palmatus (♀)* × *cristatus* ♂.
a) DNS-Gehalt. b) RNS-Gehalt.

Trotz haploidem Chromosomensatz können die Bastardmerogone eine den diploiden Bastarden vergleichbare absolute DNS-Menge erreichen, da die Kernanzahl der Haploiden doppelt so hoch wie diejenige der Diploiden ist (vgl. S. 120).

kernigen Bastards von Streifenmolch und Feuersalamander: *Triturus palmatus* ♀ × *Salamandra maculata* ♂ (SCHÖNMANN) sehr aufschlußreich. Bei diesem Bastard treten im Stadium der jungen bis mittleren Blastula (Abb. 31) Störungen auf. Die Tochterchromosomen trennen sich verzögert oder gar nicht. Teile von ihnen gelangen zu spät in die Ana-, Telo- und Interphasen. Sie können hier gesonderte Kernbläschen bilden. Jedenfalls gehen sie dem normalen Zellgeschehen verloren. Unmittelbar nachher erkranken die Kerne völlig, verklumpen (Pyknose) und sterben ab. Die

Blastula ist nicht imstande, die schon begonnene Urmundbildung vollends zu Ende zu führen. Diese Mitosenkrankheit beginnt unmittelbar, nachdem die Zellen von der synchronen Zellteilung in die heterochrone übergegangen sind, und ebbt etwa 24 Stunden später wieder ab (Abb. 32). Ein Vergleich mit dem normalen Entwicklungsgeschehen gibt über die mutmaßlichen Ursachen der Störung Aufschluß. Während die Zellgröße im unbeeinflußten Keim entsprechend der ausgezogenen Kurve Abb. 32 stetig ab-

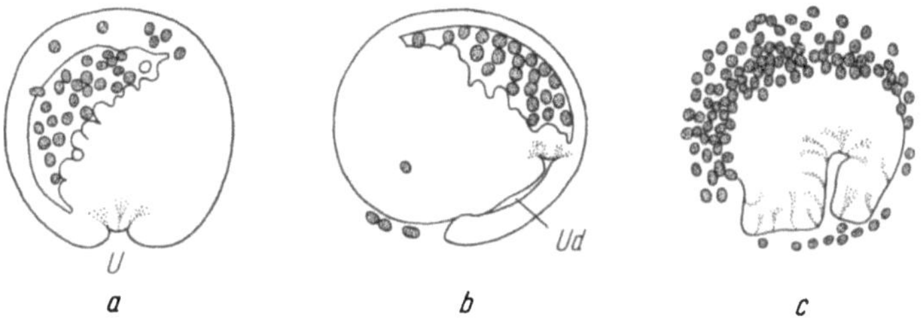

Abb. 31. *Triturus palmatus* ♀ × *Salamandra maculata* ♂ *(pm)*. Kernpyknose in der Gastrula. Schnittbilder. Die toten Zellen sind zahlenmäßig geschätzt, schematisch dunkel eingetragen (nach SCHÖNMANN 1938).
a) Junge Gastrula. Animale Kalotte von normaler Stärke, aber mit toten Zellen. *U* Urmund. b) Ältere Gastrula. Gute Invagination, aber zu dünne Schichten. *Ud* Urdarm. c) Letztes Stadium. Lediglich der Urdarmbereich mit den invaginierenden Zellen blieb gesund.

nimmt, bleibt der Kerndurchmesser zunächst konstant (durchbrochene Kurve). Dann aber paßt er sich durch einen Abfall auf $^1/_8$ des früheren Volumens der verminderten Zellgröße wieder an. Gleichzeitig steigt der Gehalt der Keime an DNS. Nucleolen in den Kernen lassen den neuen Beginn des vorwiegend auf r-RNS- und Eiweißsynthese gerichteten Aufbaustoffwechsels erkennen. Dieser Aufgabe scheint der Bastardanteil des Kernes in dem fremdartigen Plasma nicht gewachsen zu sein. Entweder kann er für seine Synthese die im Zytoplasma vorhandenen Vorstufen nicht verwerten oder scheidet Produkte ab, welche dem Zytoplasma zu heterogen sind. – Beim merogonischen Bastard treten die Mitosestörungen noch früher und schwerer hervor.

Andererseits nehmen die Mitosestörungen nicht vor der Blastula größeren Umfang an, weil im Zytoplasma entsprechend Abb. 29

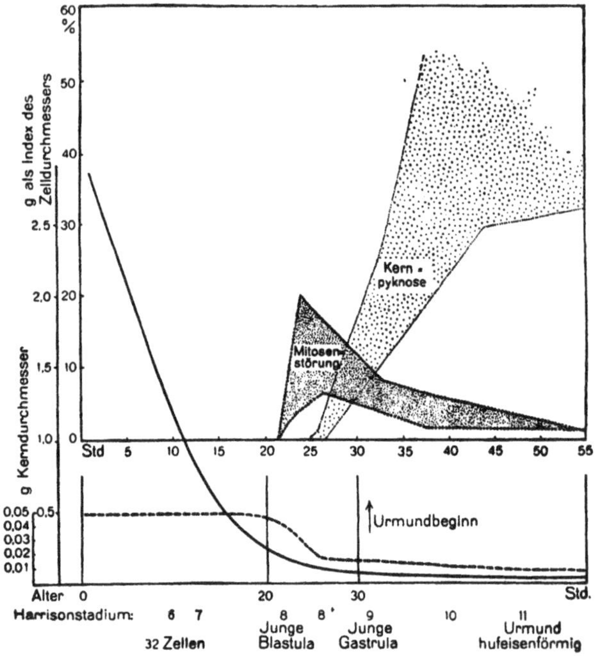

Abb. 32. Diploider Bastard *Triturus palmatus* ♀ × *Salamandra maculata* ♂ (nach SCHÖNMANN 1938 aus SEIDEL 1939)
Oben: Graphische Darstellung des prozentualen Verhältnisses anormaler und gesunder Kerne und Mitosen. Ordinate: Prozentzahl anormaler Kerne und Mitosen. Abszisse: Entwicklungszeit. Dicht punktiert: Variationsbreite für die Häufigkeit von Mitosenstörungen. Dünn punktiert: Variationsbreite der Häufigkeit des Auftretens von Kernpyknosen. – Darunter: Graphische Darstellung der Kern- und Zellgrößen während der entsprechenden Entwicklungsstadien. Ordinate für die ausgezogene Kurve ——: Index für Zelldurchmesser. Ordinate für die unterbrochene Kurve – – – –: Index für den Kerndurchmesser. Abszisse gleich der oberen: Entwicklungszeit mit Bezeichnung der Entwicklungsstadien nach HARRISON

ein mütterlicher DNS-Vorrat und auch ein mütterliches RNS-Depot von der Oozyte her angesammelt war. Erst die Ansprüche der notwendigen Neusynthese führen zu Mitosestörungen und Kernpyknosen. Sobald die Furchungsblastomeren sich bei ihrer teilungsbedingten Verkleinerung der Artgröße nähern (vgl. S. 121), sobald Nucleolen wieder auftreten und die Teilungen heterochron werden, d. h. sobald in den verschiedenen Eiteilen bestimmte plasmatische Faktorenbereiche ihre Zustandsänderungen beginnen, sobald sich durch die verschiedenartige Zellgröße bereits die kommenden Bewegungsvorgänge vorbereiten, genügt der gattungsfremde Kern in den Zellen nicht mehr. Worin dabei morphologisch und physiologisch die Gattungsfremdheit besteht, ist noch nicht zu beschreiben. Grobe morphologische Unterschiede im Aufbau der Keimzellen, die sofort nach der Befruchtung oder in der ersten Furchungsteilung sich auch durch ein gestörtes Mitosenbild ausweisen würden, sind nicht vorhanden. Die Unstimmigkeiten lassen sich nicht lokalisieren. Die Schädigungen sind auch nicht zu umgehen, wenn man Teile der Blastula des Bastardmerogons mittels der oben S. 109 dargestellten Methode in eine normale *palmatus*-Blastula einpflanzt. Nur beim regulären Bastard hat man mit diesen Verfahren Erfolg. Die transplantierten Zellen bleiben gesund. Sie passen sich in ihrer Differenzierung den *palmatus*-Zellen an, und zwar offenbar deshalb, weil neben dem gattungsfremden auch der gattungseigene Kernanteil vorhanden ist. In einem vergleichbaren Falle *(Triton cristatus* ♀ × *Triton palmatus* ♂*)*, bei dem einige Individuen durch die Krankheitsphase durchschlüpften, sich bis zur Metamorphose entwickelten und nun auch väterliche Merkmale zeigten (HAMBURGER), wurde dabei das schon von BOVERI diskutierte sehr aufschlußreiche Verhalten beobachtet: Ohne die arteigene Kernhälfte *(crist.)* wäre der Keim nicht imstande gewesen, die kritische Kern-Plasma-Reaktionsphase in der Blastula zu überstehen. Infolge dieses „Vorspanndienstes" wird es der artfremden Kernhälfte *(palm.)* ermöglicht, in späteren Entwicklungsstadien ihr Genom zur Ausbildung der väterlichen Merkmale in die Wagschale zu werfen (BALTZER).

Für BOVERI lag es nahe, auf Grund seiner Versuchsergebnisse zwischen generellen und spezifischen Kernqualitäten zu unterscheiden. Auch war er der Meinung, daß in der Unterscheidung verschiedener Kernqualitäten ein zeitliches Verhältnis zum Ausdruck kommt. In der Entwicklung seien zwei Perioden vorhanden, „eine erste, in der die Konstitution des Eiplasmas maßgebend ist, während von den Chromosomen nur gewisse generelle Qualitäten gefordert werden; und eine zweite, in welcher die Chromosomen durch ihre spezifischen Eigenschaften zur Geltung kommen". Aus dem Zeitpunkt, in dem sich sowohl bei artfremd besamten Seeigeleiern wie bei Seeigelbastardmerogonen die Entwicklungstörungen bemerkbar machten, schloß er, daß mit dem Eintritt des Gastrulastadiums die zweite Periode ihren Anfang nähme.

Es ist sehr eindrucksvoll, daß wir heute nicht nur die Existenz dieser beiden Perioden der Frühentwicklung als bestätigt ansehen müssen, sondern auch, im Besitz molekularbiologischer Methoden, eine ungezwungene Deutung geben können. Man darf damit rechnen, daß die Reaktionen des Kernes während der gesamten Entwicklung in vergleichbarer Weise ablaufen. Aber die Zytoplasmen von Oozyte und Ei, wie auch diejenigen von sich differenzierenden und differenzierten Zellen, bieten durch ihre spezielle

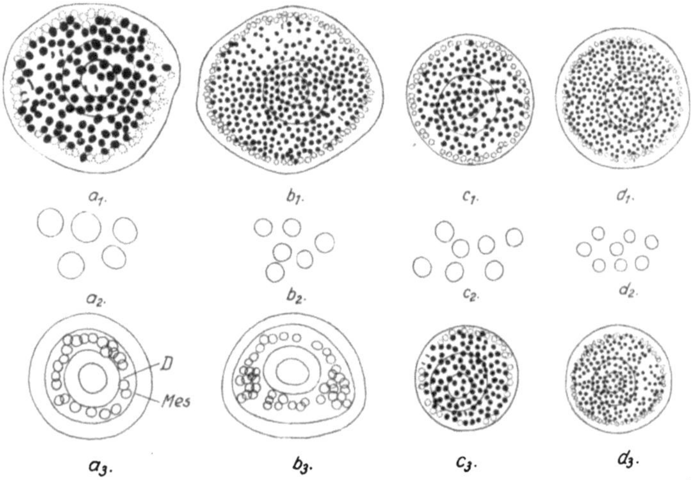

Abb. 33. *Paracentrotus* (Seeigel). Verhältnis von Kerngrößen, Zellgrößen und Zellanzahlen bei tetraploiden, diploiden und haploiden Gastrulae aus Eiern normaler Größe und verschieden großen Eifragmenten (nach BOVERI 1905)

a) Monastergastrula (tetraploid) von den gleichen Eltern wie in b) Normale diploide Gastrula. a_1), b_1) Gastrulaoberfläche mit ihren Kernen, vom animalen Pol gesehen. a_2), b_2) Einzelne Ektoblastemkerne. a_3), b_3) Optischer Durchschnitt der lebenden Gastrulae, vom animalen Pol gesehen. c) Gastrulae aus Fragmenten eines diploiden Eies von den gleichen Eltern wie d) Gastrulae aus haploiden (andromerogonischen) Eifragmenten, sämtlich vom animalen Pol gesehen. c_1), d_1) Gastrulae aus größeren Eifragmenten. c_2), d_2) Einzelne Ektoblastemkerne der Larven: c_3), d_3) Gastrulae aus kleineren Eifragmenten

D Darm. *Mes* Mesenchymzellen, Skeletbildner

Architektur den Kernreaktionen jeweils sehr unterschiedliche Bedingungen dar. In der ersten Periode der Frühvorgänge in der Embryonalentwicklung, bis zur Blastula und Gastrula, bzw. bis zu Praeblastoderm und Blastoderm, sind dem Zytoplasma Depots an genetischer Information von der Oozyte her eingefügt, die das sehr subtile Spektrum karyoplasmatischer Neusynthesen grob überdecken, während in der zweiten Periode der Embryonalentwicklung, mit Beginn der Bildung der Körpergrundgestalt, jeweils unmittelbar oder plasmatisch ausgelöst, genetische Neuinformationen in den Vordergrund treten und innerhalb der Blastematischen Faktorenbereiche in die Bildungsreaktionen einbezogen werden.

Schon lange, bevor man sich irgend ein Bild über die möglichen Ursachen solcher Zusammenhänge machen konnte, hatte R. HERTWIG erkannt, daß **quantitative Beziehungen zwischen Kern und Zytoplasma** bestehen und sie als **Kern-Plasma-Relation** bezeichnet. Nach BOVERI ist die Kernoberfläche der Anzahl der vorhandenen Chromosomen proportional (Abb. 33 a_2–d_2). Seinen Experimenten verdanken wir anschauliche Kenntnis darüber, daß chromosomenreichere, also größere Kerne auch größere Plasmaareale um sich versammeln. Die Methode ist folgende: Schüttelt man Seeigeleier nach Besamung kurz, so unterbleibt vielfach die Teilung des Zentrosoms. Man findet zu der Zeit, in der andere Eier eine Furchungsmitose mit zweipoliger Strahlung, einen Amphiaster, aufweisen, eine einzige große zentralgelegene Strahlung, den Monaster, vor (vgl. auch Abb. 23 a). Die Chromosomen teilen sich, wandern aber nicht in Tochterzellen ab, so daß das Ei mit der tetraploiden Anzahl $2 \times 2\,n = 72$ Chromosomen in die Interphase zurückkehrt und nun mit diesen vergrößerten Kernen die Furchung beginnt. Trotz anormaler Teilungen entsteht ein Pluteus. Wie Abb. 33 a, b von der animalen Seite verschiedener Gastrulen des Seeigels *Paracentrotus* zeigt, befinden sich bei verdoppelter Chromosomenzahl und entsprechend vergrößerten Kernen und Zellen auf vergleichbaren Räumen nur etwa halb so viel Zellen wie in Keimen mit normaler diploider Chromosomenzahl. Entsprechendes geht aus einem Vergleich von diploiden Eifragmenten mit haploiden hervor (Abb. 33 c_1, d_1). Besamt man kernlose Fragmente, die man ebenfalls durch Schütteln der Eier herstellt, so entwickeln sie sich mit $n = 18$ Chromosomen. Man erhält *Mero-*

gone, und zwar werden sie, wenn sie sich mit dem männlichen Chromosomensatz entwickeln, als Andromerogone bezeichnet. – Wie alle diese Seeigelkeime mit abgeänderten Chromosomensätzen zeigen, ist bei ihnen die Anzahl der Zellen einer Blastula und Gastrula nicht von vornherein bestimmt. Die Keime entwikkeln soviel Zellen, wie entsprechend ihrer Größe jeweils im vorhandenen Eiraum Platz finden. Eine tetraploide Gastrula bildet z. B. 23 Mesenchymzellen, während eine normale diploide 43 besitzt (a_3, b_3): *Die Zellgröße* ist beim Seeigelkeim *durch die Kernplasmarelation bestimmt.* Ändert man bei festliegender Chromosomenzahl artgleicher Eier das Protoplasmaareal, z. B. durch Herstellung verschieden großer Eifragmente (c_1, c_3 bzw. d_1, d_3), so entstehen darin verschiedene Anzahlen von Zellen: *Die jeweilige Zellenanzahl entspricht der Ausgangsgröße des Protoplasmas.*

Ähnliche Verhältnisse wie beim Seeigelei, das zum Typus der Eier mit wenig differenzierter Plasmaarchitektur gehört, ergeben sich bei vielen Eiern der Gliederfüßler (z. B. Insekten) und Wirbeltiere auch für spätere Entwicklungsstadien.

Um die Anzahl der Chromosomensätze im Ei zu erhöhen, hat man bei diesen Tieren meistens Mittel angewandt, welche eine der Reifungsteilungen hemmen: Zentrifugierung, Temperaturschocks oder Mitosegifte wie das Colchicin, welches die nötige Gelbildung im Zytoplasma verhindert. Molcheier konnten, nach Temperaturschocks von 0°–3° C bzw. 35–37° C, für einige Stunden unmittelbar nach der Besamung in 70–80 % der Fälle triploide Individuen hervorbringen (Fankhauser). Zusätzlich entstanden dabei, wohl durch gleichzeitige Hemmung der ersten Furchungsteilung, einige Tetraploide und Pentaploide. – Erniedrigen ließ sich die Chromosomenzahl durch Ausschaltung entweder der Ei- oder der Spermienchromosomen aus der Entwicklung. Schnürt man im Spemannschen Versuch Abb. 22 b das Ei nach der Besamung ganz durch, so entwickelt sich die eikernlose Hälfte als Merogon, da Molcheier ihrer Natur nach polysperm sind. An den „Einschlägen" auf der Eioberfläche erkennt man, wo die Spermien Eingang in das Ei gefunden haben, von denen eines den haploiden Kern für das Schnürungsfragment liefert. Meist wird diese Methode jetzt durch eine operative ersetzt. Der zur Reifungsteilung nahe der Eioberfläche liegende Eikern wird mit feiner Pipette abgesaugt und dann das kernlose Ei besamt (Abb. 28 a, CURRY). Man nennt diese Entwicklungsform, bei der wie bei Radiumbestrahlung (G. HERTWIG) das Ei ganz erhalten bleibt und lediglich der Eikern ausgeschaltet wird, *Androgenese*. – Umgekehrt kann man durch Bestrahlung oder durch chemische Beeinflussung mittels Trypaflavin oder Natriumfluorid die Spermiumchromosomen inaktivieren. Das Spermatozoon selbst behält seine Beweglichkeit und bleibt zum Eindringen in das Ei tauglich *(Gynogenese)*. Die Entscheidung, ob eine solche Gynogenese oder aber eine Androgenese vorliegt, ist schwer zu treffen, wenn lediglich durch Kälte- bzw. Hitzereize oder erhöhten osmotischen Druck verhindert wird, daß sich Ei und Samenkern vereinigen. Einer von beiden Kernen scheidet aus, und das Ei entwickelt sich haploid. – Die Methode der künstlichen Parthenogenese, durch die ebenfalls haploide Keime entstehen, wird S. 162 f. besprochen.

Will man die Konstitution geschlüpfter Molchlarven lebend untersuchen, so kann man ihnen kleine Stückchen am Schwanz, die wieder regenerieren, abschneiden. Da die Zellgrenzen bei Tieren sehr schwer zu bestimmen sind, lassen sich nur wenige gut umgrenzte Zellarten, wie etwa die LEYDIGschen Drüsenzellen der Haut oder Blutzellen, benutzen, um unmittelbar Kern- und Zellgrößenunterschiede vorzuweisen. Die Zeichnungen von Einzelzellen haploider bis pentaploider Molche (Abb. 34 a–e) ergänzen die am Seeigelei gewonnenen Ergebnisse eindrucksvoll und zeigen darüber hinaus, in welcher Weise sich eine einmal gegebene Veränderung der Zellverhältnisse auch für nachembryonale Stadien erhält. Ein Embryo oder eine Larve aus einem halben Keim, sei es ein Pluteus aus der weißen Eihälfte des Seeigeleies (Abb. 9 c_1) oder eine Molchlarve aus einem halben *Triton*-ei (Abb. 22 d), entsprechen nach Abschluß der Embryonalentwicklung in ihrer Größe der Ausgangsgröße ihres Eifragmentes. Nach kurzer Zeit, spätestens bis zum Beginn der Metamorphose, wachsen die Versuchstiere jedoch bei guter Fütterung zu normal großen Larven heran. Bei Säugetieren geschieht dieses, wie Isolierungsversuche an Furchungsblastomeren von Kaninchen zeigen (SEIDEL), bereits vor der Geburt durch die uterine Ernährung. Die arteigene Größe des Tieres wird unter Aufrechterhaltung der jeweiligen Kernplasmarelation durch *Zellvermehrung* erreicht.

Mit besonderen Schwierigkeiten haben Larven aus haploiden Keimen zu kämpfen. Sie bleiben immer kleiner als normale und entwickeln sich langsamer (vgl. Abb. 11 b, c und 22 b, d), obwohl die Zellen selbst entsprechend der Kernplasmarelation im Gleichgewicht sind. An den Melanophoren der Larve auf Abb. 34 a läßt sich die vermehrte Zellenzahl im Vergleich zu den größeren der diploiden Larve (b) erkennen. Die Kompensierung der Körpergröße durch Zellvermehrung bleibt ungenügend (a). Die Körperproportionen sind nicht normal, der Kopf zu groß und der Schwanz zu breit. Die Augen sind zu klein, die Kiemen nicht gut entwickelt, der Blutkreislauf geschwächt. Der Darm bleibt kümmerlich. Die Vitalität ist herabgesetzt. Leicht stellt sich zum Tode führende Wassersucht ein (Haploidsyndrom). Triploide (c) bis

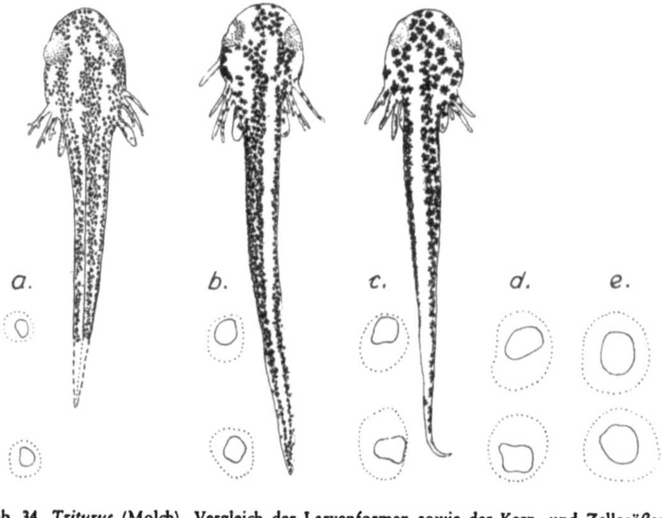

Abb. 34. *Triturus* (Molch). Vergleich der Larvenformen sowie der Kern- und Zellgrößen bei der Entwicklung aus Eiern mit verschiedener Anzahl von Chromosomensätzen (nach FANKHAUSER 1945)
a–e) LEYDIGsche Drüsenzellen aus der Haut von haploiden bis pentaploiden Larven. Dazu: a) Spontan entstandene haploide Larve, 3 Wochen alt. Schwanzende ergänzt, da zur Schwanzzellenprobe abgeschnitten. Stadium F 12 (flache Knospe des dritten Fingers vom Vorderbein). Trotz des höheren Alters kleiner als b) Normale diploide und c) durch Temperaturschock erhaltene triploide Larve. Beide nach Entfernung aus Gallerthülle. Stadium F 8 (erste Einkerbung der Vorderextremität). Die Größe der Pigmentzellen am Kopf läßt haploide bis triploide Larven voneinander unterscheiden

pentaploide Tiere halten sich in der gleichen Größe wie diploide trotz der vergrößerten Körperzellen (vgl. die Melanophoren Abb. 34 c_1, b_1). Hier setzt sich – mit gewissen Variationen im einzelnen – die Artgröße durch. Die Organe behalten ihre herkömmliche Form. Denn die Zellverbände selbst unterliegen Formänderungen. Z. B. zeigt ein Vornierenkanälchen in seiner Wand, welche bei diploiden Larven 3–6 Zellen stark ist, nur noch zwei sehr abgeflachte Zellagen. Pentaploide wachsen sehr langsam und sind, ebenso wie Tetraploide, weniger lebenskräftig. Qualitativ zeigen Haploide häufig Veränderungen der Körperproportion (Abb. 34 a_1), verkürzte Kiemen, Fehlentwicklungen im Nervensystem, vor allem im Gehirn und in den Augen. Pentaploide neigen mit fortschreitender Entwicklung zu Verkrümmungen der Körperachse und spitzer Kopfform. So muß die mittlere Zellgröße als die für die Entwicklung günstigste angesehen werden. Die Fehlentwicklung bei Haploiden mag am Ausfall eines Chromosomensatzes liegen, wodurch ja das normale Gefüge gestört ist. So kommen vielleicht nötige Aufbaustoffe nicht zur Entwicklung. Rezessive semiletale oder letale Gene werden nicht überdeckt. Bei vermehrten Chromosomensätzen könnten einige Chromosomen oder Gene, so vielfach addiert, ein Zuviel, andere ein Zuwenig an Wirkung entfalten. Das veränderte Protoplasmavolumen mag einmal der Reaktionsbefähigung wichtiger Gene mehr, ein andermal weniger angepaßt sein. Schließlich mögen bestimmte Entwicklungsvorgänge an bestimmte Zellgrößen gebunden sein.

Soweit eine konkrete Kern-Plasma-Relation gilt, wird die *Anzahl der jeweiligen Zellen* für einen zur Verfügung stehenden Plasmabezirk lediglich *durch die wirksame Chromatinmenge des Eikernes bestimmt.* Das absolute Größenverhältnis zwischen Chromosomenanzahl und Protoplasmavolumen, sowie das Maß der Änderung dieser Relation bei quantitativer Vermehrung der Chromosomenzahl gestalten sich jedoch für verschiedene Arten, für die Zellen verschiedener Organe eines Individuums verschieden. Diese Größen müssen jeweils experimentell bestimmt und mathematisch formuliert werden.

Da dieses auch für unterschiedliche Regionen eines Embryo und für seine verschiedenen Entwicklungsstadien gilt, bedürfen die *Stadien der Furchung bis zur Blastula* noch einer besonderen

Betrachtung. Trotz der Zugehörigkeit der Eier des Seeigels zum wenig differenzierten Eitypus ließ Abb. 7 eine besondere Furchungsordnung erkennen. Bestimmt man bei *Paracentrotus* für die einzelnen Stadien dieser Furchung die Kern-Plasma-Relationen (O. KOEHLER), so ergibt sich an den Furchungszellen, die ja, vom Ei aus gerechnet, ständig kleiner werden, folgendes: Im 8-Zellenstadium weisen alle Blastomeren den gleichen Wert der Kern-Plasma-Relation von 0,017 auf (22° C). Diese Relation gilt im 16-Zellenstadium mit 0,02 nur noch angenähert für Makromeren. Auch in der Blastula bleibt sie für Makromeren mit 0,08 in vergleichbarem Rahmen. Bei den Mikromeren erhebt sich die Kern-Plasma-Relation jedoch infolge des relativ sehr geringfügigen Zytoplasmavolumens schon im 16-Zellenstadium auf mehr als den zehnfachen Wert, auf 0,22 und hält sich im Blastulastadium während der Abscheidung der primären Mesenchymzellen auf nahezu der gleichen Höhe von 0,21. Einerseits ist bemerkenswert, daß die unterschiedliche Kern-Plasma-Relation für Makromeren und Mikromeren durch ihre Herleitung aus unterschiedlichen Plasmabereichen bedingt ist: Makromeren enthalten wesentlich Entoplasma, Mikromeren aber werden allein aus der Eirinde gebildet. Andererseits wurde durch das auf Abb. 14, S. 65 dargestellte Experiment deutlich gemacht, wie eine Zustandsänderung des Zytoplasmas die Ausrichtung der Spindeln und der einschneidenden Furchen beeinflussen kann. Sie nimmt dadurch auch auf die Bildung von Mikromeren im Cortex Einfluß. So lassen diese Beispiele besonders klar die *Bedeutung der Zytoplasmaarchitektur als Gegenspielerin zur Auswirkung von Kernfaktoren* beim Zustandekommen der Normen für die Kern-Plasma-Relationen erkennen.

Leider fehlen für Eier vom Typus stark differenzierter Plasmaarchitektur genau vergleichbare Ergebnisse. Aber es lassen sich aus einigen vorliegenden Experimenten bestimmte Hinweise auf das Verhalten von Kern und Plasma bei diesen Eiern gewinnen. Man kann beim Pferdespulwurm *Parascaris equorum* in dieser Hinsicht gewisse Erwartungen hegen, weil es hier zwei Rassen, *univalens* und *bivalens*, mit $2n = 2$ bzw. $2n = 4$ Chromosomen gibt, bei denen sich jedoch die Ei- und Furchungszellen hinsichtlich der Größe und Form des Zytoplasmaraumes nicht unterscheiden, das Plasma also auf Kernveränderungen hin nicht im Sinne einer Kern-Plasma-Relation reagiert. Daß dabei umgekehrt im Kern Reaktionen durch Besonderheiten des Zytoplasmas hervorgerufen werden, geht sehr klar aus Versuchen über abgeänderte Mosaikfurchung im Ei des Pferdespulwurms *Parascaris* hervor.

Normalerweise liegt bei diesem Ei die erste Furchung äquatorial (Abb. 35 a). Die zweite Furche schneidet in beiden Blastomeren mit verschiedener Richtung ein, so daß ein T-Stadium (Abb. 35 b) entsteht. Der Querbalken wird zur dorsalen Seite des Embryo. Die Endzelle des Längsbalkens wendet sich im Sinne des Pfeiles nach hinten, so daß sich nunmehr die Medianebene des späteren Embryo als parallel zur Zeichenebene liegend zu erkennen gibt (Abb. 35 c). Die Mosaikfurchung ist bei diesem Keim besonders stark ausgeprägt. Schon an diesen ersten Blastomeren kann bereits ihre spätere Aufgabe im Entwicklungsgeschehen abgelesen werden (BOVERI): Die P-Zelle erweist sich als Stammzelle für alle Bildungen. Von ihr haben sich zunächst die AB-Zelle (Ektoblastem) abgeteilt (Abb. 35 a), dann die EMST-Zelle (Entoblastem, Mesoblastem, Stomodäum, Abb. 35 b). Sie wird noch zwei weitere Zellen für die Erzeugung von Ektoblastem und Mesoblastem hervorbringen und schließlich unmittelbar die Keimzellen aus sich entstehen lassen (vgl. S. 202 f.). Zwischen Stammzellen und Körperzellen besteht ein Unterschied in den Chromosomen: Jedesmal, wenn die Stammzelle einer Körperzelle den Ursprung gegeben hat, entledigen sich die Chromosomen dieser Körperzelle ihrer Enden (Chromatin-Diminution) und lösen sich in etwa 60 kleine Einzelchromosomen auf. In Abb. 35 a zeigt die P-Zelle die normale Zahl von $2n = 2$ langen sog. Sammelchromosomen, während die Zelle AB in ihrer ersten Mitose die Chromatin-Diminution aufweist. Die dem Plasma dadurch zugeführten Chromosomenenden bestehen aus Heterochromatin. Gegenüber dem Plasma dieser Körperzellen mit den diminuierenden Chromosomen ist das Plasma in der Stammfolge der P-Zellen ganz besonders ausgezeichnet. In ihm bleiben die langen Sammelchromosomen erhalten und treten nicht in die Diminution ein.

Die Genese dieses spezifischen plasmatischen Faktorenbereiches muß im Zusammenhang mit dem Auftreten der Polarität im Ei diskutiert werden. Manche Eier sind von Anfang an deutlich telolecithal, im Einklang mit der Bildungsweise des Eies aus der Oozyte, deren Anheftungspol an der Rhachis wie beim Seeigelei zum vegetativen, mehr dotterhaltigen Pol wird. Unmittelbar nach Bildung der Richtungskörper bemerkt man am lebenden Ei amoeboide Bewegungen und unter lokaler Verdünnung des Plasmalem-

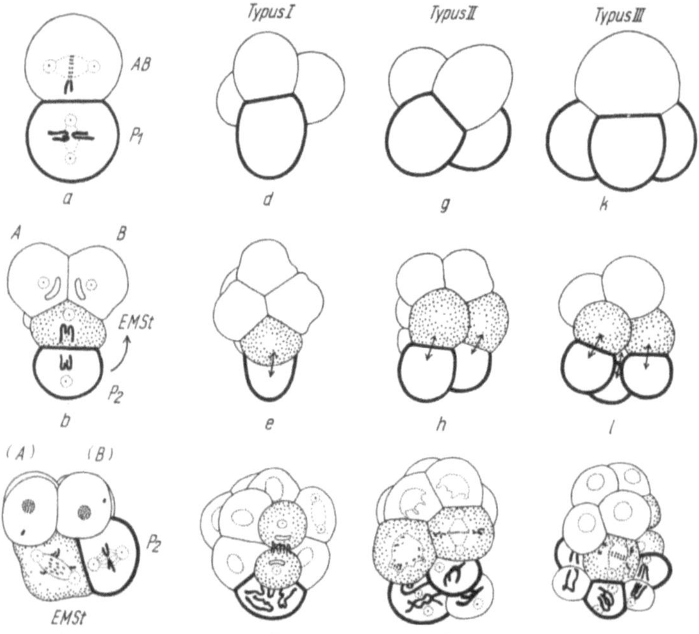

Abb. 35. *Parascaris* (Pferdespulwurm). Normale Furchung mit Chromatindiminution. (a–c var. univalens, 2 n = 2 Chromosomen) und Entwicklungstypen nach Doppelbefruchtung des Eies, (d–i var. bivalens, 2 n = 4 Chromosomen und k–m var. univalens) (nach BOVERI 1910, verändert)

a) Zweizellenstadium. Chromatindiminution in *A B*. b) Vier Zellen, *T*-Stadium. Der Pfeil gibt die Schwenkungsrichtung für die Zelle P_2 an. c) Nach vollzogener Schwenkung. Sechszellenstadium: Äquatorialplatten der diminuierten Chromosomen in *A* u. *B*. *E M St* zeigt bei der nächsten Teilung die Chromatindiminution. d) Tetraeder nach Doppelbefruchtung Typus I: e i n e *P*-Zelle, 3 *A B*-Zellen. e) Nächste Teilung. f) Übernächste Teilung: e i n e Zelle P_2. g) Tetraeder Typus II: z w e i *P*-Zellen, 2 *A B*-Zellen. h) Nächste Teilung. i) Übernächste Teilung: z w e i Zellen P_2 in Teilung. k) Tetraeder Typus III: d r e i *P*-Zellen, eine Zelle *A B*. l) Nächste Teilung. m) d r e i Zellen P_2 in Teilung. – *P-Zellen:* dunkel umrandet. *E M St:* am Rande punktiert

mas eine bruchsackartige Ausbuchtung am Äquator. In diese strömt bewegliches Entoplasma ein. Die Ausbuchtung verdünnter Membran verschiebt sich allmählich zum animalen Pol hin, an dem sich die Richtungskörper befinden. Diese Cortex-Bewegungen und die anschließend erfolgende Abplattung des Eies am animalen Pol kennzeichnen die endgültige Polarisierung des Eies. Sie ist in diesem Stadium durch Zentrifugierung, durch Verlagerung von Entoplasma mit seinen Einschlüssen von Dotter und schweren Granula nicht mehr zu ändern (GUERRIER). Die erste Furchungsspindel, die sich zunächst etwa in der Aequatorebene auszubilden beginnt, dreht sich in diese animal-vegetative Polaritätsachse, so daß die erste Furche im Eiaequator einschneidet (Abb. 35 a). Da sich der Dotter während der Furchungsmitose in einem Ring um die Spindelmitte gesammelt hatte, liegt er nach der Blastomerenteilung der Furchungsebene beiderseits an. Das klare Grundplasma mit dem Spindelmaterial gelangt so an die Außenpole der zwei neuen Blastomeren.

Zur nächsten Teilung stellt sich in der P-Zelle die Spindel wieder in die animal-vegetative Eiachse ein, so daß das Dottermaterial der in Abb. 35 b punktierten EMSt-Zelle, das klare Grundzytoplasma der Stammzelle P_2 zugeteilt wird. Die Einstellung der Spindel in die animal-vegetative Polaritätsachse, wodurch die P-Zelle immer unmittelbar an den vegetativen Pol gelangt, bildet die entscheidende Bedingung dafür, daß in dieser Zelle die Diminution unterdrückt wird. Nondiminution ist demnach eine Folge der polaren Eistruktur. Sie wird durch die plasmatischen Verhältnisse am vegetativen Pol bedingt. Bei schräger oder äquatorialer Spindelstellung entfällt diese Verhinderung der Diminution.

Schon nach der ersten Furchungsteilung unterscheiden sich die AB-Chromosomen von den P_1-Chromosomen (MORITZ). Letztere als nichtdiminuierende sind stärker spiralisiert, stärker heterochromatisch. Sie binden zum Zeichen ihres Gehaltes an basischem Protein mehr Fastgreen FCF (pH 8). Sie liefern nach Messungen mit dem Mikro-Photo-Spektrometer niedrigere Quotienten aus den Extinktionswerten bei den Wellenlängen $\lambda = 260$ nm und $\lambda = 280$ nm, weisen also ein Mehr an basischem Chromosomenprotein, Histon, auf. Diese Konstitution trägt zu einer Genblockierung in der Stammzelle bei, ebenso wie möglicherweise auch die

Heterochromatisierung die Trägerzellen in einem genetisch inaktiven Zustand erhält. Beide Arten der Aktivierungshemmung sind in den AB-Körperzellen, welche in die Diminution eintreten, erheblich herabgemindert.

Im Zytoplasma des reifen Eies befand sich ein relativ großer Prozentsatz an Nucleinsäuren. Allerdings konnte ein Nucleinsäuregradient in Richtung der animal-vegetativen Polaritätsachse nicht unmittelbar mit färberischen oder photometrischen Methoden aufgedeckt werden. So ist eine Kausalbeziehung des Nucleinsäuregehaltes im Zytoplasma zur Inaktivierung oder Aktivierung der Chromosomen in Stamm- oder Körperzellen nicht nachweisbar.

Während der Mitose sammelt sich fast die gesamte RNS der Zelle in der Spindel. Diese Nucleinsäurekonzentration beruht wesentlich auf der Ausschüttung nucleärer RNS, die während der Interphase synthetisiert wird, in das Zytoplasma, wohl zu einem großen Teil r-RNS aus den sich auflösenden Nucleolen. Die RNS häuft sich während der Telophasen in den Polkappen der sich bildenden Blastomeren, insbesondere der vegetativen Polkappe der präsumptiven P_1-Zelle, an (Pasteels). So gelang es Moritz, durch lokale U. V.-Bestrahlung z. B. des vegetativen Poles der P_1-Telophase, die inaktiven Chromosomen zur Diminution zu veranlassen. Vermutlich wird dabei die RNS, die U. V.-Licht von $\lambda = 260$ nm bevorzugt absorbiert, irreversibel geschädigt und damit dem Stoffwechsel der heterochromatisierten Stammzellen-Chromosomen entzogen. Neben der polaren animal-vegetativen Spindelstellung, der oben genannten ersten Bedingung für die Nondiminution, stellt die sich rhythmisch wiederholende polare Ansammlung von RNS am vegetativen Telophasenpol eine zweite Bedingung für die Unterbindung der Diminution dar.

So erscheint das *Schicksal der Kerne* als *streng an die Zytoplasma-Architektur und ihre Polarität, an die Spindelstellung zur polaren Hauptachse und entsprechend an die Blastomerenanordnung, sowie an die mit der Blastomerendifferenzierung einhergehenden Zytoplasmabewegungen gebunden.* Auf den Ei- und Furchungsstufen grenzen sich jeweils bestimmte plasmatische Faktorenbereiche ab, welche diminutionsverhindernde oder diminutionsfördernde Wirkung entfalten.

Die Abhängigkeit der Reaktionsweise der Chromosomen von architektonischen Qualitäten des Zytoplasmas konnte BOVERI in einer klassischen Arbeit sehr anschaulich demonstrieren: Wenn einmal zwei Spermatozoen mit zwei Zytozentren in das Ei eindringen, zerfällt es bei der ersten Teilung zugleich in vier Blastomeren, welche meist nicht in einer Ebene, sondern in der Form eines Tetraeders zusammenliegen (Abb. 35 d, g, k). Aber dieser Blastomeren-Tetraeder kann zu den Hauptrichtungen des Eies verschieden gelegen sein. Die Furchen können so einschneiden, daß jeweils eine (Abb. 35 d), zwei (Abb. 35 g) oder drei Zellen (Abb. 35 k) diejenige Hälfte des Eies einnehmen, die sonst von der P_1-Zelle besetzt wird. Tatsächlich sieht man aus dem weiteren Verlauf der Furchung, daß nunmehr eine, zwei oder drei Blastomeren den Charakter einer P_2-Zelle tragen und entsprechend ihren langen Chromosomen behalten, während die komplementären Blastomeren diminuieren (Abb. 35 f, i, m): *Die Chromosomen der Furchungskerne zeigen reaktiv Veränderungen entsprechend dem Plasmabereich, dem sie zugeteilt werden.*

Wenn bereits für das Seeigelei erschlossen wurde, daß die Furchungsweise von bestimmten Vorgängen im Plasma abhängt, so gibt es unter den Eiern mit stärker differenzierter Plasmaarchitektur besonders schöne Beispiele dafür, daß die Anwesenheit strukturell ausgezeichneter Plasmabereiche einen spezialisierten Verlauf der Furchungsebenen hervorrufen kann.

Das Ei von *Dentalium* zeichnet sich durch eine besondere Art der Spiralfurchung aus. Schon die normale Spiralfurchung stellt eines der klassischen Beispiele einer Mosaikfurchung dar. Die Furchungsteilungen sind frühzeitig inaequal. Sie laufen nach genau eingehaltenem Rhythmus ab. Bestimmte Zellfolgen geben jeweils den einzelnen Teilen der Trochophora-Larve ihren Ursprung (cell lineage). Aus großen und kleinen Zellen ganz bestimmter Lagerung setzt sich ein Zellmosaik zusammen, das der Gliederung des Larvenkörpers genau entspricht (Abb. in Bd. II). Diese Verhältnisse lassen bereits die mögliche Bedeutung des Zytoplasmas für den Furchungsablauf voraussehen.

Bei *Dentalium* liegen während der ersten Furchungsteilung Spindel und Furchungsebene im Ei zunächst durchaus symmetrisch (Abb. 17 c). Erst durch einseitige Zuteilung des Polplasmas infolge der autonomen Bewegung des Pollappens (S. 75) schneidet die Furchungsebene inaequal ein (Abb. 17 d). Wird experimentell der Pollappen entfernt (g), so bleibt die Furchung aequal (h). In der Folge setzt sich eine völlig gleichförmige Spiralfurchung ohne Auszeichnung von Zellen eines Quadranten durch. Entsprechend furchen sich animale (diploide) Fragmente des befruchteten Eies äqual (Abb. 18; 51 b_2–d_3), vegetative, hier zugleich andromerogonische, inaequal und mit harmonisch verkleinertem Pollappen (Abb. 29 b_3–d_3). Beide meridionalen Fragmente behalten ebenso die inaequale, der normalen ähnliche Furchungsweise bei, sowohl in diploidem wie in haploidem Zustand. Leider sind von solchen Fragmenten spätere Furchungsstadien nicht bekannt, auch Zellzählungen an den Larven nicht durchgeführt. Überdies fehlen bisher polyploide Formen. Nimmt man jedoch den Bd. II geschilderten Experimentalbefund aus der späteren Embryonalentwicklung von *Tubifex* hinzu, so mögen die Hinweise genügen, um zu erkennen: *Beim Typus der Eier mit stark differenzierter Plasmaarchitektur kommt die Kernplasmarelation gegenüber dem plasmatisch bestimmten Furchungsmosaik nicht zur Geltung.* Die Menge des jeweils zur Verfügung stehenden Chromatins kann sich nicht frei im Sinne der Kernplasmarelation auswirken, weil Eigentendenzen des Zytoplasmas für die Spezialisierung des Furchungsverlaufes dem entgegenstehen.

Die *Einschränkung der Kernplasmarelation bei Eiern mit stark differenzierter Plasmaarchitektur gilt meistens nur für den Prozeß der Furchung selbst.* Zwar bleiben bei den zellkonstanten Tieren, z. B. Rädertieren, auch nach der Embryonalentwicklung, während des ganzen Lebens der Tiere, Anzahl, Form und Anordnung der Zellen festgelegt. Artunterschiede äußern sich bei den relativ zellkonstanten Madenwürmern *Oxyuris* durch Verschiebungen in der Form und Anordnung der Zellen, z. B. im Vorderdarm und am Pharynx, während die Anzahl der Zellen dort durchweg gleich bleibt. Ebenso sind sehr wahrscheinlich bei *Parascaris* das Nervensystem, bei *Tubifex* die Zölomderivate zellkonstant. Aber meistens beschränkt sich bei marinen Ringelwürmern und Weichtieren die Zellkonstanz auf solche Zellfolgen, die unmittelbar zur Bildung bestimmter larvaler Körperformen führen, während *zur Differenzierung des geschlechtsreifen Tieres* an bestimmten Stellen des Larvenkörpers *Aufbauvorgänge* einsetzen, *die nicht mehr an die Gesetzmäßigkeiten der plasmatischen Eiarchitektur gebunden sind* (vgl. Band II).

Die folgende **zusammenfassende Übersicht** soll einige Tatsachen besonders hervorheben, aus denen *allgemeine Kennzeichen des Eisystems* und der in ihm anlaufenden Reaktionen zwischen Kern und Plasma zu entnehmen sind. Fragt man, ob durch diese Reaktionen Zustände des Kernes verändert werden, oder ob die Plasmaentwicklung einen Anstoß erhält, so mag zunächst unsere Kenntnis über *Einflüsse plasmatischer Faktorenbereiche auf den Kern* vorangestellt sein. Allgemein gilt, daß sich in der Furchungsweise die Architektur des Eizytoplasmas gegenüber der Tendenz der isopotenten Furchungskerne zu gleichförmiger Vermehrung und zufallsmäßiger Verteilung durchzusetzen vermag. Zustandsänderungen der räumlich angeordneten Faktorenbereiche des Plasmas dirigieren die Richtung der Furchungsspindeln, so daß die Kerne unterschiedlichen Plasmaregionen in jeweils besonderer Weise zugeteilt werden können. Wie aus Kerntransplantationen von älteren Stadien in jüngere ersichtlich ist (S. 89), ändern sich die Größenverhältnisse und Funktionsweisen des Kernes mit dem Entwicklungsstadium der Zelle, in welche der Kern eingesetzt ist. Nucleolenbildung und RNS-Produktion werden je nach Entwicklungsstadium hervorgerufen oder unterdrückt. Ob und unter welchen Umständen Zytoplasmaeinflüsse in der Normalentwicklung zu einer irreversiblen Kernveränderung führen können, läßt sich zur Zeit nicht entscheiden. Sehr deutlich treten Einwirkungen des Zytoplasmas bei der Diminution des Kernes im *Parascaris*-Ei irreversibel hervor: Sobald beliebige Kerne infolge bestimmter Spindelstellung in praesumptives Körperzellenplasma eingelagert werden, nehmen diese den Kernen der Stammzelle gegenüber unterschiedliche Struktur an und gewinnen eine bestimmte Aktivierungsbefähigung. Die praesumptiven Körperzellen legen in einer der folgenden Mitosen die Einzelchromosomen unter Abscheidung großer Teile des Heterochromatins frei. Demnach können in bestimmten plasmatischen Faktorenbereichen besondere Kernfunktionen hervorgerufen werden. Wie weit diese Vorstellung auch für die Aktivierung bestimmter Gene durch das Zytoplasma gelten, wird Bd. II genauer erörtert werden.

Nach den Untersuchungen über verzögerte Kernversorgung von plasmatischen Faktorenbereichen sind die Reaktionen der Kerne nicht so sehr an bestimmte Entwicklungszustände gebunden wie die Reaktionen des Zytoplasmas. Plasmatische Faktorenbereiche bedürfen jeweils innerhalb engerer Zeitgrenzen der Reaktionen mit Kernen. In jeder dieser Reaktionen macht sich ein *verändernder Einfluß der Kerne auf die plasmatischen Faktorenbereiche* bemerkbar. Das Plasma besitzt einen eigenen Stoffwechsel und eigene Fähigkeiten zu Gestaltungsbewegungen, auch gewisse unmittelbare Differenzierungsfähigkeiten. Es vermag lange selbständig am Leben zu bleiben, aber zum Wachstum und zu weiterführenden Differenzierungen ist es ohne Kerne nicht imstande. Zwar findet sich im Ooplasma von der Oogenese her im allgemeinen ein Vorrat von stabilen mütterlichen Messengers, ebenso ein Vorrat an Ribosomen-Protein, sowie an entsprechenden Nucleinsäuren oder Vorstufen von diesen. Dennoch lassen Fehlentwicklungen nach Actinomycin-D-Behandlung erkennen, daß seit dem Anfang der Embryonalentwicklung eine große Anzahl von Genen aktiv wird, um mannigfache Sorten von Proteinen, wenn auch in äußerst geringen Mengen, neu zu codieren. Die Proteine sind zur Erzeugung eines normal differenzierten Furchungsmusters und eines architektonisch geordneten Blastoderms durchaus nötig, vor allem aber für die Weiterführung der Furchung über Blastula und Blastoderm zur Bildung der Körpergrundgestalt. Diese neue Entwicklungsleistung ist, wie nucleolenlose Mutanten oder XY-Chromosom-Defizienzen deutlich machten, nicht nur an die informatorische Funktion der Gene, sondern an die Tätigkeit der Nucleolen und die Neuproduktion von r-RNS und entsprechenden Nucleoproteiden für die Bildung von Ribosomen gebunden.

In den Beziehungen, die durch die Kern-Plasma-Relation sichtbar werden, kommt das gegenseitige Wirkungsverhältnis von Kern und Plasma beim Entwicklungsprozeß klar zum Ausdruck. Je nach Tierform, Zellart, Entwicklungsstadium gestalten sich diese Beziehungen verschieden und lassen in den Extremfällen die Wirkung der einen oder der anderen Komponente des Zellsystems besonders deutlich heraustreten. Eiformen vom Typus mit wenig und solche mit stark differenzierter Zytoplasmaarchitektur stehen einander gegenüber als Systeme, bei denen auf der einen Seite

Zellgröße und Zellanzahl durch die Funktionsstärke des Kernes bedingt ist, und solche, bei denen demgegenüber Zellgröße, Anzahl und Anordnung einen festen Rahmen für die Kernfunktion ergeben. Auch im ersten Falle der Kernhegemonie reagieren die plasmatischen Teilsysteme je nach Tierart, Organzugehörigkeit und Entwicklungsstadium in ihrer Massenveränderung entsprechend jeweils geltenden Konstanten. Dabei interessiert besonders die Abänderung solcher Konstanten mit fortschreitender Entwicklung: Aus den Erfahrungen über die Kern-Plasma-Relation ergeben sich, wie auch aus der Betrachtung der oben besprochenen Reaktionsweisen von Einzelfaktoren in Kern und Plasma, einschneidende Unterschiede für die Systeme der Furchung und für diejenigen der darauffolgenden weiterführenden Stadien.

Die ursprüngliche, durch Kern-Plasma-Wechselwirkung in der Oozyte begründete *Zytoplasma-Architektur der Eier bildet die erste Grundlage für die differente Entwicklungsrichtung der Plasmabereiche.* Auf sie gehen alle räumlichen Unterschiede in der Faktorenanordnung zurück. *Mit dem Eintreffen eines Kernes in einem solchen Gebiet beginnen sehr verwickelte Veränderungen, die letzthin zur Herstellung der zelligen Blasteme führen.* Kernmasse und Plasmamenge gelangen in ein ihrer Wirkungsweise angemessenes quantitatives räumliches Verhältnis zueinander, das im Ei noch nicht gegeben war. *In den Endstadien der Furchung,* der Blastula oder dem Blastoderm, *liegt die Eiarchitektur in einer so ausgeprägten Form vor, daß sie Grundlage für die nun folgenden Differenzierungsprozesse sein kann,* welche zur Ausbildung der Körpergrundgestalt führen. *An allen Differenzierungsprozessen der Blasteme haben sowohl Kerne wie Plasma zugleich Anteil.* Starre Bindungen der Faktoren oder Faktorenbereiche an Gesetzmäßigkeiten der Eiarchitektur können im zelligen, differenzierungsbereiten Verband leicht zurücktreten und der Wirkung von Regulationsmechanismen Raum geben. *Das Differenzierungssystem kann sich nach der Furchung völlig neu konstituieren.* Dies betrifft sowohl Faktoren einzelner Zellen, wie auch Wechselwirkungen im Gesamtsystem, die etwa den Gesetzmäßigkeiten der Kern-Plasma-Relation folgten.

d) Reaktionen des Eisystems auf äußere Einflüsse

Jedes Lebewesen steht in einem unmittelbaren Zusammenhang mit der Umwelt. Organismen verschiedener Art und Gestalt umgeben es, machen ihre Einflüsse geltend und empfangen wiederum solche von ihm. Sein Leben kann es nur durch ein ihm passendes **Klima und stoffliches Milieu** aufrecht erhalten. Es bedarf geeigneter Temperaturen, einer bestimmten Menge des Lichtes, eines angemessenen Luftdrucks und einer mehr oder weniger festliegenden Einstellung zur Schwererichtung. Stoff-, Energie- und Formwechsel sind an die Anwesenheit bestimmter Substanzen in der Außenwelt gebunden. Diese Verhältnisse treffen bereits für das Ei zu. Um das normale Verhalten der Umwelt gegenüber festzustellen, ist es wichtig, die Grenzen zum noch nicht Genügenden oder eben noch Zuträglichen zu kennen. Dabei darf man den lebenden Organismus nicht etwa als ein starres System ansehen. Auf eine nicht passende Umwelt vermag er, soweit er ihren Unbilden nicht unmittelbar erliegt, auf zweierlei Weise zu reagieren: Er kann ihr, falls seiner eigenen Wandlungsfähigkeit enge Grenzen gesetzt sind, durch aktive Bewegung entgehen. Oder aber er paßt sich der andersartigen Umgebung an, sei es, daß er überhaupt nicht auf bestimmte Funktionsweise spezialisiert war, oder daß er imstande war, am eigenen Körper Umwandlungen zu vollziehen. Ein solches Veränderungsvermögen führt zu einer *Modifikation,* bei deren Beurteilung jedes Mal die Frage zu entscheiden ist, ob die Veränderung lediglich eine Reaktion des Organismus auf die Außenbedingungen bedeutet oder aber gleichzeitig als eine Anpassung an die neuen Bedingungen angesehen werden muß. Für die Gestalt eines Organismus und ihr Verhalten gibt es in exakten experimentellen Feststellungen keinen „Normalfall", sondern wir kennen lediglich eine Reihe von Ausprägungen unter bestimmten, jedesmal zu nennenden Bedingungen. Als Ausgangspunkt für Betrachtungen über Fomwandlungen wählt man eine in freier Natur anzutreffende „Wildform". Das Ausmaß der Veränderungsfähigkeit, innerhalb welcher die gewohnten Funktionsabläufe noch ungestört aufrecht erhalten werden können, bezeichnen wir mit WOLTERECK als die *Reaktionsnorm* eines Organismus.

Das Studium der Keimentwicklung unter verschiedenartigen Außenbedingungen läßt dieses der Reaktionsnorm entsprechende

Verhalten des Keimes voll hervortreten. Zugleich zeigt es aber auch diejenigen Reaktionen auf, die der Keim vollzieht, wenn unter extrem veränderten Bedingungen das normgemäße Gefüge nicht mehr erhalten bleiben kann. Ein großer Teil entwicklungs-

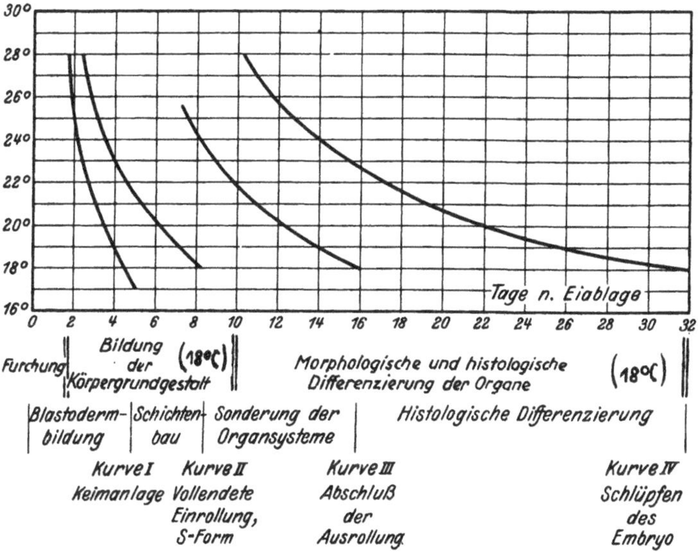

Abb. 36. *Platycnemis* (Libelle). Graphische Darstellung der Entwicklungszeit von 4 Entwicklungsstadien bei verschiedenen Temperaturen. Einzelne Kurven trennen Abschnitte der Embryonalentwicklung (nach SEIDEL 1929)
Ordinate: Temperatur in °C. Abszisse: Entwicklungszeit in Tagen

physiologischer Experimente ist darauf gegründet, durch bestimmte Veränderungen einer Außenbedingung bis ins Extrem auch entsprechend abgestufte Abänderungen einer inneren Bedingung des sich entwickelnden Keimes zu schaffen und durch die Reaktion des Keimes auf eine solche Abänderung Rückschlüsse auf die normalen inneren Bedingungen der Entwicklung zu ziehen (vgl. S. 172). In diesem Abschnitt sollen einige grundsätzliche Tatsachen hervorgehoben werden, die die Art der Reaktionsweise eines Keimsystems auf außer ihm befindliche Faktoren offenbaren können und aus denen hervorgeht, in welchem Umfang etwa ein Ei während seiner Entwicklung von Faktoren seiner Umwelt abhängig ist.

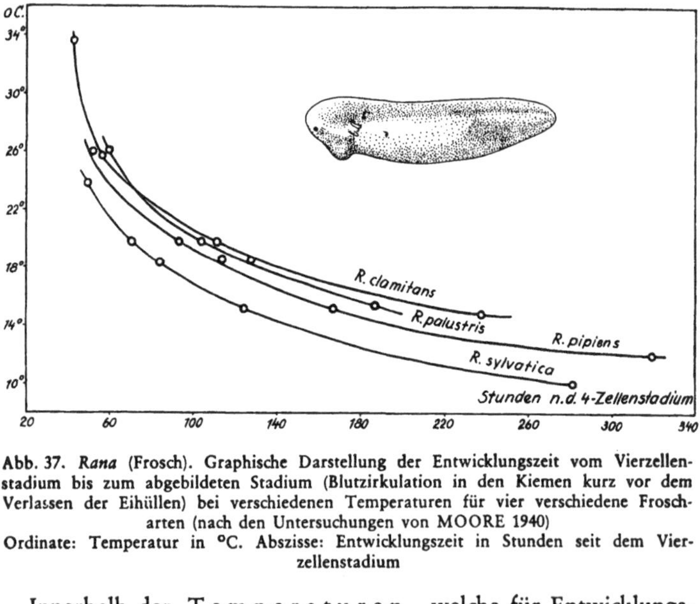

Abb. 37. *Rana* (Frosch). Graphische Darstellung der Entwicklungszeit vom Vierzellenstadium bis zum abgebildeten Stadium (Blutzirkulation in den Kiemen kurz vor dem Verlassen der Eihüllen) bei verschiedenen Temperaturen für vier verschiedene Froscharten (nach den Untersuchungen von MOORE 1940)
Ordinate: Temperatur in °C. Abszisse: Entwicklungszeit in Stunden seit dem Vierzellenstadium

Innerhalb der Temperaturen, welche für Entwicklungsvorgänge eines Tieres ein Maximum oder Minimum darstellen, ruft jeweils die Vermehrung der Temperaturgrade eine Beschleunigung der Entwicklung hervor, bis nahe der Grenze des überhaupt Erträglichen wieder eine geringe Verlangsamung sich bemerkbar macht. Nach der Abb. 36, auf der die Entwicklungsdauer (Abszisse) für verschiedene Embryonalstadien bei verschiedenen Temperaturen (Ordinate) angegeben ist, wirkt sich die Temperaturerhöhung für alle Stadien in vergleichbarer Entwicklungsbeschleunigung aus. Mathematisch stellen die Kurven nicht einfache Exponentialfunktionen dar, sondern solche komplizierteren Charakters, zu deren Bestimmung jeweils für ein Stadium die kürzeste und die längste überhaupt mögliche Entwicklungszeit experimentell zu ermitteln sind. Diese Temperaturgrenzen, und entsprechend auch der Verlauf der Temperaturkurven, sind artgemäß verschieden. Ein Vergleich der Kurven für die Entwicklungszeiten vom Vierzellenstadium bis zum Verlassen der Eihüllen bei verschiedenen Temperaturen, wie sie in Abb. 37 von vier verschiedenen Froscharten dargestellt sind, veranschaulicht diese Tatsache. Wenn die Kurven nicht eine einfache mathematische Beziehung darstellen, so geben sie schon von vornherein ein Bild davon, daß bei einer Temperaturerhöhung neben den beschleunigenden Faktoren auch verlangsamende im Spiele sind und umgekehrt bei einer Temperaturerniedrigung neben hemmenden auch fördernde, welche getrennt für sich an ganz bestimmte Stellen der Embryonalentwicklung angreifen.

Einige Beispiele dafür mögen angefügt sein, obwohl wir bei weitem nicht in jedem Falle den Ablauf der Wirkung durchschauen. So lockert hohe Temperatur von 30° C den Zusammenhang der Furchungszellen bei Seeigeleiern. Sowohl bei Seeigeln wie beim Hühnchen führt diese Behandlung zu Doppelbildungen. Der Urdarm kann sich bei hoher Temperatur statt nach innen nach außen ausstülpen (Exogastrula). Doppelbildungen durch Einbringen der Eier in niedere Temperaturen entstehen bei den Borstenwürmern *Chaetopterus, Tubifex*. Kurzdauernde hohe und niedere Temperaturschocks unterdrücken bei Reifungsteilungen die Bildung der Spindel (S. 118). In beiderlei Form können die Temperaturschocks Viskositätsänderungen bestimmter Strukturen des Plasmas hervorrufen und so verschiedene im Plasma ablaufende Vorgänge beeinflussen.

Bei Seeigelkeimen liegen die Werte der Kern-Plasma-Relationen bei der erhöhten Temperatur von 22° C sehr niedrig. Ebenso sind dabei die Kernvolumina sehr gering. Die Anzahlen sowohl der Blastula- wie der Mesenchymzellen nehmen mit steigender Temperatur zu. In animalen Hälften von Seeigelkeimen befördert niedere Temperatur (11–15° C) ihre animale, höhere Temperatur (21–26° C) ihre vegetative Differenzierungsrichtung. – Im Ovarium der Insekten ließ sich ein Einfluß der Temperatur auf das Wachstum der Nährzellkerne nachweisen (Abb. 38). Unter den Bedingungen niederer Temperatur (normal im Januar, experimentell bei Dauerzucht von 4° C, a) sind diese Kerne bei der Ameise *Formica polyctena* sehr viel größer im Durchmesser als bei höherer

Temperatur (im Juni, experimentell bei 27° C, b, c). Die Nährzellen liefern für die Oozyten plasmatische RNS, welche sich am hinteren Pol in einem Oosom sammelt. Hält man die Anzahl der Nährameisen auf mittlerer Höhe, so entwickeln sich aus Eiern mit klein bleibendem Oosom Arbeiterinnen, (g, g′), aus solchen mit

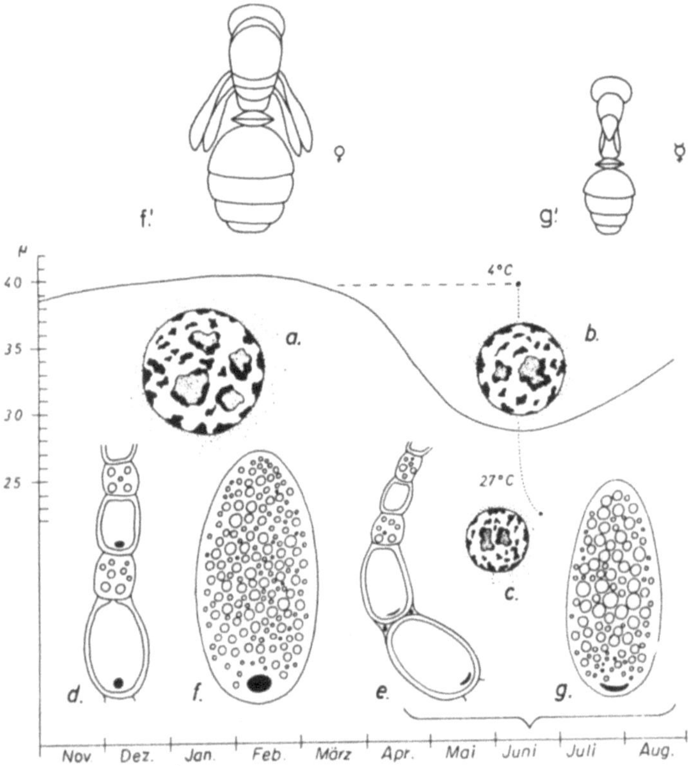

Abb. 38. *Formica* (Ameise). Einfluß der jahreszeitlichen Temperatur auf die Oogenese und die Bedeutung der differenten Eiarchitektur für Kastenbildung in der Spätentwicklung (nach BIER aus KRAUSE 1962).

Abszisse: Jahreszeit. Ordinate: Maximale Größe der Nährzellkerne in μm

a, b) Nährzellkerne im Winter und Sommer. Größe entsprechend durchgezogener Kurve. c) Desgl. bei 4 °C und 27 °C. Durchbrochene Linien. d, e) Winter- und Sommer-Ovariolen. f) Winterei mit großem und eiwärtsgelagertem Oosom. f′) Königin. g) Sommerei mit kleinem periferen, früh degenerierenden Oosom. g′) Arbeiterin.

großem Oosom Königinnen (f, f'). Durch die Temperaturänderung werden demnach die Oozyten zur Entwicklung unterschiedlicher Kasten praedisponiert (BIER).

Hitzeschocks zur Zeit der Blastoderm- und der Segmentbildung des *Drosophila*-Embryo stören die Segmentierung im Abdomen. Nur während eng begrenzter Entwicklungszeiten haben sie diese Wirkung (Abb. 39). Auf einen Hitzereiz im Blastodermstadium hin verändert sich das dritte Thoraxsegment so, daß es die Form des zweiten annimmt. Es entsteht als „Phaenokopie" (R. GOLDSCHMIDT) zu der Mutante *tetraptera* eine vierflügelige Modifikation. Zwölfstündige Temperaturerhöhungen vermögen bei Larven und Imagines von *Drosophila* die spontane Mutationsrate auf das 2–2½fache zu erhöhen. Für die späteren Entwicklungsstadien sind besonders die Beziehungen des Pigmentierungsprozesses zur Temperatur studiert worden (vgl. Band II).

Das geschilderte Verhalten der Keime den wechselnden Temperaturen gegenüber kann ganz allgemein als beispielhaft für die Reaktion allen nicht organismischen Außenfaktoren gegenüber gelten und sei deshalb besonders hervorgehoben: Erstens sind die *Reaktionen der Entwicklungsstadien auf verschiedene Tempera-*

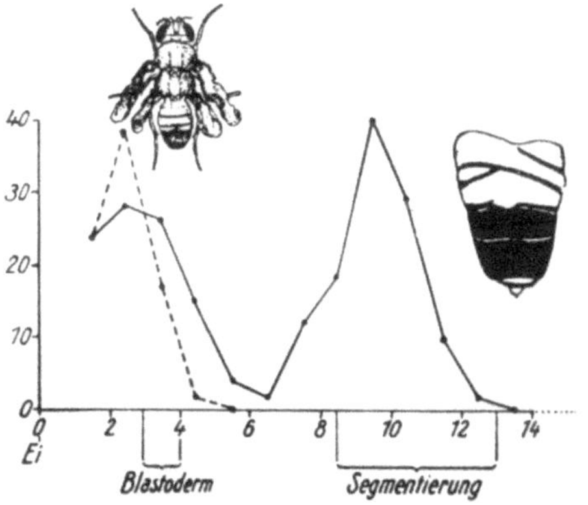

Abb. 39. *Drosophila* (Taufliege). Sensible Perioden für Schwingkölbchenentwicklung (bzw. Modifikation Metathorax) und für die Segmentierung des Abdomens gegenüber Hitzeschocks (nach HENKE und MAAS 1946 sowie GLOOR 1948 aus SEIDEL 1952) Ordinate: Häufigkeit abgeänderter Fliegen in % Abzisse: Entwicklungszeit in Stunden — — — —Bildung vierflügeliger Formen ———— Abdomenänderungen

turgrade artverschieden. Zweitens ist innerhalb des Entwicklungsverlaufes der Organismus für Abänderungen nur während einer begrenzten Zeit empfänglich, die als *sensible Periode für bestimmte Bildungsvorgänge* bezeichnet wird (Abb. 39). Die Art des organischen Systems entscheidet darüber, welche Temperaturen zur Entwicklung nötig sind und welche noch erträglich. Der Verlauf der Entwicklung hat für manche Vorgänge besondere nur bestimmten Systemen eigene temperatursensible Perioden, in denen extreme Temperaturen sich hemmend oder fördernd auswirken können. Wie hier die verschiedenen Temperaturen, so sind alle Außenfaktoren in ihrer Wirkung auf das sich entwickelnde Eisystem abändernd, aber nicht konstituierend.

Bei der Betrachtung der *stofflichen Wirkungen des umgebenden Mediums* auf die Keime lassen sich diese Feststellungen bestätigen und erweitern.

Entsprechend den jeweils ablaufenden Prozessen zeigt der Bedarf an Sauerstoff zur Atmung für jeden Keim, ja für Teile

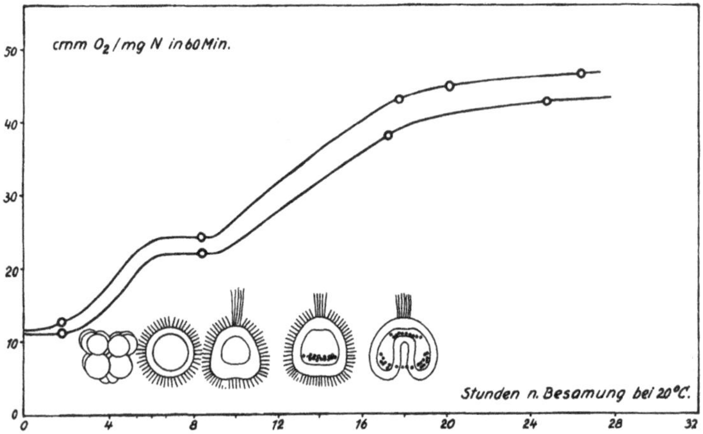

Abb. 40. *Paracentrotus* (Seeigel). Verlauf der normalen Atmung der Eier zweier Weibchen im Vergleich zu den Entwicklungsstadien

Ordinate: Sauerstoffverbrauch in mm^3 in 60 Minuten pro mg N. Abszisse: Entwicklungszeit nach Besamung in Stunden. Der Anstieg des Sauerstoffverbrauchs unmittelbar nach der Besamung (etwa um 5–10 Einheiten) ist auf den Kurven nicht dargestellt (nach den Untersuchungen von LINDAHL 1940)

des Eies, sehr kennzeichnende Werte (WARBURG, LINDAHL). So steigt während der Entwicklung des Seeigeleies (*Psammechinus* und *Paracentrotus*) der Sauerstoffverbrauch, der im unbefruchteten Ei nach der Entnahme aus dem Ovarium ständig absinkt, bei der Besamung mit dem gleichzeitigen Übergang von grober Struktur und ungleicher Dotterverteilung zu feiner Struktur und gleichmäßiger Aufteilung des Eiinhaltes zunächst sprunghaft an, um sich dann nach einer exponentiellen Funktion der Entwicklungszeit erst allmählich, dann immer mehr bis zur Zilienbildung der Blastula zu heben (Abb. 40, 0–7 Std.). Während des Schlüpfens der Blastula aus der Hülle bleibt die Oxydationsgeschwindigkeit konstant. Von der Bildung des primären Mesenchyms an vergrößert sie sich wieder stetig (9½–18 Std.) und behält diese Tendenz in geringer Ausprägung auch noch nach Abschluß der Gastrulation während der Bildung der Arme, dem Durchbruch des Mundes und der histologischen Differenzierung bei (18–28 Std.). Die Messungen orientieren nicht nur quantitativ über den Energieverbrauch, sondern lassen nach dem Vergleich mit der CO_2-Ausscheidung auch Schlüsse auf die *Qualität des jeweiligen Stoffwechsels* zu.

Obwohl die einzelnen Entwicklungserscheinungen sich durch einen bestimmten Betriebsstoffwechsel auszeichnen, kann man dennoch nicht umgekehrt durch Hervorrufen eines qualitativ besonderen Stoffwechsels zugehörige Formbildungen erzielen. *Ein bestimmter Betriebsstoffwechsel erscheint stets als Begleiterscheinung, nicht als Ursache von Formbildungen.* Da aber durch den Stoffwechsel die Energie für die Entwicklungsvorgänge geliefert wird, so lassen sich diese natürlich durch Stoffwechselverschiebungen hemmen oder fördern. Das gilt insbesondere für Bewegungserscheinungen. In der gleichen sensiblen Periode, in der auf Grund von Hitzeschocks bei *Drosophila* die vierflügelige Modifikation auftrat (Abb. 39), vermag man sie auch durch Ätherdampf (sowie Phenollösungen) hervorzurufen. *Die unspezifische Wirkung mancher äußerer Faktoren beruht darauf, daß sie vielfach lediglich bestimmte Entwicklungsvorgänge hemmen.*

Ein anderes Bild muß sich ergeben, wenn versucht wird, in den *Aufbaustoffwechsel* einzugreifen, d. h. Stoffe zuzuführen oder fortzunehmen, deren Vorhandensein auf Substanzwechselphysiologischer Ebene bei Analysen des Formbildungsvorgangs als wesentlich festgestellt war. Unser Bild über die Wesenszüge von Aufbaustoffwechsel und Betriebsstoffwechsel hat sich grundlegend geklärt, nachdem auf molekularbiologischer Basis die entscheidende Entdeckung gemacht wurde, daß es *innerhalb des allgemeinen Stoffwechselgeschehens* (des Betriebsstoffwechsels und seiner Umkehrung, des sog. „Baustoffwechsels") *Reaktionsfolgen* gibt, *welche lediglich dem Aufbau, der Gestaltbildung und dem Formwechsel, dienen.* Am deutlichsten wird dieses bei der Betrachtung der Reaktionsfolgen vom Kern zum Plasma (S. 25 ff.). Die durch Enzyme katalysierbare Eiweißsynthese erhält aus dem genetischen Informationsspeicher der Nucleinsäuren des Kerns eine Steuerung. Durch seine Aktivierung kommt ein gerichteter Aufbau zustande. Auf chemisch-physikalischer Basis läßt sich verständlich machen, wie Architektur aus dem Erbfaktor auf das Entwicklungssystem im Zytoplasma übertragen wird. Damit wird ein Zusammenhang zwischen Substanzwechsel und Formwechsel geknüpft und zu-

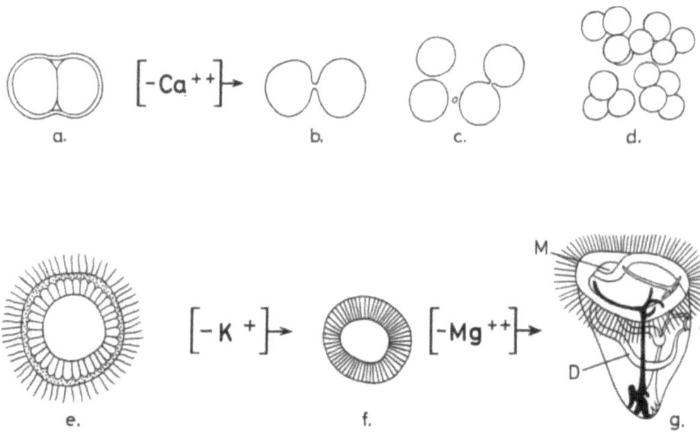

Abb. 41. Seeigel. Einwirkungen von Veränderungen des Mediums auf die Embryonalentwicklung (nach HERBST 1897–1904).
a) Normales Zwei-Zellenstadium mit aufliegender Hyaliner Schicht. b–d) *Sphaerechinus*, Furchungsstadien aus einer Ca^{++}-freien Zucht. e) *Sphaerechinus*, normale Blastula. f) Blastula aus gleichem Medium ohne K^{+}. g) *Sphaerechinus*. Pluteus aus Mg^{++}-freier Zucht.

gleich gegenüber dem allgemeinen Betriebs- und Baustoffwechsel die Eigenart des Aufbaustoffwechsels hervorgehoben. Selbstverständlich sind alle zugehörigen Reaktionen in den Betriebs- und Baustoffwechsel eingefügt und zusätzlich nach deren Prinzipien beurteilbar. Für das Zytoplasma läßt sich Vergleichbares noch nicht darstellen, aber auch hier scheinen sich in Untersuchungen über die Lokalisierung von Nucleinsäure- und Enzymmustern auf submikroskopischen Strukturen Möglichkeiten zu eröffnen, den Aufbaustoffwechsel in seiner Eigenart zu kennzeichnen. An diesem noch mehrere Quellen aufnehmenden Stoffwechsel sind auch eine Anzahl von Einflüssen des äußeren Mediums beteiligt. Sie gewannen erhöhtes Interesse, seitdem es gelang, durch Behandlung der Organismen und ihrer Entwicklungsstadien mit Senf- und Tränengasen, sowie mit Urethan, Phenol, Formalin in den Keim- und Somazellen Mutationen hervorzurufen. Für Untersuchungen dieser Art an den formbildenden Blastemen von Embryonalstadien werden S. 143 ff. Beispiele gegeben werden. Grundlegend für alle Versuche chemischer Beeinflussung des Aufbaustoffwechsels waren die Experimente von HERBST an Seeigelkeimen:

Bilden flüssige Medien die normale Umgebung für sich entwickelnde Keime, so müssen diese Medien einen ganz bestimmten osmotischen Druck, sowie eine kennzeichnende Ionenzusammensetzung aufweisen. Hypotonie des Mediums fördert den Übergang von Gel-Strukturen des Plasmas in den Solzustand. In hypertonischem Medium treten in manchen normalerweise nur fein strukturierten Plasmen gröbere Strukturballungen hervor. Unter hohen hydrostatischen Drucken von 300 bis 400 At verschwinden reversibel Polstrahlungen und Spindeln der Zellteilungsfiguren. Allgemein machen sich Änderungen in der Ionen-Zusammensetzung unmittelbar in einer Veränderung der Atmungsgröße bemerkbar.

In Seewasser ohne *Calcium-Ionen* geben die Furchungs- oder Blastulazellen ihren Zusammenhang auf (Abb. 41 b–d), gewinnen ihn aber sofort erneut, sobald man das Ca^{++} wieder hinzufügt. Alle derartigen Versuche wurden mit künstlichem Meerwasser durchgeführt, in dem zur Aufrechterhaltung des osmotischen Druckes jeweils ein Ion durch ein anderes ersetzt war, z. B. im vorliegenden Falle $CaCl_2$ durch die entsprechend molare Menge NaCl. Die Kontrolleier aus dem künstlichen Meerwasser furchen sich normal (Abb. 41 a). Durch den Entzug des Ca^{++} wird das feine hyaline Oberflächenhäutchen, welches normalerweise die Furchungszellen zusammenhält, verändert. Es liegt den Blastomeren unmittelbar auf und ist von den weiter außen folgenden Hüllen deutlich verschieden (coat, vgl. Abb. 47 Hy. M). – Naturgemäß muß für die vollkommene Ausformung des Larvenskelets genügend Kalk anwesend sein. Mit dem Schicksal des Skelets aber ist auch das der Arme verbunden. Sie können sich nur ausbilden, wenn Skeletelemente vorhanden sind (Abb. 10 g, 11 b). – An der Bildung des Skeletes beteiligt sich zugleich, wie Abb. 41 g zeigt, auch das *Magnesium-Ion.*

Seeigelkeime ohne *Kalium-Ionen* sterben meistens frühzeitig ab. Die Blastulae bleiben gegenüber den Kontrollen (Abb. 41 e) klein, dickwandig (Abb. 41 f), nehmen wenig Wasser auf, bilden keine Cilien. – Im Seewasser ohne *Sulfat-Ionen* (SO_4^{--}) gelangt der Darm des Pluteus aus den S. 63 dargelegten Gründen nicht zur vollständigen Ausbildung (Abb. 42 c_1, b). Gleichzeitig ordnen die Mesenchymzellen sich nicht wie im Normalfall (Abb. 42 $a_{1,2}$) zu beiden Seiten der Larve an der dort sich verstärkenden Ektoblastemwand an, um die Skeletelemente zu bilden, sondern bleiben in der Nähe ihres Ursprungsortes dicht um den Darm gedrängt liegen (Abb. 42 $c_{1\,2}$). Sowohl sind sie selbst gehemmt, wie auch hat das Ektoblastem Störungen erlitten und kann sie nicht dirigieren (vgl. Bd. II). Werden die Larven in SO_4^{--}-haltiges Wasser zurückgebracht, so wandern die Mesenchymzellen nachträglich vom Urdarm fort (Abb. 42 d), ordnen sich nun aber nicht bilateral, sondern kranzförmig zur Bildung von mehr als zwei Dreistrahlern an. Die Larve erhält einen radiären Bau (Abb. 42 $e_{1\,2}$ gegenüber $a_{1\,2}$ und 10 g). Das SO_4^{--}-Ion vermag demnach auf dem Wege über die Beeinflussung der Oberflächenstruktur der Zellen (S. 63) die Bilateralität des Keimes zu garantieren.

Im Seewasser rufen alle bisher genannten Ionen mit steigender Konzentration bis zu einem optimalen Grad eine Beschleunigung der Entwicklung und eine Größenzunahme der Seeigel-Larven hervor, welche allerdings sowohl durch Erhöhung des Turgors im Blastozöl wie durch Beeinflussung der Skeletbildung herbeigeführt sein kann. Lösungen e i n e s Salzes allein erweisen sich im allgemeinen als schädigend. Die Ionen müssen ihrer kolloidalen Lösungs- oder Fällungswirkung entsprechend gut gegeneinander abgewogen, äquilibriert sein. Gegenüber Na^+ sind Ca^{++} und K^+ als Antagonisten nötig, entsprechend der HOFMEISTERschen Reihe, nach der SO_4^{--}, Citrat, Tartrat, HPO_4^{--}, CH_3COO^-, Cl^-, Br^-, NO_3^-, J^-, SCN^-, bzw. Ba^{++}, Ca^{++}, Mg^{++}, NH_4^+, K^+, Na^+, Li^+ bei Alkalität des Mediums in ansteigender Weise eine Quellungs- bzw. Lösungswirkung (Lyotropie) auf das Plasma ausüben, in entgegengesetzter Reihe eine Entquellung bzw. Fällung hervorrufen. In angesäuertem Medium kehrt sich die Ionenwirkung um. Ein geringer Überschuß der OH^--Ionen gegenüber den H^+-Ionen ist insbesondere für die Befruchtung nötig. Dem pH eines Mediums gegenüber verhalten sich nicht nur die Eier verschiedener Seeigelarten, sondern auch die Eier einer einzigen Ablage ganz verschieden und stellen bei unpassender Konzentration früher oder später die Entwicklung ein.

Eine besondere Wirkung auf die Ausbildung von Seeigellarven üben einige Ionen, welche normalerweise im Seewasser nicht vorkommen, dadurch aus, daß sie die Entwicklung entlang der animal-vegetativen Polaritätsachse nach der einen oder anderen Richtung hin verschieben. Durch Zusatz von *Rhodanid*-Lösung (NaSCN) zum Meerwasser werden, wie schon S. 61 ausgeführt, animale Differenzierungen bevorzugt, vegetative zurückgedrängt (Abb. 42 g, h). Die *Animalisierung* durch Rhodanid wird in Ca^{++}-freiem Meerwasser gefördert, weil in diesem Medium die Eioberfläche durchlässiger ist. Eine Behandlung der Keime mit Rhodanid bedarf aerober Bedingungen. Unter Sauerstoffabschluß ist sie wirkungslos. Ein Zusatz von oxydierendem Farbstoff, Pyocyanin, erweist sich als günstig. Die sensible Periode liegt für den Rhodanid-Einfluß in der Zeit vor der Besamung. Der Pluteus weist nach der Animalisierung eine stark vergrößerte Wimperschopfplatte (Abb. 42 g) und einen verhältnismäßig unentwickelten Darm auf, aus dessen blindem Ende nur wenige pigmentbildende sekundäre Mesenchymzellen hervortreten (h).

Eine *Vegetativisierung* erfolgt entsprechend durch Zusatz von *Lithiumchlorid* zum Seewasser. Diese ist häufig verbunden mit Exogastrulation, welche allerdings für die Li^+-Wirkung nicht als

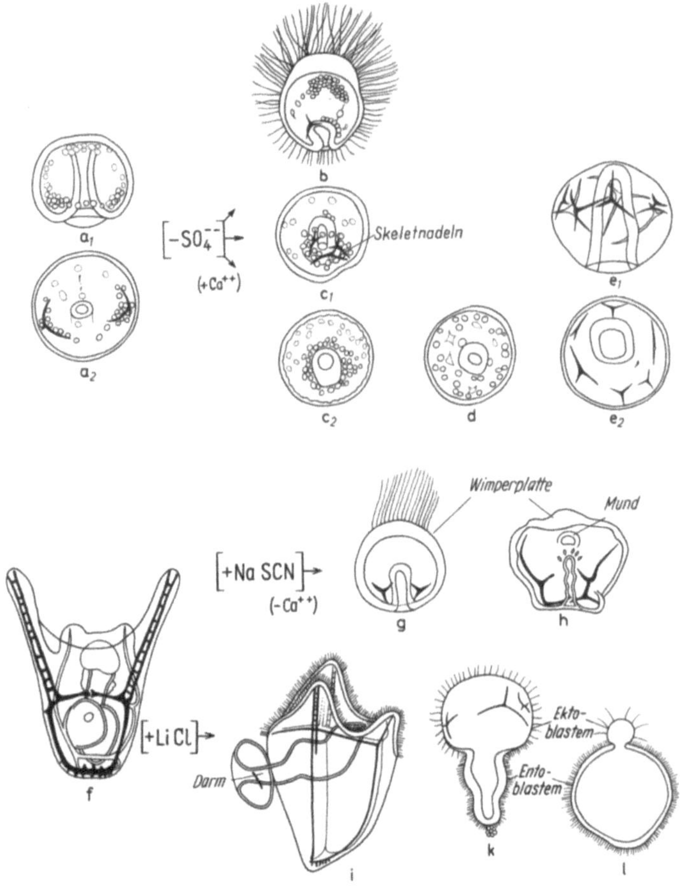

Abb. 42. Einwirkung von Veränderungen des Mediums auf die Embryonalentwicklung der Seeigel (nach HERBST 1897–1904, LINDAHL 1936).
a–e) Entzug von Sulfat bei Anwesenheit von Calcium.
a_{1-2}) *Sphaerechinus*, normale Gastrula von der Seite (a_1) und vom animalen Pol (a_2). Bilaterale Ausbildung der Skeletbildner. b) Gastrula mit hypertrophischem Wimperschopf aus SO_4^{--}-freier Zucht. $c_{1,2}$) Anormale Lagerung der Skeletbildner und Dreistrahler in SO_4^{--}-freiem Wasser. d) Rückwanderung der Skeletbildner nach 45 stündigem Verweilen der Gastrula in SO_4^{--}-freiem Meerwasser und anschließender Rückführung in normales Meerwasser. $e_{1,2}$) Skeletbildung bei Larven nach Rückführung aus SO_4^{--}

spezifisch anzusehen ist (Abb. 42 i–l). Eine Exogastrula mag auf zweierlei Weise entstehen. Einerseits kann der Invaginationsmechanismus durch verschiedenartige Außenfaktoren gestört sein (Hemmung der Atmung durch Zusatz von NaN_2, $LiCl_2$, KCN, Tabakrauch oder Überbesetzung von Kulturen); andererseits kann die Vergrößerung des Entoblastembereiches gegenüber dem des Ektoblastems eine Einstülpung des ersteren unmöglich machen. Die sensible Periode für die Vegetativisierung durch Li^+, wie sie in der Reihe i–l der Abb. 42 veranschaulicht ist, schließt sich unmittelbar an die Befruchtung an und dehnt sich bei 18° C auf etwa 11 Stunden aus. Die optimale Konzentration des Li^+ liegt bei etwa 0,02–0,05 M im Seewasser. Erhöhung der Temperatur vergrößert die Wirkung. Mit den morphologischen Abänderungen verbindet sich eine Anzahl von physiologischen Besonderheiten. In den Entwicklungsstadien, die sich gegenüber dem Li^+-Einfluß als am meisten empfindlich erweisen (3–7 Std. nach Besamung) steigt die Kurve des Sauerstoffbedarfs im ganzen Keim sehr stark an (Abb. 40). In dieser Anstiegsphase mindert das vegetativisierende Li^+ die Sauerstoffaufnahme herab (Bd. II). Da der Anstieg im animalen Teilsystem mehr ausgeprägt ist als im vegetativen, trifft die Li^+-Hemmung den animalen Teil am meisten. Lithium-Behandlung drückt die Anzahl der Mitochondrien im animalen Bereich soweit herab, daß ein animal-vegetatives Gefälle zu Beginn der Gastrulation nicht mehr vorhanden ist. Mit der Verminderung der Mitochondrien geht natürlich eine der an die Mitochondrien gebundenen Enzyme einher, der Enzyme des Zitronensäurezyklus, der Atmungskette, und der oxydativen Phosphorylierung. – Eine an sich unwirksame Lithium-Konzentration (0,002 mM) wird hochwirksam, wenn gleichzeitig den Keimen der Sauerstoff entzogen wird, diese also etwa einem Gemisch von nur *5 %* Sauerstoff und *95 %* Kohlenmonoxyd ausgesetzt werden.

freiem Medium wie in d. Ansicht von der Seite (e_1) und vom animalen Pol (e_2).
f–l) Animalisierung und Vegetativisierung.
f) *Sphaerechinus*. Normaler Pluteus. g–h) *Paracentrotus*, Einwirkung von Natriumrhodanid bei Calciumentzug. Behandlung des unbefruchteten Eies 15 bis 17 Std. lang mit NaSCN-haltigem Meerwasser. g) Animalisierte Gastrula. h) Animalisierter Pluteus. i–l Einwirkung von Lithiumchlorid. i) *Sphaerechinus* Vegetativisierter Pluteus, als Blastula 18½ Std. lang mit LiCl-haltigem Meerwasser behandelt, mit kurzen Armen und leicht exogastruliert. k, l) Larven, bei denen nach ähnlicher Behandlung wie in i der Anteil des Darm-Entoblastems gegenüber dem Haut-Ektoblastem zunehmend vergrößert ist.

Da die Verbindung zwischen Kohlenmonoxyd und dem Atmungsferment Cytochrom-Oxydase lichtreversibel ist, macht sich bei Lichtabschluß die atmungshemmende und damit vegetativisierende Wirkung von Li^{+} besonders stark bemerkbar. Sie fällt um so schwächer aus, je mehr belichtet wird. So läßt sich bei dieser Behandlung durch graduelle Unterbindung der Belichtung der Sauerstoffentzug vermehren und damit die Vegetativisierung verstärken.

Auch die Entwicklung späterer Stadien wird durch die Beschaffenheit des Außenmediums oder verschiedenartige Möglichkeit der Ernährung beeinflußt. Abgesehen von den Wirkungen auf das Größenwachstum, von denen etwa die Kümmerformen an den Übergängen von Süßwasser zum Seewasser in den Flußmündungen und Haffen ein anschauliches Bild geben, lassen sich auch Beeinflussungen der Formgestaltung feststellen. Die langgestreckte, mit Endlappen am letzten Segment ausgestattete Form des Salzkrebschens *Artemia* wandelt sich bei abnehmendem Salzgehalt in eine kurze breite Form ohne Endlappen um. Wasserflöhen *(Daphnia)* wächst im Sommer durch reichliche Ernährung der Helm sehr in die Länge, wodurch die Tiere dem Schweben in dem höher temperierten und dadurch weniger viskösen Wasser besser angepaßt werden. Beim Rädertier *Pterrodina* schlägt durch Wechsel in der Ernährung die parthenogenetische Produktion amiktischer Weibchen, welche wieder diploid-parthenogenetische Eier hervorbringen, zugunsten von miktischen um (LUNTZ). Diese legen reduzierte Eier, die parthenogenetisch Männchen ergeben und befruchtet zu Dauereiern werden. In beiden Fällen ist durch den Wechsel des Außenfaktors „Ernährung" eine funktionelle Anpassung auf ganz anderem Gebiete, „Schwebevermögen" bzw. „Arterhaltung" geschehen, während für Kaulquappen beim Übergang von Pflanzennahrung zu reiner Fleischnahrung eine unmittelbare Anpassung an diesen Nahrungswechsel erfolgt: Der Darm wird kürzer und bildet weniger Windungen aus (Abb. 43).

Wenn ein Organismus eine *„Funktionelle Anpassung"* vollzieht, so werden sein Körper – ein Körperteil oder Organ – während ihrer Funktion durch einen Außenfaktor zu besonderer Ausprägung veranlaßt. Dabei ermöglicht der Außenfaktor weder die Bildung des Organs noch bedingt er überhaupt dessen Leistungsfähigkeit. Vielmehr wird das Organ embryonal bereits funktionstüchtig angelegt: Seine *„Funktionelle Struktur“* bildet sich voll aus, ohne daß es selbst in Funktion getreten ist (vgl. Bd. II). Durch „Funktionelle Anpassung“ wird die funktionelle Struktur lediglich in bestimmter, den jeweiligen Außenbedingungen günstiger Richtung modifiziert.

Besonders eindrucksvoll offenbart sich die funktionelle Anpassung bei der Ausgestaltung von Knochenstrukturen (JUL. WOLFF). Setzt man Knochen während der Heilung eines Bruches ständig neuen ungewohnten *Belastungen* aus, so werden die Knochenbälkchen, die als trajektorielle Strukturen auch im normalen Knochen den Linien stärkster technischer Beanspruchung folgen, umgebaut und an der Bruchstelle zu neuen Trajektoriensystemen ausgeformt. Derartige Beobachtungen lassen sich besonders an abnorm beanspruchten Knochen, z. B. beim Klumpfuß, machen.

Abb. 43. *Rana fusca* (Grasfrosch) Funktionelle Anpassung der Darmlänge von Kaulquappen an verschiedenartige Ernährung. Bauchwand aufpräpariert
a) Aufzucht mit gemischter Kost, vorwiegend Pflanzennahrung. b) Aufzucht mit reiner Fleischnahrung (nach DÜRKEN 1929)

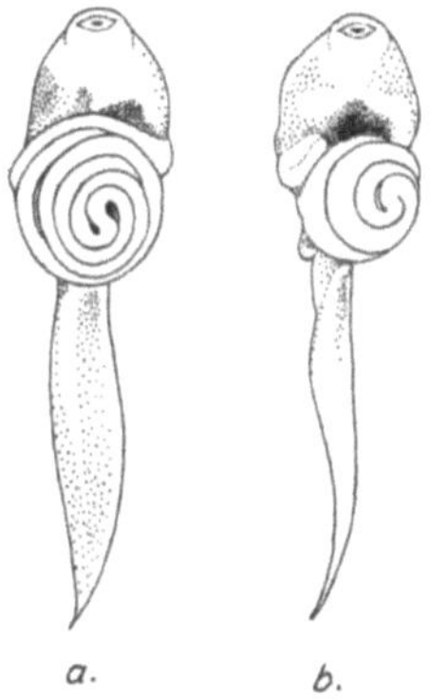

Die S c h w e r k r a f t gewinnt naturgemäß nur bei solchen Eiern Einfluß, deren große Dottermassen sich leicht umlagern lassen. So werden die Eier des Frosches unmittelbar nach der Ablage und Besamung innerhalb der aufquellenden Gallerthüllen und des sich abhebenden Dotterhäutchens beweglich und orientieren sich dann zur Richtung der Erdschwere: Der vegetative Pol mit dem schweren weißen Dotter kehrt sich dem Boden zu, der dunkel pigmentierte animale Pol wendet sich nach oben (vgl. Abb. 44).

Hindert man aber ein solches Ei dadurch an der freien Bewegung, daß man es in der ungequollenen Gallerthülle auf eine Glasplatte klebt, und hat das Ei dabei gedreht, so ordnen sich die Eibestandteile nach ihrem spezifischen Gewicht neu: Der schwere Dotter sinkt nach unten, die leichteren animalen Plasmen steigen auf. Lediglich die Rinde des Eies bleibt unverlagert, aber auch nicht unbeeinflußt.

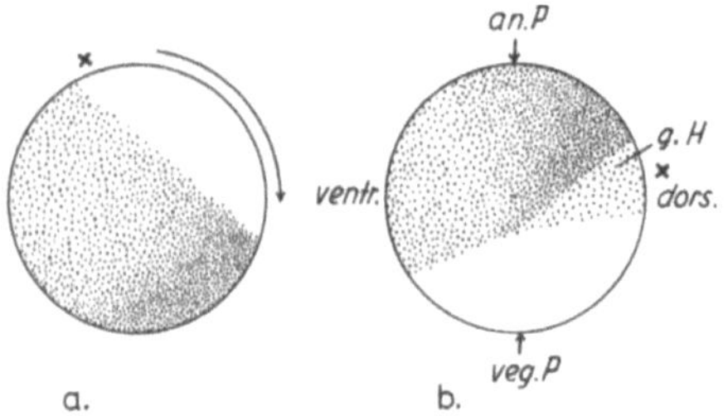

Abb. 44. *Rana* (Frosch). Lokalisierung der Faktorenbereiche des Eies unter Mithilfe der Schwerkraft (nach PASTEELS 1937). a) Festlegung des unbefruchteten, in den ungequollenen Hüllen unbeweglichen Eies mit dem vegetativen Pol über der Horizontalen. Pfeil: Drehung des Eies nach Besamung und Abhebung des Dotterhäutchens, entsprechend der Schwerkraft, b) Entstehung des grauen Halbmondes (*g. H*) in dem Bereich, der bei Zwangslage am höchsten lag (×), symmetrisch zur Dehnungsebene. *an. P* animaler Pol *dors.* dorsal, *veg. P* vegetativer Pol, *ventr.* ventral.

Für alle weiteren Entwicklungsvorgänge ist entscheidend, in welcher Weise eine solche Umschichtung erfolgt. Am unbefruchteten Ei des Teichfrosches *Rana esculenta* liegt die animale Pigmentkappe etwas schräg zur Hauptachse. Das weiße vegetative Feld reicht an einer Stelle über den Äquator hinaus, so daß bereits in diesem Stadium das Ei als bilateral-symmetrisch erscheint. Hier entsteht wenige Stunden nach der Besamung ein graues Feld (Abb. 44 b, g. H), der sog. graue Halbmond. Ein Teil dunkel pigmentierten Randzonenplasmas wandert in das weiße vegetative Feld in der Ausdehnung des Halbmonds ein. Dadurch wird er grau. Seine Lage entspricht der der beginnenden Urdarmeinstülpung und der späteren Dorsalseite des Embryo. – Man kann nun den Halbmond auf jeder beliebigen Seite des Äquators hervorrufen, wenn man das Ei vor der Befruchtung in Zwangslage mit dem vegetativen Pol schräg nach oben gerichtet festhält (Abb. 44 a). Nach der Befruchtung beginnt es, sich der Schwere nach zu drehen, und der graue Halbmond bildet sich dann meistens an derjenigen Stelle des Äquators, welche vorher am weitesten oben gelegen hatte (x).

Derartige schwerebedingte Umlagerungen kann man durch leichtes Zentrifugieren unterstützen und verstärken. Auch dabei entsteht der Urmund immer am Rande des weißen Dotters in dem Meridian, in welchem dieser absinkt. Ein Teil solcher entgegen ihrer ursprünglichen animal-vegetativen Achsenrichtung umgeschichteten Eier entwickelt sich zu ganzen Embryonen, ohne daß eine vorherige Rückgliederung der Schichten erfolgt.

Selbst wenn ein Außenfaktor, wie im Falle der Schwerkraft, die Materialverteilung im Ei grundsätzlich ändert, die animal-vegetative Polarität umkehrt und an unvorhergesehenen Stellen, unabhängig von der ursprünglichen Seitenqualität, einen grauen Halbmond entstehen und einen Urmund sich bilden läßt, so geschieht dies nicht willkürlich, sondern gesetzmäßig auf Grund der Eingriffsmöglichkeiten, welche die Eistruktur zuläßt. Die Rinde besitzt bei diesen mit ihren großen Dotter- und Plasmamassen der Umlagerung durch Schwerkraft leicht ausgesetzten Eiern nicht diejenige starre Architektur, wie sie für die von der Schwerkraft unabhängiger sich entwickelnden Eier von Seeigeln und Würmern beschrieben wurde (S. 66 f.). Außerdem laufen in der Rinde des ungefurchten und in die Furchung eintretenden Eies noch bestimmte Prozesse ab, durch welche die Rinde ihre endgültige Struktur erst gewinnt (Bd. II).

L i c h t kann auf biologische Objekte nur in dem Maße zur Wirkung kommen, in dem es absorbiert wird. Die von ihm eingeleiteten chemischen Reaktionen sind daher je nach der absorbierten Wellenlänge verschiedenartig. Lang- und mittelwelliges Licht hemmt die normalerweise im Dämmerlicht ablaufenden Entwicklungsvorgänge des Eies. Spermien vermag es bewegungslos zu machen und abzutöten. Es übt einen richtenden Einfluß auf wachsende Sprosse von Hydrozoen aus. Mittelwelliges, vor allem blaues Licht kann die Entwicklung fördern, wie es bei der Bildung und Regeneration von Hydroidpolypenköpfchen geschieht. Die Pigmentierungsprozesse von Schmetterlingspuppen lassen sich durch Belichtung wellenlängenspezifisch abändern. Dieser Einfluß wird über die Raupenaugen vermittelt. Wenn die Differenzierung der Netzhaut bei Amphibienlarven ohne Lichtreiz unvollkommen bleibt, so ist dies ebenfalls durch die Funktionsweise der Augen mitbedingt. –

Neben Intensität und Qualität der Lichtenergie ist für die Formbildung der rhythmische Wechsel von Licht und Dunkelheit, die *Photoperiodik* von besonderer Bedeutung. Während der Entwicklung, vor allem der Arthropoden, treten sichtbar temperaturunempfindliche Ruhezustände auf, durch welche ungünstige Umweltbedingungen überwunden werden können. Diese *„Diapausen"* werden im allgemeinen nicht von den sich verschlechternden Lebensbedingungen selbst, sondern meistens lange vorher durch kritische Tageslängen induziert. Der Eintritt der Diapause kann mit formwechselphysiologischen Abwandlungen hinsichtlich der Form, Größe oder Färbung verbunden sein. Bei Tieren, deren Generationsdauer länger ist, als der einjährige photoperiodische Zyklus, folgen meist nur einzelne Organe der tagesperiodischen Steuerung, z. B. bei den warmblütigen Wirbeltieren primäre und sekundäre Geschlechtsorgane. Kürzere als einjährige Generationsdauer, z. B. von Insekten, kann unter dem Einfluß der jahreszeitlich verschiedenen Tageslängen einen Saisondimorphismus zur Folge haben (Abb. 45 a). Wie H. J. MÜLLER sehr anschaulich darstellen konnte, wird beim Landkärtchen *Araschnia* in einem experimentellen Dauer-Langtag der Wechsel von einer dunklen Sommergeneration *(prorsa)* und einer hellen Frühjahrsgeneration *(levana)* zu Gunsten schnell aufeinanderfolgender Sommergenerationen unterdrückt (Abb. 45 b). Dauerkurztag bringt nur Frühjahrsgenerationen mit Diapause im Puppenstadium hervor (Abb. 45 c). Für diese liegt die sensible Periode in der Raupenzeit. Die Licht-Dunkel-Reize führen über Verschiebungen der endokrinen Regulation zu Abänderungen des Gesamtstoffwechsels, dessen Produkte bei Irreversibilität an morphologischen Abwandlungen teilhaben. So entwickelt der Kartoffelkäfer *Leptinotarsa* bei Kurztag nur kleine inaktive Corpora allata (vgl. Bd. II). Mit unentwickelten Ovarien überwintert er in einer Diapause. Langtag-Behandlung bringt dagegen große, funktionsfähige Corpora allata hervor. Die Tiere bleiben aktiv und legen Eier ab. Unterschiedliche Temperaturen können die Diapause verschieben, auch durch Beeinflussung des Puppenstadiums die Ausfärbung sekundär variieren. Eidiapause tritt im allgemeinen, z. B. in der Entwicklung von der Eintagsfliege *Baëtis*, erst nach Bildung der Körpergrundgestalt auf (BOHLE). Beim Seidenspinner *Bombyx* hat sie ihre sensible Periode bereits während der letzten Embryonalstadien der Mutter.

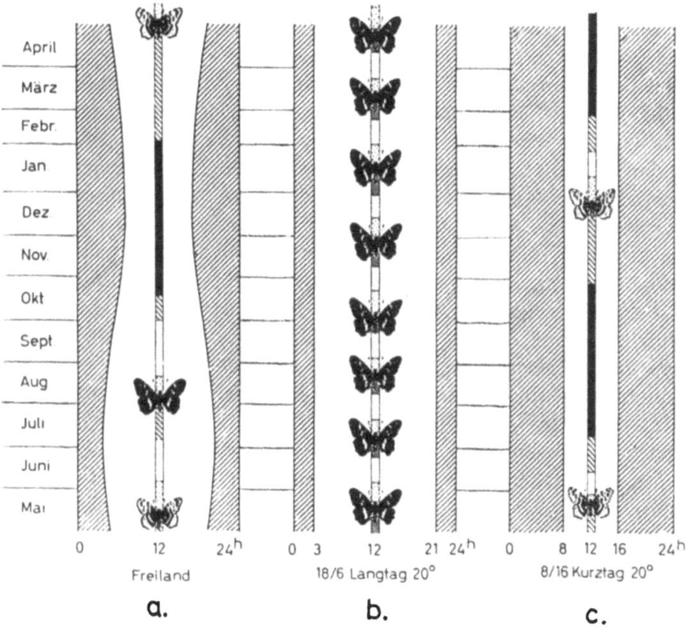

Abb. 45. *Araschnia* (Landkärtchenfalter). Einfluß der Tageslänge auf die Entwicklung der saisondimorphen Generationen, der Sommergeneration *A. prorsa* (dunkel) und der Frühjahrsgeneration *A. levana* (nach H. J. MÜLLER 1959).
Abszisse: Tagesabschnitte. Dunkelheit schraffiert.
Ordinate: Jahreszeit. Eizeit punktiert, Larvalzeit weiß, Puppenzeit schraffiert, obligatorische Puppendiapause schwarz.
a) Natürliche photoperiodische Verhältnisse. b) Dauerlangtag (18 Std. Helligkeit je Tag). c) Dauerkurztag (8 Std. Helligkeit je Tag im Laufe eines Jahres).

In gleicher Weise wie beim sichtbaren Licht hängt beim kurzwelligen *U.-V.-Licht* die Absorption in der Zelle von der jeweiligen Molekülstruktur ab. So sind auch hier die biologischen Wirkungen wellenlängenspezifisch. Licht von $\lambda = 280$ nm (und unter 240 nm) beeinflußt in den Zellen vorwiegend plasmatische Vorgänge, solches von 260 nm (und unter 220 nm) Kernprozesse. Durch die gleiche Wellenlänge 260 nm lassen sich bei geringerer Dosis Mutationen erzielen. In diesem Wellenlängenbereich hat die DNS ihr Absorptionsmaximum. Für die Auslösung der Mutation genügt vielfach ein Treffer (UV-Quant). Da das unmittelbare Trefferprodukt nicht immer bereits der mutierte Zustand, sondern eine chemische Vorstufe (Prämutation) sein kann, so gelingt es durch nachträgliche Belichtung mit sichtbarem, blauem Licht (410 nm), die Prämutation zu reparieren. Dies geschieht unter Mitwirkung von Enzymen (Photoreversion). Auch UV-Schäden in Seeigeleiern und Spermien können auf diese Weise wieder wett gemacht werden. UV-Licht von $\lambda = 240$ nm aktiviert unbesamte Seeigeleier (S. 162). – Die Wirkung der ionisierenden elektromagnetischen Wellenstrahlung von *Röntgenlicht* ist sehr viel weniger wellenlängenbedingt als die des ultravioletten Lichtes. Sie beruht auf der Entfernung von Elektronen oder ihrer Anreicherung beim Auftreffen auf Atome und Moleküle. Die Eindringtiefe ist sehr viel größer als die des UV-Lichtes, bei dem zur Auslösung von Mutationen im allgemeinen nur Bakterien, Zellkulturen oder Eisuspensionen in Frage kommen. Harte (kurzwellige) Röntgenstrahlen dringen tiefer in ein Gewebe ein als weiche. Im Zytoplasma entstehen durch die Ionisierung des Wassers OH- und H-Radikale, die miteinander und mit gelösten Gasen, vor allem O_2, zu HO_2 und H_2O_2 zusammentreten. Diese Produkte reagieren mit organischen Molekülen sehr stark. Bei Bestrahlung von Interphase-Stadien entstehen Chromosomen- oder Chromatidenmutationen je nach dem Zeitpunkt vor oder nach der DNS-Synthese und -Replikation. Zugleich werden im Interphasekern der Beginn der DNS-Synthese und der neuen Mitose verzögert. Es kann Interphasetod eintreten, der sich mikroskopisch als Kernschwellung oder Pyknose von Zellkern und Nucleolus dokumentiert. Röntgenbestrahlungen während des Ablaufs der Mitose äußern sich in Verklebungstendenzen (*sticky*-Effekten) der Chromosomen, die in der Anaphase zu Brückenbildungen des Chromatins zwischen den

Tochterkernen und Eliminierung von Chromosomen führen. Zugleich kann der Spindelmechanismus Schaden erleiden, so daß die Spindeln funktionsunfähig oder multipolar werden. – *Radiumstrahlen* bringen je nach Durchdringungsbefähigung, Ionisierungsdichte und Dosis zunächst und vorwiegend Kernschädigungen und Mutationen hervor. Außerdem lassen sich durch sie Eier künstlich zur Entwicklung anregen.

Außer den Bedingungen, die durch die nicht lebende Umwelt dem Ei für seine Entwicklung garantiert werden müssen, sind auch **Einwirkungen organismischer Art** nötig. Der selbständigen Keimzelle gegenüber treten sie an zwei Stellen auf, bei der Entwicklung im mütterlichen Körper und bei der Vereinigung mit dem Spermatozoon, durch das die Entwicklung angeregt, ein fremder Zellkern mit umgebendem Plasma in das Ei eingeführt wird, und durch dessen Weg im Eiplasma in manchen Fällen ein abändernder Einfluß auf die Richtungsorganisation des Eies (S. 199) ausgeübt werden kann.

Die descriptive und experimentelle Aufklärung der bei der **Besamung** ablaufenden Vorgänge bietet ein grandioses Bild von Wirkungszusammenhängen. An ihnen beteiligen sich in gleicher Weise Cortex, Entoplasma und Kern des Eies. Sie sind zugleich auf den verschiedenen Ebenen, auf der formwechsel- wie der substanzwechselphysiologischen Ebene aufgeklärt. Die Einsichten, die auf unterster Ebene Aspekte sowohl des Betriebs-, wie des Bau- und Aufbaustoffwechsels enthalten, lassen die Vielschichtigkeit des einen entwicklungsphysiologischen Problems der Besamung und Befruchtung ins Licht treten. Im folgenden begegnen wir Prinzipien aus fast allen vorhergehenden Kapiteln wie in einer Zusammenfassung.

Über *die zytologischen Verhältnisse* beim Eindringen des Samenfadens in das Ei unterrichtet für Seeigel Abb. 46. An der Spitze des Spermatozoons, das aus Kopf mit dem Kern, Mittelstück mit dem Zentrosom und Schwanz besteht, befindet sich ein kleines Granulum, das Akrosom. In dem Augenblick, in dem der Kopf des Spermatozoons die Dottermembran (Do. M) des Eies berührt, formt sich das Akrosom zu einem feinen stilettartigen Filament, ähnlich wie bei einzelligen Ciliaten eine Trichozyste einen Faden ausstößt. Das Filament durchbohrt den perivitellinen Raum (pv, R, Abb. 47) bis an das Plasmalemma der Eirinde (P. Le. Abb. 46 a). Auf den Reiz hin sammelt sich Cortikalplasma an der

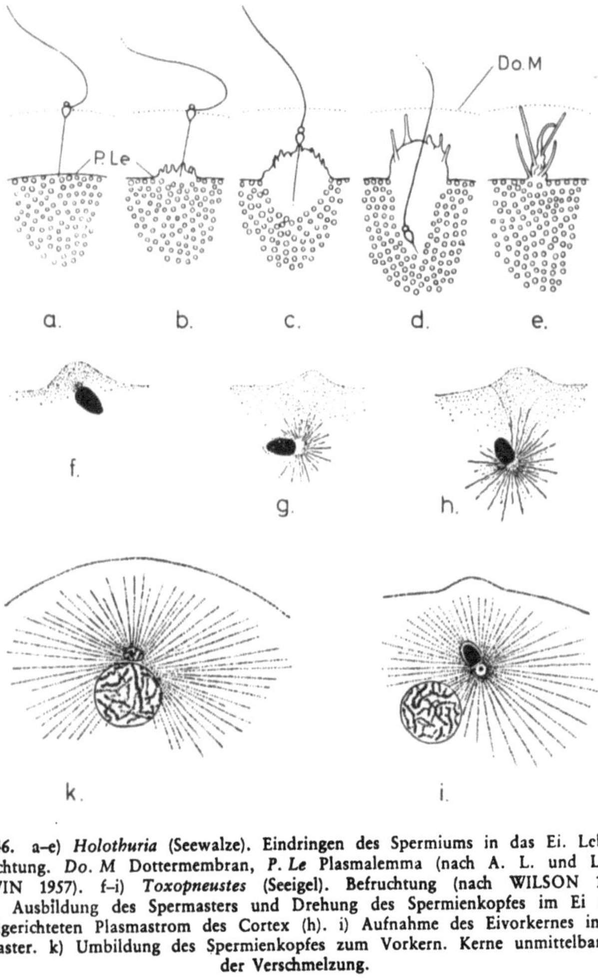

Abb. 46. a–e) *Holothuria* (Seewalze). Eindringen des Spermiums in das Ei. Lebendbeobachtung. *Do. M* Dottermembran, *P. Le* Plasmalemma (nach A. L. und L. H. COLWIN 1957). f–i) *Toxopneustes* (Seeigel). Befruchtung (nach WILSON 1895). f, g, h) Ausbildung des Spermasters und Drehung des Spermienkopfes im Ei durch zentralgerichteten Plasmastrom des Cortex (h). i) Aufnahme des Eivorkernes in den Spermaster. k) Umbildung des Spermienkopfes zum Vorkern. Kerne unmittelbar vor der Verschmelzung.

Stichwunde und verdichtet sich dort. In dieses wird das Stilett samt Spermatozoenkopf und -mittelstück eingezogen (b–d). Ob dabei das Filament eine Kontraktionswirkung entfaltet oder sich lediglich im Cortikalplasma auflöst, ist nicht entschieden. Nach Besamungsvorgängen an anderen Tieren zu urteilen, könnte es sich auch um einen pinozytoseähnlichen Vorgang handeln, durch den das Spermium in das Ei aufgenommen wird. – Der Akrosom-Reaktion folgt unmittelbar eine Cortex-Reaktion, deren Ergebnis bereits lichtmikroskopisch an einem auffallenden Vorgang zu erkennen ist: Zuerst an der Einstichstelle, dann schrittweise die gesamte Eiperipherie ergreifend, erhebt sich die Befruchtungsmembran (Abb. 7 c; 47, rechts). Daß allein der Reiz des Akrosomfilamentes zur Cortex-Reaktion führt, ließ sich durch Verfestigen der Oberfläche des reifen, unbefruchteten Eies zeigen. Mittels der oxydierend wirkenden Substanzen Porphyrexid und Porphyrindin kann dem Spermium der Durchtritt durch die Eihüllen verlegt werden, so daß allein das ausgestoßene Akrosomfilament das Plasmalemma berührt. Dennoch kommt es zur Cortex-Reaktion von dieser Einstichstelle aus (Runnström).

Für die Vorbereitungen zur *Cortex-Reaktion* gibt Abb. 47 einige Anhaltspunkte. Der linken Seite dieser Abbildung ist der Zustand der Rinde des unbesamten Eies zu entnehmen. Cortex-Granula (Co. Gr), welche in der primären Oozyte vor der Meiose (Abb. 7 a) den gesamten Entoplasmaraum erfüllen, setzen sich, wie auch der Eikern, in Richtung auf die Peripherie in Bewegung und umsäumen die Rinde (Runnström). Diese Lagerung der Cortex-Granula muß als ein Kennzeichen für Besamungsbefähigung des Rindenplasmas gelten. Sie bildet in der primären Oozyte eine erste Voraussetzung zur Bereitschaft des Cortex für die Cortex-Reaktion und ist beim Seeigelei unmittelbar vor den Reifungsteilungen verwirklicht (Abb. 47 a).

Bei der nun auf den Besamungsreiz hin erfolgenden Cortex-Reaktion werden die peripheren Granula durch das Plasmalemma hindurch nach außen in den perivitellinen Raum (pv. R.) abgeschieden und tragen von da aus, während sich der perivitelline Raum vergrößert (Abb. 47 b, pv. R), in zweierlei Weise zur Vollendung der Cortex-Reaktion bei. Ihre Produkte legen sich einerseits der Dottermembran, deren Durchmesser dabei von 10 nm

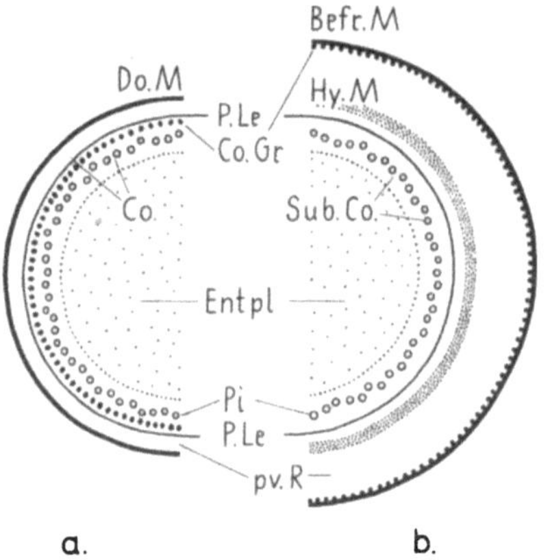

Abb. 47. Seeigelei. Veränderungen an den Hüllen bei der Besamung. a) Reifes Ei vor der Besamung. b) Nach der Besamung. Bildung von Befruchtungsmembran und hyaliner Schicht durch die Cortexgranula, die durch das Plasmalemma hindurchtreten. Dazwischen Perivitelliner Raum (im Anschluß an MOTOMURA 1928, stark verändert).
Befr. M Befruchtungsmembran, *Co* Cortex, *Co. Gr* Cortexgranula, *Do. M* Dottermembran, *Entpl* Entoplasma, *Hy. M* Hyaline Membran, Oberflächenhaut, Coat, *Pi* Pigment, *P. Le* Plasmalemma, *pv. R* perivitelliner Raum, *Sub. Co* Subcortex.

auf 50 nm anwächst, an und lassen so die Befruchtungsmembran (Befr. M) entstehen. Lediglich aus Gründen schematischer Darstellung sind sie in Abb. 47 b noch als solitäre Körperchen an der Befruchtungsmembran anliegend gezeichnet. Neben dieser nach außen zur Dottermembran hin gerichteten Wirkung beteiligen sich die Produkte der Cortex-Granula vom perivitellinen Raum aus zentralwärts an der Entstehung der Hyalinen Membran (Hy. M). Sie lassen das sturkturlose Oberflächenhäutchen (coat) entstehen, welches sich auf das Plasmalemma auflegt (P. Le).

Sowohl die Erhaltung des Cortex wie seine Umwandlungen in der durch das Akrosomfilament ausgelösten Cortex-Reaktion erweisen sich für die Besamung, sowie für die weiteren Vorgänge der Befruchtung und Eientwicklung als unumgänglich notwendige erste Voraussetzung. Versuche, beim Seeigelei das Entoplasma mit Kern allein zu besamen (CHAMBERS), gelingen nicht, während sich die Eirinde allein wie ein Eifragment verhält und ohne weiteres besamen läßt.

Mit der Einverleibung der Cortex-Granula in der Meiose war der *Cortex* in einen stetigen *Reifungsprozeß* eingetreten (RUNNSTRÖM, MONNÉ). Im ganzen verfestigt er sich während dieser Zeit mehr und mehr, wie man bei zeitgebundenem Zentrifugieren an der ständig weniger hervortretenden Verformung der Eier feststellen kann. Unmittelbar nach der Meiose laufen während eines kurzdauernden Stadiums der Unterreife die Besamungsvorgänge zunächst nur sehr träge ab. Die Abhebung der Befruchtungsmembran bleibt sehr unvollkommen. Fortgeschrittene Alterung, den Status der Überreife, erkennt man daran, daß die Besamungsreaktion abnorm wird und die Befruchtungsmembran sich nicht mehr normal abhebt. Ca^{++}-Ionen befördern diesen Zustand. Zwischen Unterreife und Überreife liegt ein Stadium, in dem bei noch mittlerer Viscosität die Bereitschaft zur Cortex-Reaktion und die Vollkommenheit ihres Ablaufes ein Optimum aufweisen. Solcher Zustand des Cortex bildet eine zweite Voraussetzung für wirksame Besamung und zur Erzielung einer maximalen Besamungsrate.

Der Reifungsprozeß des Cortex läßt sich auch daran verfolgen, daß die Eiperipherie zunehmend eine Schutzfunktion zur *Einschränkung von Polyspermie* übernimmt. An sich diente bereits die Gallerthülle als Sieb gegenüber einem Überangebot von Spermien wie auch gegenüber artfremdem Sperma. So wird Besamung mit artfremdem Sperma erleichtert, wenn man die Gallerthülle durch Ansäuerung mit n HCl entfernt, dann auswäscht, das Medium wieder auf pH 9 bringt, und dem Sperma 0,05 % Glycin hinzufügt (HAGSTRÖM). Der Cortex selbst erlaubt zunächst vor und während der Meiose den Eintritt sehr vieler Spermien zu gleicher Zeit, auch unmittelbar nach Abschluß der Meiose während der Unterreife. Der Schutz gegen Polyspermie vergrößert sich nicht etwa allein durch das Abheben der Befruchtungsmembran, sondern vor allem auch durch die Bildung der Hyalinen Membran 25–30 Sek. nach Besamung. Fehlt sie, z. B. nach Behandlung in Ca^{++}-freiem Seewasser, so werden vermehrt Spermien zum Ei zugelassen. Dieser Aufbau eines Schutzes gegen Polyspermie, der mit dem Ablauf der Cortex-Reaktion parallel geht, ist für die Einleitung weiterer Schritte im Ablauf der Besamung sehr wichtig. In dotterreichen Eiern mit physiologischer Polyspermie führt ein anderer innerhalb des Eiplasmas wirkender Mechanismus zu dem gleichen Ergebnis, daß möglichst nur ein einziger Samenfaden zur Befruchtung gelangt.

Jedoch sind noch weitere Voraussetzungen zur erfolgreichen Abwicklung des Besamungsvorgangs nötig, welche nunmehr durch das *Zusammenspiel von Faktoren des Cortex und des Entoplasmas* gegeben werden. Auch wenn das unreife Ei Spermien aufzunehmen imstande ist, so vermögen dennoch diese nicht die Umwandlung zum Vorkern (Abb. 46 k) zu vollziehen oder eine Asterbildung einzuleiten. Die Membran des Kernes der primären Oozyte muß sich zur Meiose öffnen. Der weibliche Kerninhalt muß sich ins Zytoplasma ergießen. Dies ist zur Entfaltung des männlichen Kernes und seiner Strahlung günstig, wie folgender Versuch zeigt. Teilt man eine primäre Oozyte vom Seeigel in zwei Fragmente und besamt sie, so laufen Befruchtungsvorbereitungen nur im kernhaltigen Teil ab. Macht man jedoch den gleichen Versuch der Teilung und Besamung, nachdem der Oozytenkern sich eröffnet und seinen Inhalt ins Plasma ergossen hat, so sind beide Fragmente erfolgreich befruchtungsbefähigt (DELAGE).

Aber auch der Durchgang durch die Eirinde verleiht dem Spermium, bzw. dem Spermienkopf und dem Mittelstück entscheidende Impulse. Wenn im oben erwähnten Experiment von CHAMBERS der Cortex des unbefruchteten Eies entfernt war, oder wenn er bei der Bildung eines Extraovates an dessen Peripherie sehr stark ausgezogen oder auch zum Verschwinden gebracht wurde, so entwickelten sich bei den nunmehr vermehrt eintretenden Spermien niemals Strahlungen um das Mittelstück. Das neu eingeführte Zentrosom ist hinsichtlich seiner Vermehrungsfähigkeit nicht autonom, sondern wird erst durch den Durchgang durch die Rinde dazu befähigt. So wie F. R. LILLIE bereits 1914 feststellte: „Das Spermatozoon bedarf selbst der Besamung“.

Durch das allseits an der Eiperipherie zur Einstichstelle zusammenfließende und von dort aus auf das Eizentrum zustrebende

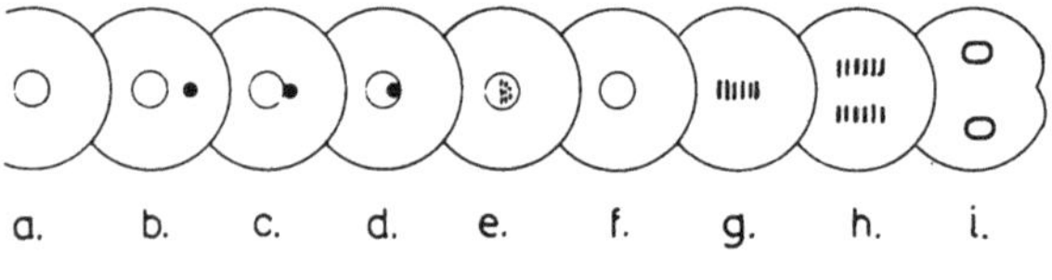

Abb. 48. *Paracentrotus* (Seeigel). Schema des Ausfalls der FEULGEN-Reaktion in den Vorkernen, dem Synkaryon und während der ersten Mitosestadien. Positive Reaktion: Schwarze Markierung (nach IMMERS 1957).
a) Unbesamtes Ei. b–c) Besamung. d–f) Befruchtung. g–i) Erste Mitose.

Rindenplasma (Abb. 46 g, h) werden Kopf und Mittelstück des Spermiums zentralwärts gedreht. Die Sphaere des ♂ Zentriols durchdringt vom Zentrum aus das ganze Entoplasma, und der weibliche Vorkern wird in diese Strahlung hineingezogen (Abb. 46 i, k, W. und GERTRUD KUHL). Bei der Vereinigung der Vorkerne zum *Synkaryon* scheint die Aufreiserung des DNS-Materials außerordentlich weit zu gehen. Denn der ♀ Vorkern ist bereits schon in der reifen Oozyte FEULGEN-negativ, ebenso das Synkaryon nach Aufnahme des FEULGEN-positiven ♂ Vorkernes (Abb. 48 a, f). Dieser Zustand spricht für einen intensiven Austausch von Kern zu Plasma. Auch nach Formierung des Synkaryons erlischt die Bedeutung der Rinde für die weitere Entwicklung nicht. Dies läßt sich aus Eiern ablesen, welche 10–30 Sek. nach der Besamung einen Wärmestoß von 32° C erhalten haben und bei denen sich daher die Befruchtungsmembran erst teilweise abgehoben hat. Der vom Einstich des Akrosomfilaments ausgehende Impuls kann sich nur über einen Teil der Eioberfläche ausdehnen. In dem nichtaktivierten Bereich sind Cortex-Granula lückenhaft ausgeschieden. Auf jeden Fall hat sich dort eine Hyaline Membran dem Rindenplasma nicht aufgelegt. Wie man an solchen Eiern beobachten kann, dringen Spermium und Mittelstück nicht weiter ins Eiinnere ein als bis zu den Grenzen, zu denen die Cortex-Reaktion fortgeschritten ist. Die Spermienstrahlung wie auch der Ort der Vereinigung der Vorkerne bleiben auf die aktivierte Region beschränkt. Die Verschmelzung der Kerne verzögert sich sehr.

Das Synkaryon jedoch, einmal entstanden, bewegt sich im Eiraum frei. Beim nachfolgenden Furchungsvorgang treten allerdings neue Unregelmäßigkeiten auf. Die Furchung kommt kaum über wenige Teilungen hinaus. Offenbar muß in diesem Stadium wieder der Cortex in den Entwicklungsprozeß eingeschaltet werden, zumal ja auch normalerweise bei jedem Furchungschritt auf die einschneidende Furche hin cortikales Plasma in der gleichen Weise zuströmt, wie dies für die Einstichstelle des Akrosomfilamentes geschildert wurde. Diese neuen Ströme setzen sich ins Eizentrum hinein fort. Die nötige Vermehrung der Zytozentren in diesem Stadium scheint in der gleichen Weise an Reaktionen mit dem Cortikalplasma geknüpft zu sein, wie die erste Replikation an den

Durchgang des Spermium-Mittelstückes durch den Cortex gebunden war.

Die Eirinde läßt sich vom Entoplasma aus nicht erneuern. Auch wenn im Entoplasma Mitosen ablaufen, bleibt der Cortex verletzt. Er besitzt eine Architektur sui generis. Durch ein Experiment über Ausbreitung des durch das Spermium-Akrosom gesetzten Impulses läßt sich die relative Eigenständigkeit des Cortex demonstrieren. Entsprechend Abb. 49 a wurde das *Psammechinus miliaris*-Ei in eine Kapillare aufgesogen, so daß sich die Oberfläche um mehr als 30 % dehnte. Besamt man das Ei an einem Ende, so breitet sich der akrosomale Impuls nur beschränkt weit aus (Pfeil). Am distalen Ende des Eies wird die Cortex-Reaktion nicht eingeleitet, obwohl im Eiinneren Samen- und Eikern vorhanden sind und sich gegenseitig beeinflussen. Der akrosomale Impuls pflanzt sich ausschließlich an der Eiperipherie innerhalb der Rinde fort.

Chemisch-physiologische Untersuchungen haben sich vor allem mit denjenigen Substanzverhältnissen beschäftigt, durch die die *Annäherung der Spermien an das Ei, die Möglichkeit des Haftens am Ei und der Vorgang des Eindringens eines Spermiums ins Eiinnere* einer Erklärung zugeführt werden können. Die heutigen Ergebnisse gehen auf Untersuchungen von F. R. Lillie aus dem Jahre 1913 zurück. M. Hartmann baute sie systematisch aus. Einzelne Substanzen, *Gamone,* konnten isoliert werden, die zur Einleitung bestimmter Vorgänge der Besamung miteinander reagieren. Nach ihrem Ursprungsort im Spermium oder im Ei bezeichnete Hartmann sie als Androgamone (AG) oder Gynogamone (GG). Während über die bei der Anlockung der Spermien reagierenden Substanzen AG I und GG I volle Klärung noch nicht zu erreichen war, lassen sich Funktion und biochemische Zugehörigkeit agglutinierend wirksamer Gamone beim Seeigel schon in erster Näherung kennzeichnen. *Gynogamon II* (= *Fertilisin,* Lillie), eine Substanz der Gallerthülle, ist an der Kontaktaufnahme zwischen Ei und Spermium beteiligt. Der Kontakt erfolgt durch Reaktion des Fertilisins in der Gallerthüllenoberfläche mit einem Rezeptor im Spermium. Dies ließ sich daran erkennen, daß Seewasser, in dem längere Zeit Seeigeleier aufbewahrt waren, Spermien zur Agglutination miteinander bringt. Sie reagieren auf das aus der Gallerthülle herausgelöste GG II. In ausreichender Konzentration sättigt es die Rezeptoren ab. Die Spermien werden dabei, obwohl sie weiterhin gut beweglich bleiben, befruchtungsunfähig. Nach bisherigen Analysen ist die Funktion des Seeigel-Fertilisins an eine Schwefelsäure-Ester-Glycoproteid-Komponente gebunden. Über die Natur der Rezeptorensubstanz für das Fertilisin auf der Spermienoberfläche, das Antifertilisin, lassen sich genauere Angaben noch nicht machen. Beide Substanzen sind komplementäre, nach Antigen-Antikörperart miteinander reagierende Komponenten.

Spermien produzieren lytische Enzyme, welche die Eihüllen aufzulösen vermögen. Sie sind in dem *Androgamon II-Komplex* als ein thermolabiler Anteil enthalten. Es wird vermutet, daß ein solches Lysin, welches die Gallerthülle in situ auflöst, an das die Akrosom-Reaktion auslösende Granulum (Akrosom) gebunden ist.

Als entscheidendes Problem bleibt jedoch das der *Aktivierung des Eies*. Nach ihrer Differenzierung verfällt die Oozyte einem Entwicklungsblock. Er liegt bei den Wirbellosen vor dem Beginn der Reifungsteilungen oder in der Metaphase der 1. Reifungsteilung. Die Oozyten der Wirbeltiere bleiben auf dem Stadium der Metaphase der 2. Reifungsteilung stehen. Und als Besonderheit mag gelten, daß bei Seeigeln die Entwicklung erst nach Abstoßung beider Richtungskörper blockiert wird (Abb. 7 b). Die Besamung führt zum Wiedererwachen des Eies gewissermaßen aus einer Narkose. Sie bedeutet zugleich mit der Einleitung der geschilderten Wechselwirkungsprozesse zwischen Eirinde, Entoplasma und Kern eine Neubelebung von Stoffwechselprozessen im Ei. Die Dotterproduktion hört auf. Im Wechsel beginnen Abbau und Neuaufbau (Bd. II). Aus den Proteinen der Rinde freigesetztes Calcium steigert die Aktivität proteolytischer Enzyme. Neue Proteine werden synthetisiert (Abb. 24 a). Die Permeabilität der Eimembran, insbesondere für Wasser und Phosphate, erhöht sich sehr stark. Zur Synthese bedarf es unmittelbar vermehrter Sauerstoffaufnahme (Abb. 40). Während diese in der Oozyte stetig absank und sich dem Nullpunkt näherte, steigt sie im Augenblick der Besamung auf mehr als das 10fache an.

Nach Abb. 24 a beginnt neue Proteinsynthese unmittelbar nach der Besamung. Aber die Transcription (Abb. 24 c) kann 5 Std.

lang, fast während der gesamten Furchung, unterbunden werden, ohne daß die normale Entwicklung Schaden leidet. Zweifellos wird die Proteinsynthese auf Grund stabiler mütterlicher Messengers in Gang gesetzt (HULTIN). Solche liegen als Informosomen (S. 35) im Zytoplasma vor. Auch wurden sie in zytoplasmatischen Extrakten aus Furchungsstadien in unterschiedlich sedimentierenden Partikeln nachgewiesen (SPIRIN und NEMER). Sehr aufschlußreich ist folgende am Seeigelei gemachte Feststellung: Kurz nach der Besamung erscheint im Zytoplasma eine Proteinase mit einem Wirkungsoptimum bei pH 8, verschwindet aber wenige Minuten später. Dieses Enzym ist an eine schwere Partikelfraktion des Zytoplasmas gebunden. Offenbar hat die vollzogene Besamung zur Folge, daß *m-RNS-Moleküle aus ihrer Bindung an ihren Eiweißträger,* mit dem sie im Zellkern während der Oogenese komplexiert waren, *befreit* werden. Mindestens werden sie soweit isoliert, daß sie mit Ribosomen in Kontakt treten können (DUSPIVA). Damit ist die Proteinsynthese freigegeben und „der Startschuß für die Entwicklung gefallen." Dieses müßte durch die Reizung des Plasmalemmas während der Akrosomenreaktion oder durch die zugleich sich vollziehende Reaktion von Akrosomenfilament und Cortex, bzw. der dabei sich abspielenden Antigen-Antikörper-Reaktionen geschehen sein. Deren Abläufe gilt es nunmehr aufzuklären.

Für die durch die Besamung bedingte Entwicklungsanregung ließ sich ein **Ersatz durch Außenfaktoren** finden. Durch mechanischen Anstich mit feinster Nadel, Schütteln oder Bürsten der Eier, durch Temperaturschocks, durch Änderungen des Mediums, Bestrahlungen mit ultraviolettem Licht oder mit Radium gelang es, an Eiern eine **künstliche Parthenogenese** hervorzurufen. Die ersten Stadien der Entwicklung auf solche Weise zu erhalten, ist nicht schwer. In fortgeschrittenen Stadien wird die Sterblichkeit ziemlich groß. Aber immerhin konnten eine kleine Anzahl so behandelter Eier von Seeigeln und Seesternen über die Metamorphose gebracht werden. Ebenso entwickelten sich unter den Insekten aus Seidenspinner-Eiern, unter den Wirbeltieren aus Frosch-, Karpfen- und Kanincheneiern ausgewachsene Tiere. Abgesehen von den Entwicklungsstörungen, die durch die Herabminderung der Chromosomenzahl auf den haploiden Satz auftreten (S. 120), sind die Schwierigkeiten darin begründet, daß der normale Verteilungsmechanismus der Chromosomen, der sich sonst in Verbindung mit dem Spermien-Zytozentrum entwickelt, fehlt und auf andere Weise ersetzt werden muß.

Die *Entwicklungserregung* gelingt am vollkommensten, wenn sie *in zwei Phasen* geschieht (LOEB, BATAILLON). So hebt sich beim Seeigelei nach Behandlung mit Fettsäuren die Befruchtungsmembran im Zusammenhang mit einer Zytolyse der Rinde ab, und es ist ein Monaster im Entstehen, der sich wohl von der 2. Reifungsteilung ableitet. Führt man das Ei jedoch daraufhin in hypertonisches Seewasser ein, so wird die Zytolyse aufgehalten. Ebenso wird die Monasterbildung zugunsten einer Anzahl im Plasma entstehender Zytaster unterdrückt, von welchen einer sich zu teilen beginnt (vgl. Abb. 23). Möglicherweise können innerhalb der Zytaster auch Zentriolen neu entstehen. Die hypertonische Lösung hat einen Korrektionseffekt. Ähnliches ist am Froschei zu beobachten, für dessen Aktivierung der Anstich mit feiner Glasnadel die beste Methode bleibt. Durch den Anstich wird eine Cortex-Reaktion ausgelöst. Bei gleichzeitiger Einführung von Zellextrakten oder Granulafraktionen mit der Nadel bilden sich mehrere Zytaster zugleich. Der zentralste vergrößert sich und schreitet, wenn der Eikern in seiner Nähe ist, zur Teilung. Hier wird der Korrektions-Effekt durch die Einführung des zellulären Materials eingeleitet.

Die zweiphasige künstliche Entwicklungserregung entspricht den Verhältnissen bei normaler Besamung. In beiden Fällen beobachtet man einerseits infolge der Reizwirkung durch das Akrosomfilament, andererseits nach Anstich mit der Glasnadel oder nach Einwirkung von Fettsäuren, zuerst die Auflösung der Cortex-Granula und Abhebung der Befruchtungsmembran. Hernach folgt im Normalfall die Aufnahme des Spermatozoons, und nach seiner Reaktion im Cortex die entoplasmatische Entfaltung des Asters vom Spermien-Zentrosom aus, während beim zweiten Schritt der künstlichen Parthenogenese durch die Einführung zellulären Materials oder durch hypertonische Lösung funktionsfähige Mitosezentren induziert werden. Sie treten neu hervor oder reaktivieren sich aus den normalerweise nach der Meiose zu Grunde gehenden Zytozentren.

Der *Weg der Aktivierungsreaktionen* führt in jedem Fall über den Cortex. In Abb. 49 a wurde dieses für die normale Besamung gezeigt. Indessen muß man für die künstliche Aktivierung zwei Möglichkeiten unterscheiden, die durch Abb. 49 b und c veranschaulicht sind. Bestimmte Substanzen, etwa oberflächenaktive Detergentien, wirken, wie in eine Kapillare gezwängte Eier zeigen, ausschließlich lokal an der ihnen ausgesetzten Eiperipherie. Dort hebt sich auf Grund der Herabsetzung der Oberflächenspannung eine quasi Befruchtungsmembran ab (Abb. 49 c, SUGYYAMA). Behandlung eines Eies in gleicher Lage mit Buttersäure bedingt jedoch einen zwar lokal anhebenden, aber dann weiterführenden Impuls (Abb. 49 b), durch den zusätzlich nicht unmittelbar benetzte der Kapillarwand anliegende Rindenteile des Eies die Befruchtungsmembran entstehen lassen. Auch bei künstlicher Aktivierung wendet sich demnach der entsprechende Impuls erst nach Vollendung einer Cortex-Reaktion zum Eizentrum.

Eine besondere Rolle ist bei diesen Prozessen den aus der Rinde freiwerdenden oder mit dem Aktivierungsmittel zugeführten Ca^{++}-Ionen zuzuschreiben. *Arbacia*-Eier, deren Calcium aus der Rinde entfernt ist, lassen sich nicht mehr aktivieren. Ebenso wie

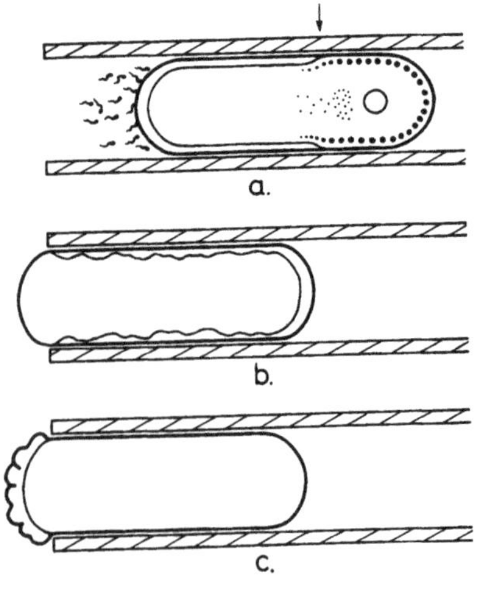

Abb. 49. *Psammechinus* (Seeigel). Schematische Darstellung der Cortex-Reaktion (Abhebung der Befruchtungsmembran) bei Eiern innerhalb einer Kapillare (nach ALLEN 1954 und SUGIYANA 1953, verändert).

a) Besamung von der Kapillarenöffnung (links) aus. Abhebung der Befruchtungsmembran bis zum Pfeil. Rechts davon Zone ohne Cortex-Reaktion (vgl. Abb. 47 a). b) Behandlung des unbesamten Eies mit Buttersäure von der Kapillaröffnung her. Abhebung der Befruchtungsmembran innerhalb der Kapillare. c) Behandlung mit einem Detergens. Lokalbegrenzte Reaktion an der Kapillarenöffnung.

sich Ca^{++}-Ionen zur Gerinnung des Blutes als unentbehrlich erweisen, so sind sie auch für die Strukturverfestigung hauptsächlich im Rindenplasma nötig, welche mit der Befruchtung oder Aktivierung einsetzt (RUNNSTRÖM, DALCQ, HEILBRUNN). Sie regulieren die Vermehrung der Viskosität und die Gelierung. Auch im Entoplasma strebt die Viskosität zu dieser Zeit einem Maximum zu. Ein mittlerer Grad der Viskosität sowohl im Ekto- wie im Entoplasma zeichnet das Stadium der optimalen Besamungsbefähigung aus (vgl. S. 157).

In den verschiedenen Theorien über künstliche Aktivierung sind von den genannten Prozessen bald die einen, bald die anderen mehr berücksichtigt. Wir sind weit davon entfernt, die ablaufenden Vorgänge mit Sicherheit zu überblicken. Aber *alle Versuche bestätigen auch für die künstliche Aktivierung die (S. 138) allgemein für die Wirkung von Außenfaktoren festgestellten Gesetzmäßigkeiten:* Trotz gewisser allgemein passender Eingriffsmöglichkeiten bedürfen die Eier der verschiedenen Tierformen besonders für sie abgestimmter Aktivierungsmittel und -Methoden. Die Aktivierung gelingt nur in der sensiblen Periode, nachdem die Eier durch die Auflösung der Kernmembran und Mischung von Kern- und Eiplasma in die Reifung eingetreten sind. Aus der Unspezifität der Aktivierungsmittel läßt sich erkennen, daß diese einen dem Ei eigenen Mechanismus zur Aktivierung auslösen, wie dies S. 157 auszuführen versucht wurde. *Das Eisystem bedarf am Beginn seiner Entwicklung eines bestimmten Anstoßes von außen her. Für den Fortgang der Entwicklung ist es wohl auf bestimmte Außenfaktoren angewiesen, bleibt jedoch nicht passiv diesen ausgesetzt, sondern tritt autonom in sensible Perioden ein, in denen es in einem ihm eigenen Ausmaß zur Aufnahme der Wirkung solcher Faktoren bereit ist.*

e) Die Organisation des Eies

Zellen sind die kleinsten Einheiten, welche die Fähigkeit zu selbständigem Leben besitzen. Wenn aus der Eizelle Embryo, Larve und ausgewachsenes Tier entstehen, so bleibt dem Umkreis und dem inneren Gefüge nach immer der gleiche Organismus erhalten. Auf allen Stufen dieses Lebensablaufes finden sich die typischen

Organisationsmerkmale und Verhaltensweisen des Lebendigen. Aber das Ei ist überdies die Quelle des Werdens, und so haben alle Untersucher die Überzeugung gehabt, am Studium des Werdens und seiner Ursachen besonders entscheidende Einblicke in das Wesen des Lebendigen zu gewinnen.

Zweierlei Wege kennzeichnen die **Arbeitsweise des Entwicklungsphysiologen,** dessen wesentliche Aufgaben sind, das System zu beschreiben, *in dem sich die Entwicklungsvorgänge abspielen, und* die Vorgänge *innerhalb dieses Systems zu* erklären. Beide Wege führen immer wieder zusammen.

Der Untersucher studiert die *Verhaltensarten des Eies* als eines Ganzen in verschiedensten Lagen und zieht dazu die Eier verschiedenster Tierformen heran. So kommt er zu ersten Feststellungen über den *systematischen und entwicklungsphysiologischen Typus der verschiedenen Eisysteme und zu Regeln des typischen Verhaltens der Eier und Entwicklungsstadien unter normalen und anormalen Bedingungen.* Aus diesen kann er Hinweise auf die Notwendigkeit bestimmter Strukturanordnungen des Entwicklungssystems und auf die Bedeutung von Einzelvorgängen für den Entwicklungsprozeß erhalten. Diese Art der Untersuchung führt weiterhin zur Festellung der Bedeutung von einzelnen Außenfaktoren für den Ablauf der Entwicklung.

Zweitens geht der Untersucher den *Weg der Analyse* des Keimes selbst und seiner Entwicklungszustände, er versucht, das Verhalten der einzelnen Teile des Eisystems kennenzulernen und aus den gesetzmäßigen Funktionen der Teilsysteme das Verhalten des Systems als eines Ganzen zu erklären. In den vorigen Kapiteln sind als solche Teilsysteme Kern, Chromosomen, Chromomeren, Nucleolen, Entoplasma, Rinde, Polplasmen, lamelläre und granuläre Zytoplasma-Konstituenten, Mitochondrien, Mikrosomen bekannt geworden. Überall stieß die Analyse weiter vor bis zur chemischen Kennzeichnung der Substanzen und den allgemeinen physikalisch-chemischen Gesetzmäßigkeiten. Will man jedoch Lebendes durch Analyse kennenlernen, so ist entscheidend, dabei das Leben selbst nicht aus dem Auge zu verlieren. Teile der Zelle in der Retorte sind oft unversehens des Lebens entkleidet, und man analysiert dort wohl Substanz, aber nicht das Lebendige. Nur so lange kann die Analyse für die Aufklärung des Lebendigen Aufschlüsse geben, als die Eigenschaften der analysierten Teile in einer Umgebung studiert werden, in der das Leben erhalten bleibt. *Die Teile müssen jederzeit als in die lebende Zelle eingefügt betrachtet werden können.* Kennzeichen des Lebendigen sind bestimmte *Funktionen,* welche an bestimmten *Formen* ablaufen. Nur diejenigen Funktionen lassen sich analysieren, die bei der Analyse nicht zerstört sind, nur das Verhalten derjenigen Formen, deren Erhaltung während der Analyse nicht unmöglich gemacht wurde. Dieser Tatbestand deckt die ganze Schwierigkeit der physiologischen und kausal morphologischen Analyse am Ei auf, zeigt aber auch, weshalb die Entwicklungsphysiologie zu einer auch erkenntnistheoretisch so problemreichen und spannungsvollen Wissenschaft werden mußte: Sie macht ihre Aussagen nur an lebend sich entwickelnden Organismen und versucht dennoch zu notwendigen und allgemeingültigen Gesetzmäßigkeiten zu gelangen.

Aus diesem Gang der Analyse, der Notwendigkeit, einerseits auf der *Ebene des Lebendigen* zu verharren, um die Analyse nicht sinnlos werden zu lassen, andererseits bis zu den Molekülen fortzuschreiten, weil eben die lebenden Wesen auch *materielle, räumlich ausgedehnte Systeme* sind und die Gesetzmäßigkeiten der Physik und Chemie von größter Wichtigkeit für die Aufrechterhaltung und den Ablauf des Lebens sich erweisen, ergeben sich für die Entwicklungsphysiologie *zwei Forschungsebenen:* eine *formwechselphysiologische* (morphogenetische), auf welcher lebende Elementarkörper die letzten Einheiten darstellen, und eine unter dieser liegende *substanzwechselphysiologische* (biophysikalische und biochemische, molekularbiologische), deren Einheiten Kolloidteilchen, Enzymkomplexe, Moleküle, Ionen und Atome sind. Wie wir durch die physikalisch-chemischen Gesetzmäßigkeiten die Substanzveränderungen erklären und dadurch eine Einsicht in die Materialquellen des Keimes gewinnen, so soll das gesetzmäßige Verhalten der organismischen Elementarkörper mit qualitativ und quantitativ gleicher Exaktheit wie das der rein materiellen Substanzen zur Darstellung kommen. Der Aufbau ihrer Form und Struktur aus den elementaren Substanzeinheiten muß deutlich werden, ebenso auch ihre Stellung im übergeordneten System der Eizelle. Nur so läßt sich aus dem Verhalten der niederen Einheiten eine Anzahl von Fähigkeiten der Eizelle gesetzmäßig ableiten.

Bevor ein Forschungsgebiet bis in alle Einzelheiten einer klaren Darstellung zugeführt ist, werden immer Theorienbildungen die Lücken im Wissen zu überbrücken versuchen. So haben gerade anläßlich der Untersuchungen über das tierische Ei, dessen Struktur sich jeder exakten Einsicht zu entziehen schien, ganz entgegengesetzte Forschungsmeinungen, welche in ganz verschiedenen metaphysischen Anschauungen vom Lebendigen wurzeln, feste Stellungen eingenommen. Der *Mechanismus* war davon überzeugt, daß die Gesetzmäßigkeiten des Lebens sich auf solche der nichtlebenden Körper zurückführen lassen, dem *Vitalismus* war die Eigengesetzlichkeit des Lebens die wesentliche Erkenntnis. Dem Mechanismus (LEIBNITZ, HALLER), der wohl Anhäufung von Baustoffen, aber kein echtes Werden kennt, mußte die Entwicklung eines Organismus aus dem Ei als eine reine Auswickelung von schon Vorhandenem, von Präformiertem, als eine Entfaltung, eine *Evolution,* erscheinen, während der Vitalist (CASPAR FRIEDRICH WOLFF) überzeugt war, daß während der Entwicklung echte Neubildung, *Epigenese,* aus einer form- und strukturlosen Eiplasmamasse statthat. Für den Mechanisten war die Form schon von Anfang an da oder durch Zufall entstanden. Der Vitalist verlegte die Bildung der Gestalt in den Bereich des Wirkens übermaterieller Kräfte, die der Materie die Form aufdrücken und sie erhalten. CARL ERNST VON BAER, welcher den Ergebnissen der unmittelbaren und vergleichenden Beobachtung den entscheidenden Anteil an der Theorienbildung zuwies, verdanken wir eine *Synthese zwischen beiden Ansichten.* Nach ihm ist *Entwicklung* weder Evolution noch Epigenese, sondern *Umbildung einer Form in die andere.*

Diese Auffassung ist bis heute die herrschende geblieben und auch die *theoretische Grundlage der experimentellen Embryogenese* geworden. Experimente erweitern die Beobachtung, wie aus der ganzen bisherigen Darstellung der Arbeitsweise des Entwicklungsphysiologen entnommen werden kann, insofern, als nicht nur lebendige Formen und ihre Vorgänge im Ganzen und in ihren Teilen beschrieben werden, sondern auch die Teile auf ihre Fähigkeiten hin geprüft werden und aus den Fähigkeiten der Teile allgemeingültige Erklärungen für die Leistungen des Ganzen abgeleitet werden. Durch *Beobachtung, Vergleich und Experiment* soll der Eiorganismus wie jeder lebende Organismus seiner Form sowie seinen inneren und äußeren Funktionen nach im Ganzen und in den Teilen aufgeschlossen und allgemeingültig einsichtig gemacht werden. Rein methodisch ist die experimentelle Analyse aus den exakten Naturwissenschaften hervorgegangen, aber der Anwendung nach ist sie, wie oben ausgeführt, den Erfordernissen des lebenden Objekts angepaßt. Sie präjudiziert nicht einen metaphysischen Mechanismus, d. h. die Notwendigkeit, alle Vorgänge aus den Gesetzmäßigkeiten der materiellen Substanzen zu erklären, obwohl sie die Möglichkeit einer solchen Erklärung offen läßt. Die erarbeiteten Vorstellungen werden ausschließlich durch die Beobachtung am lebenden Organismus kontrolliert, ebenso wie allein reflektierende Beobachtung die Probleme für die Untersuchung aufgibt. Die Frage nach der Entstehung lebendiger Gestalt aus anorganisch Ungeformtem steht solange außerhalb der entwicklungsphysiologischen Überlegungen, als nicht Beobachtungen über eine solche Umwandlung vorliegen. Nur an einem realen Objekt läßt sich einer solchen Frage nachgehen. Wir finden das Ei oder die ungeschlechtlich sich fortpflanzende Knospe einem *Kreislauf des Lebens* eingeschaltet: Ei und Knospe entstehen als geformte Gebilde im elterlichen Organismus. Für den Untersucher ist die Form, das System, gegeben: *Omne ovum e vivo,* wie man in Umkehrung des alten Spruches von HARVEY sagen müßte. Auf Grund dieser Eigenform bringen die Keimzellen neue Formen hervor. *Der Untersuchung bleibt übrig, diese Formen* als Gefüge von Teilformen und Formteilen, *als Systeme, zu beschreiben.* Es bleibt ihr, die *Vorgänge an solchen Formen* in ihrer gegenseitigen Verzahnung und Verknüpfung zu erfassen und sie *in ihrer Systemgesetzlichkeit, d. h. hinsichtlich ihrer notwendig-raum-zeitlichen Eingebundenheit in den Gesamtablauf zu kennzeichnen.* Und es bleibt ihr weiterhin, *die Bedingungen für den Ablauf solcher Vorgänge zu analysieren sowie diesen Ablauf* als Ergebnis *vorhandener allgemeingültiger Bedingungen, d. h. kausalgesetzlich, aufzuklären.* Solche Untersuchungen können dann darin gipfeln, die Umwandlung von einer Form zur anderen, die Entstehung differenzierter Gestalten aus einfachen und die Aussonderung einfacher Formen aus differenzierten einsichtig zu machen.

Die praktische Durchführung dieser Beobachtungen und Experimente war im Text zu verfolgen. Daß der Untersucher in Markierungsversuchen mit Farb-, Defekt- oder radioaktiven Marken (Band II) Schritt für Schritt die Form- und Substanzgeschichte seines Systems genau festlegt, gehört zu den unabdingbaren Voraussetzungen beim Studium der Entwicklung. So lernt er das natürliche Schicksal eines Keimteiles, seine *prospektive Bedeutung* (DRIESCH), kennen. Er kann die Keimteile nach ihrem voraussichtlichen, *präsumptiven, Entwicklungsergebnis* (SPEMANN) benennen. Auf diesen Untersuchungen fußend, wird er allgemeine formale Feststellungen über die Beziehungen der Teile des Systems zum Systemganzen und der Teile untereinander machen, indem er die Entwicklungsfähigkeiten von Eifragmenten prüft und feststellt, ob und wie ein Eibezirk oder eine Blastomere sich selbständig differenzieren können, oder ob sie auf Faktoren der Nachbarschaft angewiesen sind und wie sie darauf reagieren. Allgemein wird unter Konstanthaltung möglichst aller Faktoren ein einziger Systemteil oder Faktor isoliert, entfernt, in seiner Lage oder inneren Struktur verändert und dann aus dem abgeänderten Entwicklungsergebnis auf diejenige Reaktion geschlossen, an der das Teilsystem oder der Einzelfaktor beteiligt sind. WILHELM ROUX, der Begründer der Entwicklungsmechanik, wählte 1881 für das verschiedenartige Verhalten die Bezeichnungen *selbstdifferenzierend* und *abhängig differenzierend*. Im ersten Falle behalten die Keimteile eine bestimmte *Differenzierungstendenz* bei, auch wenn sie in ein anderes als das normale Medium gebracht oder transplantiert werden. Sie entwickeln sich *herkunftsgemäß*. Sie vermögen vielleicht auch sich selbst weiter aufzugliedern, eine *Selbstorganisation* (F. E. LEHMANN, Bd. II) durchzuführen. Im zweiten Falle, dem der abhängigen Differenzierung, besitzen sie das Vermögen, sich der neuen Umgebung anzupassen, sich *ortsgemäß* weiter zu bilden. Unter Umständen sind sie empfangsbereit, *kompetent für fremde entwicklungsbestimmende Einwirkungen* (SPEMANN, Band II).

So lassen sich Keimbezirke, Plasmen und zellige Blasteme, in erster Annäherung als bestimmt geartete *Faktorenbereiche* kennzeichnen. Gerade die abhängig sich differenzierenden Keimbezirke sind für den Entwicklungsphysiologen die aufschlußreichsten, weil sie ihn auf das Studium von gegenseitigen Wirkungen und Reaktionen der Faktorenbereiche miteinander führen. Die Aussagen werden um so eingehender sein können, je räumlich kleinere Eibestandteile untersucht werden, und je kürzer zeitlich die Entwicklungsschritte sind, die betrachtet werden. Hier erweisen sich als besonders aufschlußreich *In-vitro-Kulturmethoden.* Keimfragmente, einzelne Blasteme, auch Zellgruppen oder Einzelzellen werden isoliert oder in Kombination miteinander in künstlichen, oftmals rein anorganischen Lösungen gehalten (vgl. Bd. II). Überdies erarbeitete man In-vitro-Methoden für Vorgänge innerhalb der Zelle. Aus geformten und ungeformten Zellbestandteilen erstellte man *zellfreie Systeme,* an denen vor allem der Aufbau-Stoffwechsel studiert wurde. Man verfolgte an Zellkernen die Aufnahme bestimmter radioaktiv markierter Substanzen, die Einwirkungen auf DNS-Replikation oder RNS-Produktion. Die molekulargenetische Entwicklungsphysiologie zog besonderen Nutzen aus Untersuchungen an zellfreien Systemen mit Zellkernen, mit Mitochondrien oder mit Ribosomen. Man konnte an Ribosomen beliebige Proteinsynthesen ablaufen lassen, wenn im System bestimmte aus Zellen extrahierte oder künstlich synthetisierte m-RNS Moleküle (neben t-RNS, Aminosäuren, Enzymen zur Verknüpfung und Lösung von molekularen Bindungen, Energiespendern, wie ATP und GTP, Mg^{++}-Ionen) vorhanden waren. An Mitochondrien studierte man unter Zusatz von Sauerstoff und Produkten des Citronensäurezyklus die Sauerstoffatmung unmittelbar. Schließlich lassen sich auch die geformten Elemente ganz eleminieren, so daß allein die aus ihnen gewonnenen Substanzen Reaktionspartner im zellfreien System darstellen. In jedem Falle ist natürlich Voraussetzung der Anwendung solcher Methoden, daß Fraktionierungsmöglichkeiten entwickelt sind, durch die sich die zu benutzenden Zellkomponenten sauber gewinnen lassen.

Genau im Anschluß an die Aussage des jeweiligen Experiments, das ja stets eine Frage enthält, welche der Keim durch die Art seiner Entwicklung beantwortet, vermag der Untersucher so die *Entwicklungsfähigkeiten der einzelnen Teilsysteme in bestimmten Stadien auch quantitativ* zu erfassen. Er stellt fest, von welchen

Keimteilen Einflüsse auf andere ausgehen, und kommt zu Aussagen über ihren *Informationsgehalt* (S. 30, 95 f.) oder ihre *Induktionsbefähigung* (SPEMANN, Bd. II) oder über ihre *polarisierenden bzw. orientierend richtenden Einflüsse* (HOLTFRETER, Bd. II). Entsprechend solcher Reaktionsweise stellt er Teilsysteme etwa als Induktionssysteme und Reaktionssysteme einander gegenüber. Er untersucht die wechselseitigen Beziehungen bei Plasma- und Blastembewegungen, in denen *positive* und *negative Affinitäten* (HOLTFRETER, Bd. II), oder besondere Arten des *Zellkontaktes* (WOLPERT, GUSTAFSON, Bd. II) zum Ausdruck kommen. So vermag er allmählich die vielfältigen und verzweigten schrittweisen *Veränderungen der Ei- und Keimorganisation* aufzuhellen. Vervollkommnung der Optik, die Benutzung von Lichtstrahlen immer kürzerer Wellenlänge und Elektronenstrahlen, die Einführung einer sehr präzisen mechanischen und Strahlenmikrochirurgie, Eingriffsmöglichkeiten durch mikrochemische und chemisch-physiologische Methoden haben indessen die Beobachtungs-, Analysequalitativen und quantitativen Bestimmungsmöglichkeiten, das Isolierungs-, Defekt- und Umordnungsexperiment unendlich weit, bis zur Verfolgung, Ausschaltung und Veränderung einzelner Moleküle oder Atome verfeinert. Die Zusammenarbeit mit dem Biophysiker und Biochemiker ist unentbehrlich geworden. Aus den ihnen zur Verfügung stehenden Einzelmethoden seien nur diejenigen der Protein-, Kohlenhydrat-, Fett- und Nucleinsäuren-Fraktionierungen und -Analysen hervorgehoben. Methoden zur Erforschung von Enzymen und Multienzymsystemen, sowie allgemein zur Aufklärung von Strukturen und Strukturumwandlungen der im Zellplasma reagierenden Moleküle werden immer mehr in den Vordergrund treten. Diese Fortentwicklung und Ausweitung der methodischen Möglichkeiten hilft den Weg ebnen, um von den ersten isolierenden Orientierungsversuchen an größeren Teilsystemen zu den Einzelreaktionen der Strukturelemente und Substanzmoleküle, und damit zu den Einzelfaktoren der Faktorenbereiche und zu kausalem Verständnis vorzustoßen.

Beobachtungen und Experimente in der geschilderten Weise anzulegen und auszudeuten, entspringt der Absicht, die gesamte entwicklungsphysiologische Leistungsfähigkeit des zu untersuchenden Entwicklungsstadiums zu erfassen, Ort und Faktoren für jegliche Veränderung, für jedes neue Werden, für kleinste Entwicklungsschritte aufzudecken. Der Blick ist bei dieser Verfahrensweise nach vorn auf die jeweils unmittelbar folgenden Schritte gerichtet. Wohl hebt er sich schon einmal auf das Endziel des Entwicklungsprozesses. Aber nur, um sich an ihm zu orientieren, nicht um jeden Entwicklungsschritt danach zu beurteilen, wie weit er den Keimteil dem Endziel näher bringt. Ihn interessieren vor allem die nächst zu verwirklichenden und wieder weiter führenden Entwicklungsphasen, die Wege zum Endziel. Durch die geschilderte Art der Begriffsbildung unterscheidet sich diese Arbeitsweise grundsätzlich von einer anderen, deren Ursprünge auf die vorexperimentellen theoretischen Lösungsversuche des Entwicklungs- und Vererbungsproblems, vor allem durch WEISMANN, zurückgehen. Hier wird vom Endergebnis oder einem Folgestadium der Entwicklung aus rückschauend ein Keimteil früheren Stadiums betrachtet und untersucht, wie lange dieser *ohne feste Bestimmung* ist und isopotent allen möglichen Einflüssen gerecht zu werden vermag, und von welchem Zeitpunkt ab er selbstdifferenzierend das Folgestadium bilden kann. Es wird gefragt, wann er die „Bestimmung für seine Entwicklungsaufgabe“ erhalten hat, für sie *determiniert* ist und wie der Prozeß der *Determination* voranschreitet.

In der zugehörigen entwicklungsphysiologischen Literatur verbindet sich mit diesem Begriff eine einseitige Sehweise: Der Werdeprozeß in der Entwicklung erschöpfe sich allein in der Beschränkung vielseitiger Möglichkeiten zugunsten einer einzigen. Dabei wird jedoch die Vielschichtigkeit der Entwicklungsvorgänge übersehen.

In vielen Stadien seines Werdeprozesses kann der Keim unvorhergesehen neue formbildende Fähigkeiten erkennen lassen. So findet der Begriff der Determinierung nur dann richtige Anwendung, wenn er den Wandlungen in unserer Auffassung von der Entwicklung angepaßt wird. „Für eine Aufgabe determiniert“ kann lediglich ausdrücken: „Der Keimteil besitzt in seinem derzeitigen Zustand unter den vorhandenen Bedingungen eine bestimmte Entwicklungsbefähigung und kann sie selbständig verwirklichen.“ Offen muß bleiben, welche nicht genannten Fähigkeiten noch außerdem im Keim schlummern und durch Änderung der Bedingungen erweckt werden können oder spontan in ihm hervortreten. – Der eindeutige Gebrauch des Begriffes der Determinierung wird noch aus einem anderen Grunde erschwert. Determination kann nicht nur auf die kausalgesetzliche Verknüpfung, sondern auch auf die systemgesetzliche Anordnungsweise bezogen werden. Die Gesamtdetermination als „Bestimmung der Keimteile für ihre Aufgabe" würde danach die Festlegung der Entwicklungsfunktion eines Teilsystems durch Reaktionsfolgen (Kausaldetermination), wie auch durch Lokalisierung der Funktion im Gesamtsystem (Systemdetermination auf Grund der Anlagenarchitektur) bedingen. Diese möglichen Arten der Determinierung sollten streng geschieden bleiben.

Innerhalb des Gesamtprozesses der *Differenzierung*, des Verschiedenwerdens der Keimteile, hat man häufig für jeden dieser Teile gesondert diejenige Stufe unterschieden, in der er sich noch nicht sichtbar, aber durch seinen *Determinationszustand*, d. h. durch seine bis dahin festgelegten entwicklungsphysiologischen Fähigkeiten, von seinen Nachbarteilen abhebt. Unterscheidungen zwischen Differenzierung und Determinierung dürften nur angebracht sein, solange die Konstitution der reagierenden Teilsysteme lediglich nach der Entwicklungsfunktion, aber noch nicht nach der Struktur- und Substanzzusammensetzung beschreibbar ist. Auf letzterer Ebene wird der Begriff der Differenzierung voll ausreichen. Allen diesen mit deduktiven Elementen durchsetzten Verfahrensweisen gegenüber bleibt im gegenwärtigen Augenblick als einzige tragfähige Möglichkeit, die Faktoren eines Systems nach ihrer Lage, ihren Wirkungsbedingungen induktiv zu beschreiben, und aus den Bedingungen des organismischen Systems seine Differenzierungsmöglichkeiten abzuleiten.

Es seien nunmehr nach der Besprechung der Methoden und ihrer theoretischen Grundlagen *aus dem Studium der Verhaltensweise von Eisystemen Sachbeiträge zur Systembeschreibung und Systemanalyse* gegeben.

Bei der vollständigen Isolierung von Keimbereichen stellte DRIESCH eine Fähigkeit fest, die ganz besonders eindrucksvoll das einzigartige Verhalten eines lebenden Ei- und Keimsystems im Gegensatz zu dem anderer materieller Systeme kennzeichnete, das der **Regulation.** Werden die beiden ersten Blastomeren des Seeigeleies, bzw. die ersten vier, durch Schütteln voneinander getrennt, so entwickelt sich jede Blastomere zu einem harmonischen Ganzen. Diese Fähigkeit ist uns im Vorhergehenden bei Experimenten an verschiedenen Eisystemen begegnet (S. 56, 90, 119, 149). Nicht nur regulieren Blastomeren, die ja mit vollständigen Furchungskernen versorgt sind, zu Ganzen, sondern auch Eiteile lediglich mit Ei- oder Spermakern vermögen sich wie normale Ganzeier zu entwickeln. Hiermit war ein bedeutungsvolles physiologisches Merkmal des lebenden Eies entdeckt, von dem aus sich entscheidende Schlüsse auf die Eiorganisation ziehen ließen. DRIESCH kennzeichnete das Wesentliche dieses Ereignisses der Regulation im Vergleich zur normalen Entwicklung dadurch, daß er feststellte: Das überhaupt mögliche Schicksal einer Blastomere, ihre „prospektive Potenz", ist umfangreicher als ihr natürliches Schicksal, ihre „prospektive Bedeutung". Das Schicksal eines Eiteiles ist nicht von Anfang an festgelegt. Er kann anderes, mehr oder weniger leisten, als normalerweise vorgesehen war. Insbesondere vermögen sich die Plasmen in bezug auf das neue Ganze selbst umzuordnen. Die Eiorganisation muß so beschaffen gewesen sein, daß jeder Bezirk, dessen Regulationsfähigkeit bestätigt ist, alle Faktoren so umzuordnen vermag, daß sich ein normales Gefüge selbständig wieder herstellt und normale Funktion gewährleistet ist. Unter diesem Aspekt ist *Regulation Umordnung zu einem funktionsfähigen System.*

Seit DRIESCHS *Entdeckung* haben Untersuchungen über das Regulationsvermögen auf sehr verschiedenen Ebenen stattgefunden. Zunächst sollen Experimente geschildert werden, bei denen das Keimverhalten nach Eingreifen mit physikalischen Mitteln zur Diskussion stand. Entsprechend müssen dabei Schlußfolgerungen auf die Organisation des Eisystems gleichfalls vorwiegend auf räumliche Anordnung und Bewegungsverhältnisse der Faktoren abgestellt sein. Reguliert ein Bezirk, so werden alle für die Ganzentwicklung notwendigen Faktorenbereiche ganz oder mindestens zu einem Teil erhalten gewesen sein. Reguliert er nicht, so kann dies daran gelegen haben, daß gewisse Faktorenbereiche dem Keimteil fehlten oder aber in unharmonischer Anordnung vorhanden waren. Sie können durch ihre mehr oder weniger feste Bindung an bestimmte Eiregionen die Regulationsbefähigung eines Keimbezirkes begrenzen, wie dieses zuerst in den Versuchen SPEMANNS am Amphibienkeim hervortrat. Nach Ausschaltung des dorsalen Plasmabereiches, des Organisationszentrums, aus dem Amphibienei entwickelt sich nur ein Bauchstück (Abb. 22 e); nach Abtrennung des Plasmas nahe dem hinteren Eipol, des Bildungszentrums, vom Libellenei entsteht in diesem die Keimanlage nicht (Abb. 20 g, h); ohne vege-

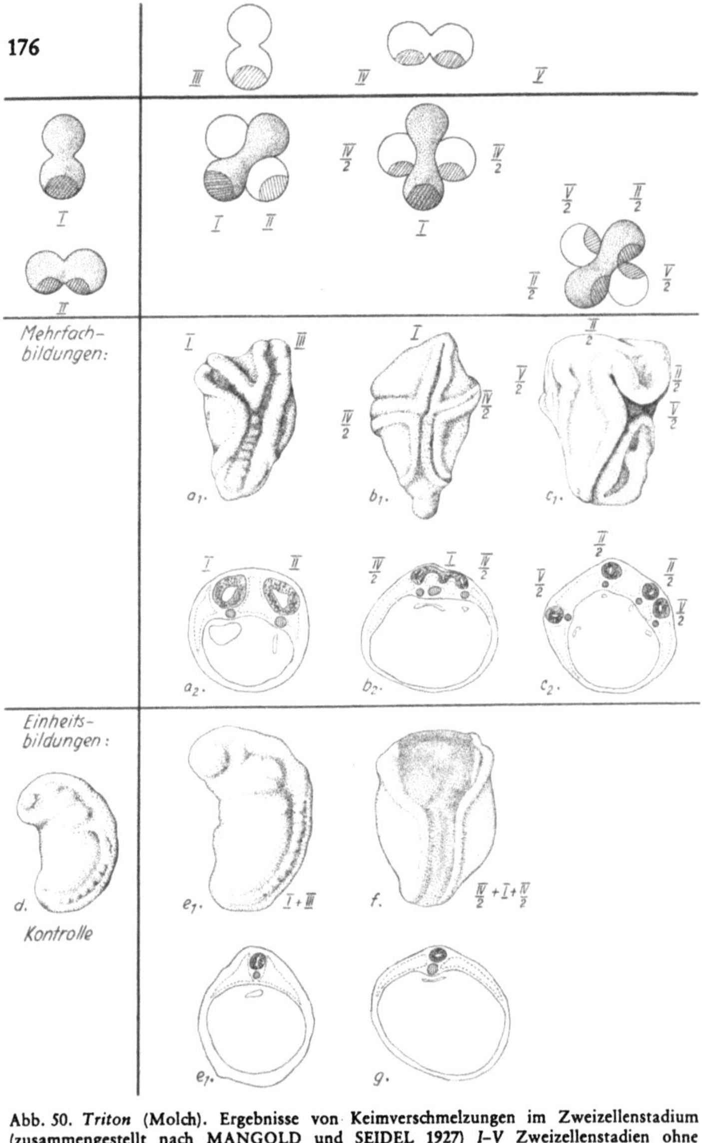

Abb. 50. *Triton* (Molch). Ergebnisse von Keimverschmelzungen im Zweizellenstadium (zusammengestellt nach MANGOLD und SEIDEL 1927) *I–V* Zweizellenstadien ohne Hüllen und die Hauptkombinationen bei kreuzweiser Übereinanderlagerung. Region des dorsalen Plasmas (Grauer Halbmond, Organisationszentrum) schraffiert. $V = IV$ – a–c)

tatives Polplasma vermag sich aus dem *Dentalium*ei die Larve nur unvollständig auszubilden (Abb. 17 i). Eine wesentliche Voraussetzung für den Regulationsakt besteht darin, daß solche Faktorenbereiche entweder an ihren Platz im Ei nicht fest gebunden, sondern beweglich sind, oder aber, daß sie eine innere Umordnungsfähigkeit besitzen. Schließlich müssen die Faktoren selbst sich in der Art und Intensität ihrer Wirkung gegenseitig abstimmen können. Durch kreuzweise Verschmelzung von Blastomeren im Zweizellenstadium geraten die dorsalen Plasmabereiche des Molcheies (Abb. 50, schraffiert) je nach der Ausgangslage der Blastomeren entweder durch andere Plasmateile getrennt oder aber aneinanderliegend in das Verschmelzungsprodukt (MANGOLD und SEIDEL). Im ersten Falle ergeben sich nach den Kombinationsmöglichkeiten Mehrfachbildungen, weil die Faktorenbereiche so fest an die bestimmten Plasmen gebunden sind, daß sie die dazwischenliegenden indifferenten Plasmen nicht überbrücken können (Abb. 50 a–c). Im zweiten Falle kommen Einheitsbildungen zustande (Abb. 50 e–g). Die Plasmen müssen zu innerer Umordnung, bzw. ihre Faktoren zu einer gegenseitigen Abstimmung fähig gewesen sein.

Entsprechende Voraussetzungen wie für die Plasmen gelten für die Regulationsbefähigung der zelligen Blasteme späterer Entwicklungsstadien. Sie können solange regulieren, wie sie sich entweder als Ganze in Bewegung befinden, oder ihre Faktorenbereiche harmonisch zum Ganzen verlagern. *Allgemein ist die Regulationsbefähigung eines Keimteils nach diesen Befunden an die äußere und innere Beweglichkeit seiner Faktorenbereiche gebunden* (SEIDEL).

Aus diesen Überlegungen geht hervor, daß für den *wenig differenzierten Eitypus* ein größeres Regulationsvermögen erwartet werden muß als für Eier mit stark differenzierter Plasmaarchitek-

Mehrfachbildungen aus den darüberstehenden Kombinationen in Oberflächenansichten der Neurulae (a_1–c_1) und Querschnitten (a_2–c_2). Bezeichnungen jeweils über den Medullarrohren und zugehörigen Chordae (vgl. Band II).

a) Doppelbildung. b) Dreifachbildung. c) Vierfachbildung. d) Normaler Kontrollkeim im Schwanzknospenstadium *(Triton taeniatus)*. e–g) Einheitsbildungen aus den obenstehenden Kombinationen. e_1) Homoplastische Einheitsbildung *(Triton taeniatus)* im Schwanzknospenstadium. e_2) Querschnitt durch den zur Einheit verschmolzenen Keim. f) Heteroplastische Einheitsbildung *(Triton taeniatus + alpestris)* im Neurulastadium. *Alpestris*-Anteil, auch im Kombinationsschema, pigmentiert gezeichnet. g) Querschnitt durch eine heteroplastische Einheitsbildung

tur. Dies ließ sich aus den Ergebnissen verschiedenster Experimente erkennen: Durch Zentrifugierung hergestellte Halb- oder Viertelkeime von *Arbacia* entwickelten sich zu ganzen Pluteuslarven (S. 51 ff. Abb. 9 c_1, e_1), ebenso wie in der Zentrifuge geschichtete Ganzeier (S. 54 Abb. 9 a), oder mittels Glasnadeln abgetrennte vegetative oder mediane Keimfragmente (Abb. 10 g, 11). Achtet man darauf, welche Strukturen im Einzelfall regulieren und welche nicht, so lassen sich Schlüsse auf die Eiorganisation ziehen. Halbeier, unmittelbar nach der Besamung isoliert, furchen sich in 48 % der Fälle wie Ganzeier. 30 Minuten später isolierte Hälften geben in der Mehrzahl eine 3/4 Furchung, und im 2-Zellen-Stadium isolierte Blastomeren furchen sich stets halb, obwohl sie sich auch zu ganzen Plutei regulieren. Zugleich mit der Zustandsänderung, die während der Furchung auf die Stellung der Spindeln einen Einfluß ausübt (vgl. S. 65), wird eine Struktur aufgebaut. Sie muß so fest sein, daß sie mit den Mitteln des Isolierungsexperimentes nicht mehr abänderbar ist. Von dieser Struktur ist jedoch nur die Art der Furchung, nicht aber die vollkommene Ausbildung eines Embryo abhängig. Die einschneidenden Furchen trennen wohl das Eimaterial, lagern es aber, wie schon am Pigmentring zu erkennen ist, nicht um. Trotz fehlender Absonderung von Mikromeren kann der Pluteus ein Ganzer werden. Ebenso ist der Zeitpunkt, an dem die Bildung der Pluteusgestalt beginnt, nicht von der Vollendung des Furchungsmosaiks abhängig (S. 118). Die zu dieser Larve führenden Strukturen treten erst sehr viel später auf. Noch der Blastula entnommene Fragmente regulieren zu ganzen Plutei (vgl. Bd. II). Die Faktorenanordnungen, von denen die Bildung der Körpergrundgestalt abhängt, lassen sich umlagern, bis die ersten Formbildungsvorgänge für die Körperdifferenzierung sichtbar werden. –

Eine besondere Form der Regulation findet sich bei Eiern, deren *Plasmaarchitektur etwas stärker* als die der Seeigel *differenziert* ist. Sie wurde insbesondere bei Amphibien und Insekten festgestellt. Haploide Individuen, wie sie durch künstliche Parthenogenese oder Androgenese erzielt werden (S. 119), vollziehen wohl mit dem einen Chromosomensatz die Entwicklung, lassen aber doch erkennen, daß diese Disharmonie eine gewisse Erschwerung für alle Prozesse bedeutet (S. 120). Nun bildet sich bei haploiden

Froscheiern sehr häufig vor der ersten Furchungsmitose ein Monaster (G. HERTWIG, KAWANURA), so daß etwa 20 % solcher Eier schon von dieser Teilung ab diploid werden. Bei anderen Froscheiern, sowie bei Heuschrecken-, Sackträger-Eiern und anscheinend auch bei Kanincheneiern tritt diese Aufregulierung in einzelnen Keimbereichen während des Verlaufs der Furchung oder späterer Teilungen ein. Ähnliches kann, insbesondere im Seidenspinner-Ei, durch nachträgliche Verschmelzung der Plasmahöfe geteilter Furchungskerne oder des Eikernes mit einem Richtungskörper geschehen. Es würde dies bedeuten, daß die geringe Menge Karyoplasma nicht genügt, um in der zu großen Zelle eine Spindelbildung mit nachfolgender Plasmateilung einzuleiten. Welche Kräfte der Eiorganisation aber zu diesen Regulierungen führen, wird sich erst nach genauerer Kenntnis der für die normale Mitose gültigen Kräfteverhältnisse prüfen lassen.

Für den *stark differenzierten Eitypus* ist eine gewisse Regulation im Eisystem möglich, wenn bei der Isolierung der Teile die wesentlichen Plasmen nicht entfernt werden. So kann aus einem durch Zentrifugieren geschichteten *Limnaea*-Ei eine normale Jungschnecke hervorgehen, weil sich die entscheidenden Zellbestandteile trotz inzwischen einsetzender Furchung wieder rückzuordnen vermögen. Normale *Tubifex*-Würmer entstehen, auch wenn in der Zentrifuge beide Polplasmen, das animale und vegetative, an einem Eipol zusammengeführt sind. Verschieden große *vegetative* Eifragmente vom *Dentalium*-Ei geben ein harmonisches Furchungsbild (Abb. 51 b_3 bis d_3), obwohl sie relativ zu viel an Polplasmasubstanz enthalten, und vermögen eine einigermaßen harmonische Larve auszubilden (Abb. 51 c_4). Lateral-Zwillinge von *Dentalium* furchen sich ganz. Zu einer vollständigen Furchungsdoppelbildung führt der Dispermietypus II von *Parascaris* (Abb. 35 g–i). Mit der Glasnadel durchteilte Eier der Sumpfschnecke *Bythinia* ergeben zwei ganze Trochophorae (HESS). Oft finden sich nur gewisse Anzeichen einer Regulationsbefähigung: Im Ei von *Parascaris* läßt sich durch Zentrifugieren, ebenso wie in dem von *Tubifex* durch Überführen in niedere Temperatur, die erste Furche meridional stellen, so daß die beiden ersten Blastomeren äqual werden. Die Polplasmen gelangen auf diese Weise zu gleichen Teilen in die beiden ersten Blastomeren. Wie sich aus den Zentrifugierungsversuchen ergibt, ist bei diesen Eiern im Gegensatz zum *Limnaea*-Ei eine Rückordnung durch die Furchungswände hindurch nicht möglich. Beide Blastomeren vollziehen die weitere Furchung getrennt, bei *Ascaris* mit der 2., bei *Tubifex* mit der 3. Furchung beginnend und bilden bei *Parascaris* 2 ventrale Teilkeime, bei *Tubifex* eine *Duplicitas cruciata.*

Um zu verstehen, wie eine Teilzelle mit unharmonisch verteilten Faktorenbereichen Ganzheitscharakter erhalten kann, ist

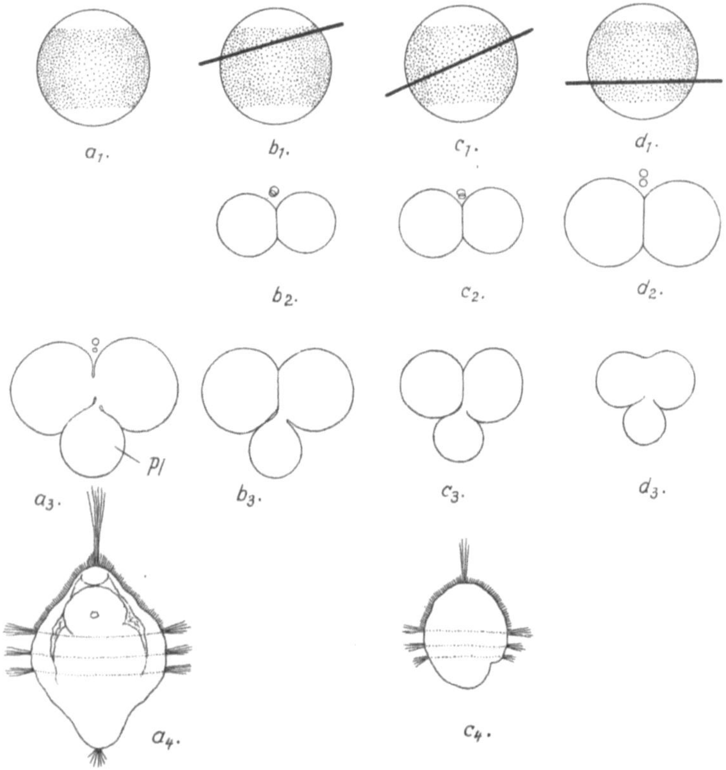

Abb. 51. *Dentalium* (Schnecke). Furchung verschieden großer Eifragmente (WILSON 1904) a_1–a_4) Normales Ei, Zweizellenstadium mit Pollappen (*Pl*) und Trochophora. b_1–d_1) Lage der Schnittebene bei der Operation. b_2–d_2) Animale Zwillingspartner im Zweizellenstadium. b_3–d_3) Zugehörige vegetative Zwillingspartner im gleichen Stadium. c_4) Annähernd normale Larve als Entwicklungsergebnis aus c_3)

es wichtig, zu wissen, auf welche Weise die *Bewegungserscheinungen* zustande kommen. Für Plasmen wurden ordnende Faktoren bei *Tubifex* und Seeigeln in der Eirinde gefunden. Sie wirken mit denen des Entoplasmas zusammen. Für zellige Blasteme muß ebenfalls das Studium der Ursachen von Gestaltungsbewegungen (vgl. Bd. II) auch über die Möglichkeiten ihrer Abänderungen Aufschluß geben. In jedem Falle geschehen solche Bewegungen nicht durch die Wirkungen einer führenden Stelle, sondern durch das Zusammenspiel von verschiedensten Tendenzen verschiedener Keimorte. Sie lassen sich deshalb auch vielfach nur als Affinitäten, Fähigkeiten zu gegenseitiger Anziehung und Abstoßung einzelner Plasmen oder Gewebe, beschreiben.

Sofern die erste Voraussetzung erfüllt ist, daß dem Keim alle wesentlichen Faktorenbereiche für seine Differenzierung ganz oder zu einem Teil verbleiben, vermag er dann seine Integrität zu bewahren, wenn die Kräfte der einzelnen Teile derart zueinander in Beziehung bleiben, daß harmonische Bewegungen im Sinne des ursprünglich ganzen Keimsystems möglich sind. Das entscheidende Problem für das Verständnis der Regulationsmöglichkeit und damit für die Aufklärung der Ei- und Keimorganisation bleibt dieses, wie Bewegungsfaktoren so mit denjenigen für die materielle Differenzierung verbunden sind, daß der Keim auch bei erzwungenen Abänderungen seine Form selbständig aufrecht erhält, wie er andererseits bei einem erzwungenen Ungleichgewicht der Faktorenwirkung das Gleichgewicht selbständig wieder herstellt. Man darf hoffen, daß das *Studium des Werdens und Vergehens von elementaren Strukturen im Grundzytoplasma* unter bestimmten Bedingungen wenigstens die Möglichkeiten für die Herstellung bestimmter Konstellationen im Ei, den Blastomeren oder Zellen aufzeigen kann.

Man kann dabei etwa an den reversiblen Aufbau des granulären endoplasmatischen Retikulums erinnern, durch den die Proteinsynthese zum mindesten quantitative, möglicherweise auch qualitative Änderungen erfährt (vgl. Abb. 8).

Die bisherige Darstellung des Problems der Regulation ging vom Verhalten des Keimsystems bei bestimmten Eingriffen aus. Es wurde nach den Fähigkeiten des Keimes gefragt, nach einer räumlichen Änderung des Systems, nach Veränderung der äußeren Abmessungen, Entnahme einzelner innerer Systemteile, Umordnung von Konstituenten in der Zentrifuge ein Ganzes wieder herzustellen. Bei dieser *physikalischen Art des Eingriffs* waren naturgemäß über andere als über räumliche Beziehungen von Faktoren oder über Tendenzen, die ihren Bewegungen zugrunde liegen, Aussagen nicht zu machen. Immerhin wurde versucht, auf diese Weise etwas über die innere Organisation des Keimes in Erfahrung zu bringen. Wie weit es gelingen mag, über Begriffe wie Polarisierung, Affinität, Kontaktnahme hinaus zum Verständnis der hierbei ablaufenden chemischen Reaktionen zu kommen, ist noch nicht abzusehen, weil es sich in jedem Falle um sehr komplexe Wirkungen handelt, für die wohl einzelne Gesichtspunkte (vgl. Band II), aber doch kaum alle im System wirksamen Faktoren aufklärbar sind. Auch Untersuchungen darüber, wie weit *chemische Eingriffe* ganz überspielt werden können oder notwendigerweise die Entwicklung in andere Bahnen lenken (vgl. S. 142), also Regulationen εἰς ἄλλο γένος, zu abgeändert funktionierendem System, auch zu lebensfähigen Modifikationen oder Mutationen bedingen, geben Aufschlüsse über die innere Organisation des Keimes, zum mindesten Leitlinien, auf denen tieferes Eindringen in die Systemgesetze möglich sein wird.

Man hat jedoch heute einen ganz anderen Zugang zum Regulationsproblem auf der Ebene des Molekularen gewonnen, nicht vom Systemganzen aus, sondern durch Analyse kleinster Teilsysteme. An Hand von Abb. 6 ist ein solches System besprochen. Innerhalb eines Operons ergibt sich ein Regelkreis, insofern als bei den enzymgesteuerten anabolischen Prozessen die Quantitäten des Endproduktes als Corepressoren den weiteren Ablauf der Genwirkungen steuern können. Die Zelle (im Experimentalfall das Bakterium) reguliert sich auf einen bestimmten Betrag des Endproduktes ein. Es ist nicht eine durch äußere Einwirkungen oder experimentelle Eingriffe ausgelöste Regulierung der Struktur, eine Umbildung des noch vorhandenen, zu funktionsfähigem Ganzen, sondern die Regulation betrifft primär die Funktion. Innerhalb einer zunächst stabilen Ordnung, die mindestens durch die Genanordnung innerhalb der Chromosomen gegeben ist, werden Transcriptionsprozesse, also chemische Reaktionen, aus- und eingeschaltet.

Auch Regulationen, die man nach der Implantation älterer, zeitlich weiter fortgeschrittenerer und daher differenzierterer Teilsysteme beobachtet, betreffen die *Neuabstimmung chemischer Prozesse.* Dieses war bei der Verpflanzung von Entoblastemkernen aus Kaulquappen in entkernte Eier von *Xenopus* deutlich (S. 87). Die Nucleinsäureproduktion reguliert sich je nach dem Entwicklungsstadium, in das der transplantierte Kern gelangt.

Könnte dieses nicht sein, so würde die für die Lebenserhaltung der Zelle notwendige harmonische Zuordnung der Reaktionen gestört werden. Regelsysteme vermeiden praeventiv Schäden. Die Regulierung der Funktionen ist innerhalb der vorhandenen Struktur vorgesehen. Unter diesem Aspekt ist *Regulation Abstimmung der Einzelreaktionen auf die Funktionserhaltung des Gesamtsystems.*

Solche chemisch genau charakterisierbaren Regulationen sind auf dem Wege der Genwirkung im Zytoplasma, wie bei den Einwirkungen vom Zytoplasma zum Gen, auf vielen Stufen festzustellen. Ein großer Teil der DNS im Chromosom hat nicht rein genetische, sondern regulatorische Funktionen. Er kann an verschiedenen Stellen zur Produktion von verschiedenen Sorten der RNS dienen und so zur Verstärkung, Abschwächung oder unter Mithilfe von Histon zur Aufschiebung der Funktion beitragen (vgl. S. 34 f.). Auf der Transcriptionsebene enthalten neben verschiedensten Metaboliten auch Hormone regulierende Wirkung (vgl. Bd. II). Auf der Translationsebene bestehen Möglichkeiten zur Einwirkung auf Stabilität und Lebensdauer der RNS, sowie zur Aktivierung oder Inaktivierung von Ribosomen. Abgesehen von diesen im genetisch- entwicklungsphysiologischen Ablauf möglichen Regulationen bieten sich im reinen Enzymstoffwechsel des Zytoplasmas sehr viele Gelegenheiten für Regulationen. Jedes Enzym bedarf zu seiner Wirkung im Medium einer bestimmten molekularen Konzentration, einer bestimmten Ionenzusammensetzung, eines bestimmten pH. Geringe Abänderung jedes dieser Faktoren verändert die Aktivität des Enzyms. Bestimmte Reaktionsabläufe können durch die jeweiligen Konzentrationsverhältnisse der einzelnen Substrate bevorzugt werden. Auch erfährt eine enzymatisch gesteuerte Reaktion durch das Reaktionsprodukt eine Beeinflussung. Sie kann so, gewissermaßen auf dem Wege der Rückkoppelung, vollständig gehemmt werden. Insbesondere macht sich dieses bei Reihenreaktionen bemerkbar, bei denen das Endprodukt der letzten Enzymreaktion die Einleitung der ersten völlig zu blockieren in der Lage ist.

An den systemgemäß in bestimmter Anordnung vorhandenen Faktoren spielt sich eine Vielfalt enzymatisch kontrollierter biochemischer Prozesse ab, die alle durch eine große Anzahl einzelner Substanz-Konstellationen reguliert werden können. Wie ohne weiteres einzusehen ist, werden sich diese Möglichkeiten noch vervielfältigen, wenn die Enzyme teils an Substrate oder Membranen oder Organellen gebunden sind, teils sich in Lösung befinden. Jede Änderung der Lage ändert ihre Aktivität, ebenso wie Membranen, die ihre Substrate abschirmen oder sie zulassen, großen Einfluß auf den Grad der Enzymaktivität haben werden. Nimmt man noch die oben S. 181 besprochenen Gestaltungsbewegungen hinzu, die die Beziehungen zwischen räumlich distanziert angeordneten Faktoren, plasmatischen und blastematischen Faktorenbereichen regeln, so werden die Regulationsmöglichkeiten unübersehbar vielfältig.

Reguliert werden kann in einem organismischen System nicht allein die Struktur, die Anordnung der Faktoren, sondern auch die Abstimmung ihrer Funktionsweise. Mit dieser Erkenntnis haben wir erst die ganze Tatsache der Regulation ins Blickfeld gebracht. Regulation beschränkt sich hier nicht auf die Reparation zufälliger oder experimentell angebrachter Schäden. Diese geben nur ganz grobe und extreme Beispiele für ein im übrigen allgemeingültiges Verhalten. *Normale Entwicklungsfunktion und Lebensfunktion* überhaupt sind nur *dann möglich, wenn ständig alle Teilsysteme ihre Lage und den Ablauf ihrer physiologischen Funktionen so beweglich halten können, daß jederzeit die Aufrechterhaltung der Gesamtfunktion gewährleistet bleibt.* Selbst wenn die morphologische Struktur in weitem Umfang erstarrt sein sollte, kann man innerhalb dieser Begrenzung Beweglichkeit in der Struktur der physiologischen Prozesse erwarten und muß damit dann auch die Möglichkeit wieder neuer Strukturänderungen in Betracht ziehen.

Die Überlegungen gipfeln in der Frage nach dem **Wesen des organismischen Systems**, seinem Struktur- und Funktionsprinzip, dem tiefsten Problem der Entwicklungsphysiologie.

Sehr eindringlich hat DRIESCH dieses Problem immer wieder behandelt. Die Ergebnisse seiner Experimente am Seeigelei (S. 174) führten ihn dazu, den lebendigen Keim als ein System mit Ganzheitscharakter zu beschreiben. Ein Ganzes, so definiert er, ist mehr als die Summe der Teile. Auch Maschinen sind Systeme. Aber daß nach beliebiger Zerstörung von Teilen der übrigbleibende Restkeim auf dem Wege der Umbildung ein neues harmonisches Ganzes herstellen könnte, hielt DRIESCH bei einer „Maschine" nicht für denkbar. Er meint vielmehr, es müsse einen außernatürlichen Ganzheitsfaktor geben, welcher im Falle der organismischen Entwicklung zielstrebig auf die Vollendung der Ganzheit, des ganzen Systems, hinführe. Naturgemäß galt für ihn die (S. 168) dem Vitalismus geläufige Voraussetzung, daß diese Ganzheit nicht von Anfang der Entwicklung an vorhanden sei, sondern als aus gewissermaßen chaotischen Zuständen geformt gedacht werden müsse. – Aber zielstrebige Naturfaktoren einzusetzen, widerspricht den Möglichkeiten der Kausalanalyse. Sie kann das Ergebnis dessen, was sie erklären will, nicht bereits den wirkenden Faktoren zuschreiben, sondern will gerade die Gesetzmäßigkeiten einer höheren und spezielleren Tatsachenstufe auf solche einer niederen und allgemeineren Stufe zurückführen. Wie NICOLAI HARTMANN sehr einleuchtend auseinandersetzt, nimmt der Vitalismus einen kategorial zu hohen Determinationstypus an; er entlehnt ihn der Sphäre menschlichen Handelns. Der Mechanismus aber macht den umgekehrten Fehler, ein kategorial zu einfaches Schema anzuwenden. Schon bei dynamischen (physikalischen) Gefügen reicht die lineare Kausalität nicht aus. Wie sollte sie bei organismischen Systemen genügen? In diesem Dilemma kann nur nach einer „Überformung" des Kausalnexus gesucht werden, die nicht so hoch greift, wie die Finalität, nicht einer ganz anderen Seinsschicht, wie der Tätigkeit des Menschen, entnommen ist, sondern sich auf der Ebene des Organismischen hält.

Die Aufgabe, das *Struktur- und Funktionsprinzip des organismischen Systems* einsichtig zu machen, erfordert eine synthetische Betrachtungsweise und ist nicht ohne theoretische Überlegungen zu lösen. Aber nach unserer Darstellung der entwicklungsphysiologischen Untersuchungsmethoden dürfte deutlich geworden sein, wie wir Entwicklungstheorie verstanden wissen möchten. Der Satz von CARL ERNST VON BAER: „Entwicklung ist Umbildung von einer Form zur anderen“ ruht unmittelbar auf der Beobachtung und zeichnet sich gerade dadurch aus, daß hier nicht Hintergründe hinter dem Beobachtbaren gesucht werden. Insofern soll *Entwicklungstheorie als Synthese exakt erhobener Tatsachen* aufgenommen werden, deren Beobachtungs- oder Experimentalbedingungen jederzeit reproduzierbar sind. Wenn, um in Struktur und Funktion des Organismischen einzudringen, drei so unterschiedliche Methoden wie Beobachtung, Vergleich und Experiment nötig sind, so werden dadurch zweifellos zugleich sehr unterschiedliche Aspekte des Lebendigen, beim Einzelindividuum *Systemgefüge und Kausalität der Vorgänge,* angesprochen.

Für die *Systemgesetzmäßigkeiten* vermittelte das Studium der Regulationen höchst eindrucksvolle Orientierungspunkte. Soweit ein System reguliert, muß es beweglich sein. Die Teile müssen eine verlorene Ordnung wiedererlangen können, müssen also auch in normalen Keimen Kräfte entwickeln, welche die Teile in einer bestimmten Anordnung halten. Für die Zelle, die Oozyte oder das Ei haben wir solche Kräfte je nach dem, ob es sich um einzelne Plasmateile oder um ganze Faktorenbereiche handelt, als sehr unterschiedliche vorgefunden. Wir haben sie als rhythmisch und gerichtet innerhalb des Eiraumes auftretend bei *Dentalium* (S. 77) als polarisierende in der Eirinde von *Limnaea* (S. 70), als orientierende im Cortex von *Tubifex* (S. 78) als fibrillär kontrahierende im Entoplasma von *Crepidula* (S. 79) kennen gelernt. Solche Kräfte darf man sicher als kontinuierlich wirkend annehmen. Sie halten die Faktorenbereiche in einer steten harmonischen Ordnung. Wie sehr das Wirkungsspektrum dieser Kräfte von der chemischen Zusammensetzung des äußeren und inneren Keimmediums abhängt, wurde S. 63 angedeutet. Insbesondere aber läßt sich von einem Fortschritt der Untersuchungen im molekularen Bereich über Reaktionsmöglichkeiten und Reaktionsgeschwindigkeiten erhoffen, daß viele Rätsel über die stete Einstellung eines harmonischen Gleichgewichts der Eisubstanzen der Lösung näher gebracht werden können und daß wir besonders hinsichtlich der Reaktionen für den Auf- und Abbau von Substanzen und Strukturen die Möglichkeiten der Regelung eingehender kennen lernen.

Isolierungs- oder Defektversuche, die den Keim zur Regulation anregen, orientierten darüber, daß diese Ordnung nicht immer wiederherstellbar ist. Nach den Feststellungen sind manche Faktorenbereiche von vornherein diskret im Keime verteilt (S. 175). Werden sie entfernt, so scheitert das Regulationsvermögen. Damit ist nachdrücklich gezeigt, daß das Keimsystem mehr oder weniger heterogen ist und daß es als sehr wichtig angesehen werden muß, hinsichtlich der Anordnungsweise der Faktoren genaue Vorstellungen zu entwickeln. Es gilt, in unmittelbarem Zusammenhang *die morphologische Struktur und die physiologische Struktur* der Keimsysteme mit allen vorhandenen experimentellen Mitteln einsichtig zu machen. Vielfach wird man zunächst allein Strukturen beschreiben können, wie beispielsweise bis vor kurzem bei Mitochondrien, oder man wird zunächst experimentell physiologische Strukturen analysiert haben, wie etwa den Citronensäurezyklus, und dann auf Grund solcher Ablaufmuster Aussagen über das System machen. Entscheidend bleibt jedoch, im Endergebnis morphologische und physiologische bzw. entwicklungsphysiologische Daten zusammengefügt zu haben. Auf diese Weise werden die Aussagen nicht auf solche über die chemisch-physikalischen Umstände von Einzelreaktionen beschränkt bleiben, sondern es werden die systemeigenen Funktionen, wie Stoffwechsel, Bewegung, Wahrnehmungstätigkeit und in unserem Falle der Formwechsel ins Blickfeld der Untersuchungen kommen. Natürlich ist es wichtig, auch ganz allgemein die Wirkungsmöglichkeiten von Einzelsubstanzen als Faktoren im Keimgeschehen zu berücksichtigen und Einzelreaktionen, Einzelreaktionsketten, Einzelkausalreihen durch Analyse zu isolieren und ihre allgemeinen Gesetzmäßigkeiten zu studieren, auch ohne daß der Zusammenhang dieser Substanzen und Reaktionen mit den systembedingten Funktionen und Systemgesetzmäßigkeiten sofort sichtbar hervortritt. So kann man etwa die Diffusionsgeschwindigkeit von Sauerstoff oder von Blutserumkonstituenten zwischen den Gefäßkapillarwänden und dem Follikelepithel der Oozyte (S. 45 f.) untersuchen, mit physikalischen Termini beschreiben und als physikalisches Phaenomen erklären. Biologischen Sinn erhält die Untersuchung jedoch erst dann, wenn die gesetzmäßige Stellung eines solchen Kausalnexus innerhalb des organismischen Systems klarsteht. Allein kausal können wir zwar einzelne Erscheinungen am lebenden Organismus, aber nicht das Phaenomen Leben erklären.

Es bedarf genauer erkenntnistheoretischer Bestimmung, um das Wesen der *Systemgesetzlichkeit* eindeutig darzustellen und der *Kausalgesetzlichkeit* gegenüber klar abzuheben, denn beide durchdringen einander. Systemgesetze erschöpfen sich nicht in der Darstellung kausaler Abhängigkeiten. Dies würde der Fall sein, wenn es sich im System um beliebige Verknüpfung von Kausalreihen handelte, gewissermaßen um eine einfache Verkomplizierung der Kausalverhältnisse, welche durch vielseitige Vernetzung von Kausalfolgen entsteht. Aber diese Vernetzung ist im organismischen System nicht eine zufällige, auch nicht eine allgemeine, sondern eine spezielle, welche Leben ermöglicht und Leben erhält. So konnte die Analyse von Regulationserscheinungen so viel zum Verständnis der Systembeziehungen beitragen, weil ja den Regulationen lebensermöglichende und lebenserhaltende Funktion zukommt. Ganz speziell ist die Verflechtung der Kausalfolgen auch hinsichtlich derjenigen Organismengruppe, der der Keim zugehört. *In dieser jeweils besonderen Art der Verknüpfung, in der sinnvollen und zugleich eigenartigen Anordnung der physiologischen Struktur kommt die Systemgesetzmäßigkeit zum Ausdruck.* Sie bezieht naturgemäß entsprechend dem oben über den engen Zusammenhang von physiologischer Struktur Gesagten auch den besonderen Bau der morphologischen Struktur mit ein. Von den jeweils phylogenetischen Problemen sei dabei zunächst abgesehen. Sie bedürfen noch zusätzlich einer besonderen Auseinandersetzung über das Zustandekommen der Verknüpfung von Kausalreihen in der Stammesgeschichte.

Systemgesetzmäßigkeiten treten innerhalb der Ontogenese an einer Reihe von Prozessen besonders eindrucksvoll hervor. So reagieren Teilsysteme, wie animales und vegetatives Polplasma, als Faktorenbereiche miteinander (S. 73 u. a.). Sie liegen im Ei weit voneinander entfernt. Ihre Reaktion ist nur möglich bei bestimmtem Verlauf der Furchung, bei dem sich das vegetative Polplasma konsolidiert, und unter bestimmten Gestaltungsbewegungen, durch die das vegetative Polplasma einer bestimmten Blastomere zufällt. Diese werden erst durch die Architektur des Gesamtsystems möglich. Animales und vegetatives Polplasma müssen auch unabhängig voneinander bestimmte Differenzierungs-Prozesse durchlaufen haben, ehe die Reaktion zwischen beiden für die Entwicklung positiv ausfallen kann. Solche Korrelationen, wie sie in unendlich vielen verschiedenen Fällen verwirklicht sind (vgl. Bd. II), kennzeichnen die Systemgesetzlichkeit. Gleichzeitige Anlage von aufeinander abgestimmten Teilsystemen, deren Reaktion miteinander den Entwicklungsablauf vorantreibt, ist nur systemgesetzlich durch Aufdecken der Verknüpfungsweisen und Wechselwirkungen, durch Darlegung der physiologischen Struktur im System, verständlich zu machen.

Es braucht nicht betont zu werden, daß diese Verknüpfungsweisen und Wechselwirkungen nur erst sehr unzulänglich bekannt sind. Es erübrigt sich auch zu sagen, daß solche Verknüpfungsreaktionen, einzeln betrachtet, sämtlich dem Kausalgesetz gehorchen. Entscheidend für die Beschreibung der Systemgesetzlichkeit bleibt, daß unter den unendlich vielen möglichen Verknüpfungen nur ganz bestimmte verwirklicht werden, eben diejenigen, die, wie oben schon betont, das Leben ermöglichen und eine besondere Tiergruppe auszeichnen. Diese Verknüpfungsweise wird durch die besondere Auswahl der Substanzen, die besondere Anordnung der Faktoren und Faktorenbereiche gegeben sein. Als kleinstes Abbild eines solchen gesetzmäßig funktionierenden Systems darf ein Regelkreis gelten, der zwar auch nur bei Gültigkeit des Kausalgesetzes arbeiten kann, bei dessen Funktion aber die Art der Zusammenordnung der Einzelteile, das Systemgesetz, entscheidend ist.

Sowohl morphologisch wie physiologisch sind die Systeme in einem Organismus nach Art einer raum-zeitlichen *Hierarchie* geordnet. Die Hierarchie baut sich sichtbar mit der Entwicklungszeit auf. Der grundlegenden Aufgliederung des Eies in Blastomeren während der Furchung folgt eine vielschichtige Differenzierung. Sowohl hinsichtlich der Art des Systems wie hinsichtlich der zeitlichen Begrenzung seiner Funktion beobachtet man, wie S. 131 ausgeführt wurde, eine Eigenständigkeit dieses Entwicklungsabschnittes. Mit dem Aufbau der Körpergrundgestalt und seiner Teilsysteme, mit der Differenzierung der Organe und Gewebe werden neue Systemgesetze gültig. Jede hierarchische Stufe besitzt eine eigene Systemgesetzlichkeit. Bisher gibt es keinen Weg, aus den Gesetzmäßigkeiten der tieferen Stufe, etwa der Teilung einer Blastomere oder einer Zelle, die der höheren, Teilung eines Histosystems, eines Drüsenläppchens usw. abzuleiten (HEIDENHAIN). Natürlich sind in jeder Zelle die allgemeinen biologischen Systemeigenschaften, zum Beispiel des Stoffwechsels, zu finden, die auch für Organe gelten. Die speziellen Formwechselprozesse in einem Organ müssen wir jedoch als systemeigen ansehen. Sehr wahrscheinlich begingen sie eine eigene Anordnung auch der generellen biologischen Faktoren.

In welcher Weise ein jeweils für eine Organismengruppe gültiges System die verschiedenen in früheren Kapiteln besprochenen Teilsysteme des Eies, im Zytoplasma Cortex und Entoplasma, im Kern Chromosomen und Nucleolen, integriert und in welcher Weise die an diese Teilsysteme gebundenen Faktorenbereiche sich im einzelnen auswirken, kann erst nach der genaueren Schilderung von typischen Entwicklungsweisen in Band II erörtert werden.

Es bleibt übrig, einen Blick auf *andere Begriffssysteme* zu werfen, in denen Anschauungen zum Ausdruck kommen, die unserer bisher gegebenen Darstellung verwandt sind. Unsere Methode zur Aufklärung der Organisation des Eies ging einerseits vom Verhalten des ganzen Keimes im entwicklungsphysiologischen Experiment, andererseits von den molekularen Verhältnissen aus. Dabei wurde versucht, immer wieder die Bedeutung der analysierten Einzelfunktionen zur Funktion des Keimganzen ins Blickfeld zu bringen. Mehr schematisch geschieht ähnliches bei Anwendung des Ausdrucks *„Embryonales Feld“* (GURWITSCH, P. WEISS) für ein System oder Teilsystem. Diese Bezeichnung entstammt der Physik. Auch dort wird der Feldbegriff zur Beschreibung von Formbildungen benutzt. Bei der Anwendung dieses Begriffes auf embryonale Kräfteanordnungen läßt sich allerdings seinen Vorstellungsinhalten im einzelnen, z. B. der Frage nach dem Verhältnis der Kräfte zu ihrem Substrat, kein genauer Sinn geben. Er dient lediglich zur vorläufigen Beschreibung der Verhaltensweise von Faktorenbereichen. HUXLEY und DE BEER verbanden den Feldbegriff mit dem des Gradienten. Auch wenn man den entsprechenden Hypothesen nicht zustimmt, wird dadurch gut hervorgehoben, daß die Wirkung von Faktoren in den Keimbereichen nach bestimmten Richtungen hin abfällt. Ebenso kommt in dem von

SPEMANN zuerst angewandten Begriff *embryonales „Zentrum"* die Tatsache der gefälleartigen Faktorenanordnung zum Ausdruck. – Sehr klar hob H. JORDAN, dessen Schriften der Verfasser entscheidende theoretische Einsichten verdankt, hervor, daß „in *dem System ein besonderes Problem* gegeben sei, daß also ... neben der Frage nach der Ursächlichkeit der Einzelerscheinungen auch die Frage nach der harmonischen Gruppierung der Einzelerscheinungen aufgelöst werden müsse." Die Physik und die Chemie seien Wissenschaften der Teilbeziehungen, dürften ihre Aufmerksamkeit beschränken auf die Zurückführung einer Veränderung auf eine Ursache. Für die Biologie sei das anders. Für sie sei das ganze System das Rätsel. Daher stellt H. JORDAN neben die physiko-chemische kausale Analyse der Einzelerscheinungen die synthetische Beschreibung des Zusammenhangs der Erscheinungen. Dieser ist nach ihm durch die Doppelbeziehung aller Teile und Prozesse im Organismus, durch ihren *„Amboceptorcharakter"* gegeben. – Auch durch die Gestalttheorie W. KÖHLERS hat die Systemtheorie der Organismen viele Anregungen erfahren.

Wie aus dem Vergleich der Regulationsbefähigung bei den verschiedenen Vertretern extremer **Eitypen** hervorgeht, äußert sich diese bei jedem Ei in verschiedener Weise. Aber es würde den wirklichen Verhältnissen nicht entsprechen, wenn man allein nach der Regulationsfähigkeit entscheiden wollte, zu welchem Typus ein Ei gehört, wie dieses bei der üblichen Einteilung in „Regulationseier" und „Mosaikeier" geschehen ist. Gute oder minder gute Regulationsbefähigung kann nicht einem Ei schlechthin zugeschrieben, sondern nur für bestimmte Leistungen des Systems oder seiner Teilsysteme festgestellt werden. Es gibt eine ganze Reihe verschiedener Ausprägungsgrade der Regulationsfähigkeit. Auch hat sich gezeigt (S. 178, Seeigel), daß Regulationsfähigkeit, die in einem frühen Stadium nicht vorhanden ist, in einem späteren Stadium, nach dem der begrenzende Faktor seine Wirkung ausgeübt hat und durch andere abgelöst ist, wiedergewonnen werden kann. In vielen Fällen kennen wir für ein Ei die Regulationsbefähigung nicht ausreichend, weil es an der experimentellen Methode fehlte, sie hervorzurufen. So wurde erst in letzter Zeit nachgewiesen, in welchem Maße auch „Mosaikeier" regulieren können. Um den *Typus der Organisation eines Eisystems* angemessen zu beschreiben, sind alle erreichbaren morphologischen und physiologischen Merkmale heranzuziehen. Mit fortschreitender Einsicht wird es immer mehr möglich sein, dem entwicklungsphysiologischen Verhalten bestimmte architektonische Merkmale zuzuordnen. So lassen sich das allgemeine Strukturschema, die Anordnung und quantitative Verteilung von plasmatischen Faktorenbereichen bestimmter Struktur und Funktion und ihre unterschiedliche feste Bindung an bestimmte Eibereiche, ferner die Art der Furchung und die Funktion der entstehenden Furchungszellen, schließlich, was erst Bd. II anschaulich gemacht werden kann, das Prinzip der Bildungsweise der Körpergrundgestalt und der Organe heranziehen, um die Eitypen zu kennzeichnen (SEIDEL, KRAUSE). Die Extreme dieser Typen sind am besten als *stark differenzierter und wenig differenzierter Eitypus* zu unterscheiden, wobei das Wort „Differenzierung" in der doppelten Bedeutung der unterschiedlich gestalteten Struktur und der unterschiedlich angeordneten Fähigkeiten gebraucht wird. Um Eier einer solchen Klassifizierung einzufügen und ihre Teile sowohl nach ihrer Struktur wie ihrer Funktion zu vergleichen, wird man feststellen, ob die Teile einander entsprechen, *homolog, oder* ob sie *heterolog, spezifisch* sind, und ob sie gleiche Entwicklungsfunktion aufweisen und als *homodynam* (BALTZER) gelten können (Ggstz. *heterodynam*). Faktoren am entsprechenden oder gleichen Ort sind *homotop,* bzw. *isotop,* unterschiedlich gelagerte *heterotop,* bzw. *anisotop.* Wie die bisherigen Ausführungen zeigen, geht unterschiedlich morphologische Differenzierung mit einem bestimmten Ausmaß von Regulationsbefähigung, mit bestimmter Furchungsweise und Blastomerengestaltung einher. Zwischen den genannten Extremen der Eitypen gibt es alle nur denkbaren Übergänge. – Berücksichtigt man die spezielle Art der Differenziertheit des Eitypus, die Art, in welcher stark oder weniger stark hervortretende Differenzierungen jeweils im Ei angeordnet sind, so kommt man zu den *systematischen Eitypen* des Tierreichs (vgl. Bd. II). Sie lassen sich naturgemäß nicht in einer allgemeinen Übersicht über die Entwicklungsphysiologie, sondern nur in monographischer Bearbeitung darstellen.

Bestimmte gemeinsame *Organisationszüge der verschiedenartigen Eitypen* treten hervor, welche den Eiern aller Metazoen eigen sind und welche auch in den Bauplänen der Metazoenkörper wiedergefunden werden können. Die **Richtungsorganisation** der ausgebildeten Tiere läßt sich schon frühzeitig auch am Ei erkennen. Es enthält in unterschiedlichen Richtungen des Raumes Material-, Struktur- und Funktionsmerkmale mit polarem Richtungssinn. Wie schon S. 40 betont wurde, entspricht der Vornhinten-Achse des Tieres etwa die animal-vegetative Achse des Eies. Frühzeitig sind an den Eiern und ihren Entwicklungsstadien auch andere Merkmale der Richtungsorganisation, radiärer, bilateraler oder asymmetrischer Bau, deutlich. – Für das Seeigelei *(Paracentrotus)* wurde bereits oben eine Anzahl von morphologischen und physiologischen Merkmalen für die **animal-vegetative Polarität** genannt.

Die Frage nach dieser Polarität der Eier steht für die tiefere nach den ganz allgemeinen Aufbauprinzipien einer Eistruktur, von der aus eine embryonale Entwicklung eingeleitet wird. Die Heteropolarität einer Hauptachse des Eies ist lediglich der sichtbarste Ausdruck dafür, daß eine solche Grundstruktur vorhanden ist. Schon frühzeitig wurde das *Ei der Seeigel* bevorzugtes Studienobjekt. Denn gerade bei diesem Ei läßt sich die Hauptachse gut von den übrigen Achsen getrennt betrachten. Auch ist hier der unmittelbare Zusammenhang zwischen Struktur und Funktion sehr deutlich sichtbar, indem der polaren Anordnung der Eifaktoren auch bestimmte erste polar gerichtete Entwicklungsprozesse entsprechen. In der ursprünglich gegebenen Anordnung der Eikonstituenten muß man eine Grundlage für die Art der Differenzierungsprozesse in dem entstehenden Embryo sehen. Die Polaritätsachse wird zur Polaritätsrichtung der Gastrula und der Larve. Entlang der Hauptachse verteilen sich unterschiedlich Bildungsfaktoren, wie vor allem aequatoriale Eidurchschneidungen aufweisen (S. 56 und Bd. II). Hervorstechende morphologische Kennzeichen der Hauptachse sind, wie S. 40 geschildert, gefälleartige Anordnung des Bildungsplasmas mit einem Maximum am animalen Pol und Abnahme zum vegetativen Pol hin, Lage des Kernes und der Richtungskörper nahe dem animalen Pol, subaequatoriale Sammlung des Pigments zu einem Ring bei *Paracentrotus* und verdichtende Schichtung des Dotters zum vegetativen Pol hin auf Grund der Wachstums- und Nährstromrichtung der Oozyte von der Wand des Ovariums aus. Der im Ovarium angeheftete Pol der

Oozyte wird zum vegetativen Pol. Weiter vervollständigt ergibt sich folgendes Bild: Am animalen Pol befindet sich die Mikropyle (Abb. 7). Die äußere Schicht der Rinde leuchtet im Dunkelfeld animal mehr grau, im übrigen orange und wird mit der Befruchtung an beiden Polen dünner, so daß das orangefarbene Aufleuchten sich auf einen subäquatorialen Ring beschränkt. Eine innere Schicht der Rinde ist durch den gleichfalls subäquatorialen Pigmentring ausgezeichnet. Das Entoplasma kann am animalen Pol stärkere Kondensierung zeigen und in der Nähe des vegetativen Poles mehr aufgelockert sein. Entsprechend befinden sich dort größere Mengen Dottergranula. Während der ersten Furchungsschritte bedingt der jeweilige Zustand des Plasmas die Stellung der Kernspindeln (S. 65). Auch in gestreckten Eiern drehen sich die Spindeln nicht in die längste Achse der Blastomeren (1. O. HERTWIGsche Teilungsregel), sondern behalten ihre durch die Plasmastruktur bedingte Richtung bei. In Eifragmenten bilden sie sich an der vorgesehenen Stelle aus, auch wenn sich diese am Rande des Fragmentes befindet (BOVERI). Allerdings ist in Gastrulae aus $^1/_2$-Blastomeren die neue Achse etwas zur ursprünglichen geneigt (Band II, HÖRSTADIUS). Die Abb. 14 a–e erschlossene Zustandsänderung des Plasmas äußert sich in der Rinde in folgendem: Schon im Vierzellenstadium findet am vegetativen Pol eine Anreicherung von geliertem Plasma statt, welche dem Entoplasma entnommen wird, so daß in dieser Region größere Spindeln nicht mehr gebildet werden können (LINDAHL). Anscheinend bestehen die Mikromeren lediglich aus der Rinde ohne Entoplasma. Sie sind gegen Temperaturschwankungen unempfindlicher als die Blastomeren des Vierzellenstadiums. Nur vegetative Eifragmente sind imstande, eine Ganzfurchung durchzuführen, animale bilden lediglich Mesomeren.

Deutlich treten demnach in der Struktur- und Stoffanordnung qualitative Unterschiede der Eiregionen in animal-vegetativer Richtung hervor, die sich unmittelbar im Entwicklungsergebnis auswirken. Es fehlen in animalen Bereichen bestimmte Plasmabestandteile, die im vegetativen Teil eine bestimmte Spindelstellung, die Bildung von Mikromeren und schließlich die Invagination zum Urdarm sowie die Skeletbildung veranlassen. Prüft man durch Abschneiden verschieden großer vegetativer Kappen vom ungefurchten Ei das Ausmaß der Mikromerenbildungsfähigkeit, so findet man, daß auch aus der Pigmentringzone noch Mikromeren, welche dann gefärbt sein können, entstehen. Je weiter der Schnitt vom vegetativen Pol entfernt liegt, um so größer werden die Mikromeren. Die Intensität der Mikromerenbildungsfähigkeit nimmt allmählich ab, bis sie etwa in der Mitte des Pigmentringes ganz erlischt. So erscheinen die Plasmaqualitäten in vegetativ-animaler Richtung nach Art eines Gefälles angeordnet (vgl. Bd. II). Die Fähigkeit zur Gastrulation und zur Ausbildung ganzer verkleinerter Plutei hört im normalen Ei an der Grenze zwischen dem veg_2- und veg_1-Zellkranz auf. Der animale Zellbereich allein, ohne veg_2-Zellen und Mikromeren, kann nicht gastrulieren (Abb. 10 d), sondern lediglich Wimperblastulae hervorbringen. Verschmelzungen von Eiern mit dem Ergebnis von Ganzbildungen sind nur möglich, wenn die Polaritätsachsen der Eier etwa parallel laufen.

Entsprechende Merkmale einer polaren Verteilung der Plasmabestandteile treten bei Eiern mit stark differenzierter Plasmaarchitektur noch auffälliger hervor, wie es z. B. die Abb. 16 c vom *Limnaea*-Ei dartut. Auch für das Ei von *Crepidula* (Abb. 19) wurde beschrieben, wie von der Eirinde aus ein Gerüst kontraktilen Grundplasmas das Innere durchzieht, welches am animalen Pol ziemlich dicht ist und sich gegen den vegetativen, Dotter beladenen Pol hin mehr und mehr auflockert. Über die Bemühungen, die sehr verwickelten Verhältnisse bei den im allgemeinen von Anfang an telolecithalen Eiern von *Parascaris* aufzuklären, unterrichtet S. 124 f. Polar orientierte plasmatische Faktorenbereiche bedingen dort die Einleitung oder die Verhinderung der Chromatin-Diminution und damit die Ausbildung von Körper- oder Keimzellen im Organismus.

Im allgemeinen besteht die Neigung, die sichtbaren Verschiedenheiten der plasmatischen Bestandteile und ihrer Wirkungen nicht für die Träger der Polarität selbst zu halten, sondern ihre polare Anordnung als Folge einer polarisierten Intimstruktur des Plasmas, insbesondere des Ektoplasmas, anzusehen. Hierüber sind verschiedene Vorstellungen entwickelt worden. DRIESCH machte, ähnlich wie man es für Kristalle annimmt, für die Aufrechterhaltung der Richtungsorganisation *kleinste polarisierte Plasmateile* verantwortlich. Sie selbst wären nicht nur polar, sondern auch je nach der Tierform radiär, bilateral oder asymmetrisch ausgebildet und befänden sich nicht nur in der Eizelle, sondern in allen Zellen des Tieres. Sie vermöchten in Eifragmenten die Polarität aufrecht zu erhalten oder nach Umschichtung unabhängig von der ursprünglichen Richtung die Achse neu wieder herzustellen. – Ein erklärender Wert kommt dieser Vorstellung nicht zu, solange es nicht möglich ist, die Eigenschaften solcher Elementarteilchen und ihren Zusammenhang mit der Gesamtorganisation des Eies wirklich zu studieren.

Boveri lehnte diese Hypothese mit ihren Folgerungen ab, weil er nach den S. 55 ff. angeführten Ergebnissen an Eifragmenten und verschmolzenen Eiern von der Konstanz der einmal hervorgetretenen Polarität überzeugt war. Nach seinen Ansichten zeichnet sich das Ei in animal-vegetativer Richtung durch *qualitativ verschiedene Plasmadifferenzen* aus, oder es gewährleistet die Polarität durch ein *quantitatives Gefälle stofflicher Art,* das sich von einem Pol zum anderen ausdehnt. Im letzten Falle müsse im Eiplasma quer zur Polaritätsachse eine Schichtung vorhanden sein, in der Weise, daß irgend etwas in der Richtung von einem Pol zum anderen an Konzentration ab- oder zunimmt. Radiäre, bilaterale oder asymmetrische Gebilde könnten durch verschiedene Gefälle in der entsprechenden Richtung des Raumes ausgezeichnet sein. Ein Eifragment würde zum Ganzen zu regulieren vermögen, wenn es ein alle Plasmazonen umfassendes Gefälle enthielte (vgl. dazu S. 181).

Child bildete anstelle dieser Struktur- und Substanzhypothesen eine rein *physiologische* aus. Nach seiner Ansicht sind es, ohne Rücksicht auf die zugrundeliegenden Bestandteile, die quantitative Zunahme oder Abnahme der Stoffwechsel- oder Atmungsgröße, des Oxydo-Reduktionsvermögens, der Empfindlichkeit Giften gegenüber, die ein Achsengefälle, einen *Axial-Gradienten* auszeichnen. Diese Hypothese führt qualitative Unterschiede ausschließlich auf *quantitative Abstufungen* zurück.

Beide Forscher entwickeln für den Beginn einer Differenzierung bestimmte Vorstellungen. Nach Boveri beginnt sie an einem durch die Schichtung bedingten *Vorzugsbereich,* nach Child an dem höchsten Punkt des physiologischen Gefälles. Die physiologischen

Verschiedenheiten geben den Anstoß zur Entstehung qualitativer Verschiedenheiten im Plasma. Stellen höchster physiologischer Aktivität vermögen zuerst Differenzierungen hervorzubringen und nach dem Prinzip der *physiologischen Dominanz* mögliche Differenzierungen an anderen Stellen geringerer physiologischer Aktivität zu unterdrücken.

Seitdem es mehr und mehr gelingt, die Zusammensetzung des Zytoplasmas real aufzuklären, wird man sich bemühen, die die *Polarität tragende Intimstruktur unmittelbar anschaulich* zu machen. Da die animal-vegetative Polarität außer in dem S. 148 geschilderten Umdrehungsexperiment am Froschei bisher durch experimentelle Behandlung nur geringfügig abgeändert wurde, vermutet man ihren Träger in den während der Zentrifugierung unverlagerbaren Bestandteilen, beim Seeigelei und *Tubifex*ei in der Struktur der Rinde, zu der das das ganze Eiinnere durchziehende Grundzytoplasmagerüst hinzukommt. Dies kann in einzelnen Fällen, wie beim *Crepidula*-Ei, so grob sein, daß seine Bewegungsreaktionen unmittelbar zur Beobachtung gelangen (Abb. 19). Ob die Richtungsorganisation auf qualitativen oder lediglich quantitativen Unterschieden beruht, muß weiterer Untersuchung vorbehalten bleiben. Ebenso ist jeweils die Frage zu entscheiden, ob sie sich auf stoffliche Unterschiede oder eine bestimmte Ausrichtung der Plasmastruktur oder auf beide Ursachen zugleich gründet. Eine theoretische Notwendigkeit, qualitative Merkmale der Richtungsorganisation auf quantitative zurückzuführen, besteht nicht, zumal es nicht ausgemacht ist, daß die organismische Polarität auf die gleiche Weise zustande kommt, wie diejenige der kristallisierten Substanzen. Einstweilen wird man mit großen Hoffnungen elektronenoptischen und topochemischen Untersuchungen an der Rinde von Oozyte und Ei entgegensehen dürfen.

Ein offenes Problem bleibt es, ob allgemein von Anfang an die Richtungsorganisation nach allen Achsenrichtungen hin vorgebildet ist, oder ob die Strukturen zunächst nur entlang der Hauptachse polarisiert sind und die übrigen Achsen sich allmählich nacheinander manifestieren. Dies trifft vielfach zu. Außer der Hauptachse ist, wie es die Unersetzlichkeit der Rinde gegenüber dem Entoplasma offenbart (S. 156), die Innen-außen-Richtung von vornherein polar ausgebildet. – Ein monaxones Ei gewinnt dadurch **bilaterale Symmetrie,** daß sich auch außerhalb der animal-vegetativen Achse mindestens e i n Ort oder e i n e Achsenrichtung im Plasma durch eine Besonderheit auszeichnet.

Morphologisch wird diese Symmetrie bei Stachelhäutern meist schon während oder nach der Furchung (Abb. 13, 42), bei Würmern und Weichtieren mit dem Zwei- oder Vierzellenstadium (Abb. 17, 35) deutlich. Die Eier von Insekten zeigen sie von Anfang an, die Wirbeltiere spätestens nach der Besamung, erstere schon durch ihre äußere Gestalt (Abb. 20), letztere durch das dorsale Plasma (Abb. 44). Da Wurm- und Weichtiereier sich spiral furchen und durch die Stellung der ersten Furchungsspindel bereits die monaxone Struktur zur **Asymmetrie** verändert ist, erscheinen morphologisch allein die Seeigeleier zuerst rein monaxon (Abb. 7). Die erste Furche kann bei ihnen jede Richtung zur späteren bilateralen Symmetrie sowie zur Spermieneintrittsstelle einnehmen.

Physiologisch läßt sich jedoch auch beim Seeigelei die bilaterale Struktur bereits vor der Furchung in Durchschneidungsversuchen (S. 57) nachweisen. Aber diese Struktureigenschaft, die sich erst bei der Bildung der Körpergrundgestalt auswirkt, ist auf dem Wege dahin vielfach experimentell abzuändern. (Herbst, Boveri, Lindahl): Mit chemischen Mitteln kann die Symmetrie gestört oder zugunsten der Bildung radiärer Larven aufgehoben werden (Abb. 42 e_1, e_2). Unterwirft man, wie S. 59 geschildert, Eier beim Durchtreiben durch eine feine Kapillare quer zum Pigmentring einer Streckung, so läßt sich, falls das vordere Ende mit Nilblausulfat leicht markiert ist, feststellen, daß in der Mehrzahl der Fälle dieses Vorderende zur Ventralseite wird. Eine Richtungsänderung der Hauptachse gelingt auf diese Weise nicht. Offenbar bewirkt die lokale Dehnung am vorderen Ende in der Kapillare eine Veränderung in den kolloidchemischen Verhältnissen der Rinde, welche der Ausbildung der Ventralseite günstig ist. An jeder Stelle des Äquators kann die Ventralseite entstehen. Auch nach Zentrifugierung befindet sich die Ventralseite vorzugsweise am zentrifugalen Pol, wo grobe Granula des Entoplasmas sich ansammeln. So mag normalerweise die Ausbildung der Ventralseite mit einer örtlich begrenzten Anhäufung dieser Granula im Entoplasma zusammenhängen. – In den ersten Furchungsstadien ist bei frontalen

Durchschneidungen in dem dorsalen Partner die Dorsoventralachse meist invertiert. Auch daraus läßt sich schließen, daß die Dorsoventralachse zwar vorhanden, aber nicht unveränderlich festgelegt ist. Bei den Eiern der Amphibien kann man die bilaterale Organisation abändern, obwohl sie sich vielfach bereits vor der Besamung morphologisch sehr deutlich abzeichnet und im Schnürungs- wie im Verschmelzungsexperiment klar hervortritt (Abb. 22 e, 50). Bei manchen Amphibieneiern erhebt sich von Anfang an die Pigmentkappe an einer Seite mit ihrer Grenze zum weißen Dotter über den Äquator (Abb. 44). Hier liegen normalerweise der spätere graue Halbmond, die obere Urmundlippe und entsprechend die spätere Dorsalseite. Die sich verdünnende Stelle im Cortex entspricht diesmal der Dorsalseite. Durch Schwerkraftwirkung ließ sich die Dorsalseite an jeden Ort des Eiäquators verlagern (S. 148). Aber nach Entstehung des grauen Halbmonds gelingt dies nicht mehr. Bei *Rana esculenta* wird, was zu entscheiden wohl bei manchen Arten von Wurm- und Weichtiereiern, aber bisher nicht beim Seeigelei einwandfrei gelang, die Symmetrieebene im Experiment willkürlich durch die Eintrittsstelle des Spermatozoons bestimmt (Roux, Ancel und Vintemberger). Vielleicht ordnet sich dabei das Entoplasma entsprechend der Richtung der Spermienpolstrahlung neu und beeinflußt dadurch die Lokalisierung der Ventralseite und des grauen Halbmonds. Folgt auf die örtlich begrenzte Zugabe von Samenflüssigkeit eine auf eine andere Stelle des Äquators eingestellte Schwerkraftwirkung, so richtet sich die Symmetrieebene nach dieser letzteren als dem wohl härteren Eingriff. Die erste Furchungsebene kann in jedem Eimeridian einschneiden und hat zur Symmetrieebene keine Beziehung.

Nach diesen Ergebnissen ist bei den untersuchten Eiern die *Struktur bereits sehr frühzeitig bilateral.* Wenn morphologisch die Achsen bei manchen Eiern nacheinander in Erscheinung treten, so ist doch mindestens entwicklungsphysiologisch die Eistruktur entlang *der Hauptachse,* der *Innen-außen-Achse* und *einer Querachse polarisiert.* Lediglich bestehen insofern Unterschiede entlang der Rechts-links- oder Dorsoventralachse gegenüber der animal-vegetativen Hauptachse, als die ersteren relativ leicht verlagert, auch invertiert werden können, was bei letzterer bisher nur in einem einzigen Falle gelang.

Die **Entstehung der Richtungsorganisation** kann wiederum nur hypothetisch dargestellt werden. Sehr vielfach entspricht die animal-vegetative Polarität der bei der Entstehung der Oozyte zu beobachtenden Wachstumsrichtung (Seeigel, S. 40, *Parascaris,* S. 124, Insekten, S. 136). Auch die Bilateralität spiegelt manchmal Spuren prägender Follikelzellen wider (*Limnaea,* S. 70, Insekten). Es wäre möglich, die Polarität entstünde ausschließlich durch den Einfluß umgebender Zellen, ebenso wie von diesen die verlagerbaren Plasma- und Dottersubstanzen abgeschieden werden (CHILD, HUXLEY und DE BEER). Solche Einflüsse könnten, soweit sie die Hauptachse betreffen, stofflicher oder strukturrichtender Art sein.

Dieser Ansicht liegt die Erfahrung zugrunde, daß die Polarität in regenerierenden Körpersystemen niederer Tiere durch äußere Faktoren invertiert werden kann. Stammstücke von Hydroidpolypen *(Corymorpha, Pennaria),* die durch Giftwirkung entdifferenziert sind, lassen neue Köpfchen unabhängig von der Primärpolarität an derjenigen Seite der Oberfläche entstehen, die am besten mit Sauerstoff versorgt ist. Stammstücke, welche normalerweise an beiden abgestutzten Enden regenerieren *(Obelia),* tun dies im elektrischen Strom nur in Richtung auf die Anode hin. Schließlich bilden Stammstücke anderer Hydrozoen, welche normalerweise am oberen Ende Sprosse mit Köpfchen, am unteren wurzelartige Stolonen regenerieren *(Antennularia),* Stolonen am Köpfchenende, wenn man die Stammstücke umgekehrt im Aquarium aufhängt. Aber offenbar handelt es sich, selbst im zuerst genannten Falle, bei diesen Ergebnissen wie bei der Umkehr der Polarität des Froscheies durch die Schwerkraft lediglich um die Umbildung einer schon vorhandenen Polarität und nicht um Neueinführung oder Ausrichtung von solchen Substanzen und Strukturen, die die Polarität in einem vorher isotropen Material hervorrufen. Auch das Ergebnis von TYLER, daß bei künstlich parthenogenetischer Entwicklung des marinen Borstenwurms *Urechis* statt bilateral gebauter Larven 25 % radiäre auftreten, ist noch nicht genügend klar zu durchschauen, als daß man es allein auf den fehlenden äußeren richtenden Einfluß des Spermiums zurückführen könnte. Diese Verhältnisse mit denen in der wachsenden Oozyte zu vergleichen, würde nur dann sinnvoll sein, wenn auch bei ihr stets eine schon vorhandene Zellpolarität verstärkt oder umgeformt und dabei zur Eipolarität werden würde. Dafür liegen allerdings Anhaltspunkte vor. Sie schließen jedoch nicht aus, daß auch eigene innere Entwicklungsfaktoren für die Ausgestaltung einer bereits vorhandenen Polarität in Frage kommen.

Das Bild einer sehr jungen Oozyte bzw. Oogonie, das in Abb. 15 a von der Schnecke *Eremia* dargestellt ist, kann für viele andere junge Oozyten, so auch für diejenigen der Seeigel, Fische und Amphibien, ein Beispiel sein. Die Oozyte liegt an einer Seite einer Bindegewebslage im Ovarium auf. Von dort aus gesehen macht sich eine polare Ausrichtung bemerkbar, die durch den Kern und das zugehörige Zentriol gegeben ist. Das Zentriol bildet den Mittelpunkt eines sog. Dotterkernes. Zweifellos ist das, was von den Autoren unter diesem Begriff bei verschiedenen Tieren beschrieben wird, morphologisch und biochemisch nicht einheitlich darzustellen. Im vorliegenden Falle wird das Zentriol von einem großen GOLGI-Komplex und nach außen hin von sehr viel Mitochondrien umgeben. Später verteilen sich die GOLGI-apparate und Mitochondrien über das ganze Plasma der Oozyte (Abb. 15 b, c). Der Dotterkern muß als ein Zentrum für Proteinsynthese angesehen werden. Viele Dotterplättchen entstehen primär in seiner Umgebung. – In den Ovarien, welche Nährzellen enthalten, ist die Proteinproduktion anders gelöst. Während die Follikelzellen lediglich eine Übertragung von Blutproteinen auf dem Wege der Pinozytose vermitteln, wird von den Nährzellen aus unmittelbar Protoplasma einschließlich RNS in die Oozyte eingeschleust. Der Prozeß des Aufbaues der Oozyte gestaltet sich darum als sehr unübersichtlich. So wird es auch zweifelhaft, ob die Lage des Dotterkernes für die Kennzeichnung der Richtungsorganisation der Oozyte in Anspruch genommen werden kann. Das Problem der Entstehung der Richtungsorganisation in sehr frühen Stadien der Oozyte bleibt noch ein offenes.

Viele histologische und zytologische Erfahrungen lassen eine *Erhaltung der Richtungsorganisation durch alle Generationen* hindurch als möglich erscheinen. Mit ganz wenigen Ausnahmen bildet die Anheftungsstelle der Oozyte im Keimepithel den vegetativen Pol des Eies (S. 40). Demnach entspricht die animal-vegetative Hauptachse des Eies unmittelbar der Apical-basal-Polarität der Keimepithelzellen. Da die einzelnen grob sichtbaren, auch in der Zentrifuge verlagerbaren Aufbaustrukturen und -Substanzen während der Oogenese unter Mitwirkung vom Follikelepithel oder von Nährzellen entstehen, so dürfte man die Rinden- und Grundplasmaarchitektur mindestens in ihren Elementen unmittelbar in der Keimepithelzelle wiederfinden können. Diese Richtungsorganisation, speziell die Richtung der Hauptachse, wird in diesem Stadium sehr labil und Abänderungen durchaus zugänglich sein. Entscheidende Hinweise ergeben sich, wenn man das Schicksal der Eistruktur noch weiter zurückverfolgt und sich ihren Wandel im Ablauf der Keimgenerationen vergegenwärtigt. Für das *Parascaris*-Ei wurde S. 123 f. an Abb. 35 a–c auseinandergesetzt, wie vom Beginn der Furchung an die Stammzellen (P) sich unabhängig von den Teilungen der Körperzellen in einer gesonderten Stammlinie unmittelbar bis zur Entstehung der Keimzellen für die nächste Generation verfolgen lassen. WEISMANN hat eine solche Zellenfolge die *Keimbahn* genannt. Sie führt ununterbrochen durch die Generationen hindurch, und während in ihr das lebendige Organisationsprinzip unendlich sich fortpflanzt, gibt sie für jede neue Generation zu Beginn der Entwicklung Zellen ab, die den neuen Körper des Tieres aus sich hervorgehen lassen, aber nach Erfüllung der Lebensfunktion dem Tode geweiht sind. Das Plasma der Keimbahnzellen ist gegenüber dem der Körperzellen durch den Gehalt an aufbauenden Substanzen ausgezeichnet. Sie nehmen häufig die Gestalt eines RNS-reichen Keimbahnkörpers (Oosom) an (Abb. 38 und S. 136). Am deutlichsten erkennt man die Keimbahn bei Tierformen mit Eiern von stärker differenzierter Plasmaarchitektur, doch läßt sich aus vielen Untersuchungen über die Embryonalentwicklung auch wenig differenzierter Eier erschließen, daß sie wohl eine allgemeine Erscheinung darstellt. Auf ihrem Wege könnten Merkmale der Richtungsorganisation des Eies sich durch die Embryonal- und Jugendstadien hindurch bis zur Ausbildung für die nächste Generation erhalten. Die Organisation ist sicher während dieser Zeit nicht starr. Sie dürfte Entwicklungserscheinungen im Sinne einer Vereinfachung oder Auflockerung vom Beginn der Furchung an oder im Sinne einer Komplizierung und Verfestigung beim Herankommen der Keimzellenbildung unterliegen. Dem verschiedenartigen Ablauf solcher Entwicklungsvorgänge könnte es zuzuschreiben sein, wenn in den jungen Eiern der einzelnen Tiergruppen der Zustand der Richtungsorganisation verschieden weit fortgeschritten ist, wenn in einem Falle nur eine oder zwei Achsen sich physiologisch nachweisen lassen, im anderen Falle Differenzierungen in allen drei Achsenrichtungen morphologisch sichtbar sind. Die Keimbahnzelle würde diese Zustandsänderungen jedoch nicht allein in ihrem Plasma durchführen. Wie beschrieben wurde, sind an der Ausbildung der Rechtsdrehung oder Linksdrehung in der Eistruktur für die Spiralfurchung von *Limnaea* Einflüsse des Kernes beteiligt. Genetische Faktoren entfalten vermutlich in der Zeit der Lockerung und Neuverfestigung der Richtungsstruktur ihre Wirkung. Diese hypothetischen Vorstellungen mögen die verwickelten Verhältnisse erläutern, die zu untersuchen sein werden, um die Entstehung der Organisation des Eies von der Keimbahnzelle aus aufzuklären, während diese die verschiedenen Perioden der Embryonalentwicklung durchschreitet und in den Ovarien zur Zeit der Jugendentwicklung und des frühen Reifestadiums heranwächst: *In der neu beginnenden Embryonalentwicklung bildet die Architektur des Eiplasmas die Grundlage für die Richtungsorganisation und für alle Lokalisationsvorgänge zur Formgestaltung des Embryo. Die Zytoplasma-Architektur des Eisystems ist jedoch selbst wieder ein Entwicklungsergebnis aller Faktoren der ganzen Keimbahnzelle und ihrer in Kern und Plasma überkommenen Organisation.*

Erklärung von Fachausdrücken

Abdomen: bei Gliederfüßlern, z. B. Insekten, Hinterleib (lat. *abdōmen* = Leib).

acidophil: mit sauren Farbstoffen färbbar (lat. *ácidus* = sauer, gr. *phílos* = zugetan).

Adultus: Ausgewachsener Organismus im Stadium der Reproduktionsfähigkeit (lat. *adúltus* = erwachsen).

aequilibriert: Lösung, deren Ionen für Kulturzwecke gegenseitig abgestimmt sind (lat. *aéquus* = gleich, *librāre* = im Gleichgewicht erhalten).

Affinität: positive oder negative Tendenz von Plasmen, Zellen oder Blastemen zum Zusammenschluß (lat. *affīnitas* = Verwandtschaft).

Agglutination: Zusammenballung von kleinen Körpern (lat. *agglutināre* = anleimen, ankleben, anheften).

Akrosōm: Spitzenstück des Spermienkopfes (gr. *akrós* = spitz; *sōma* = Körper).

Allele: Durch Mutation entstandene Zustandsformen eines Gens, die phaenotypische Unterschiede zur Ausgangsform hervorrufen. Da sämtliche Allele dem gleichen Genlocus zugehören, liegen sie in einem diploiden Chromosomensatz einander in homologen Chromosomen als Gegengene gegenüber (gr. *allélōn* = wechselseitig; *morphḗ* = Gestalt).

Allosterie: Veränderung der Raumstruktur und damit der enzymatischen Wirksamkeit eines Proteins durch den Einfluß einer meist niedermolekularen Verbindung (gr. *állos* = andersartig; *stereós* = hart, starr).

amiktisch: Weibchen, die parthenogenetisch Eier erzeugen, aus welchen wiederum lediglich parthenogenetisch sich fortpflanzende Weibchen hervorgehen (gr. *amixía* = Mangel an Verkehr).

Aminosäuren: Fettsäuren mit Amino-(NH_2-)Gruppen. Durch „Peptidbindung" zwischen der Aminogruppe der einen und der Carboxylgruppe (COOH) einer weiteren Aminosäure werden unter der Einwirkung von Enzymen nach Wasserabspaltung Polypeptide und Proteine aufgebaut.

Amphiaster: normale Kernteilungsspindel mit zwei Polstrahlungen (gr. *amphí* = auf beiden Seiten; *astḗr* = Stern).

Anaphase: Stadium der Kernteilung, in dem die Chromatiden sich entspiralisieren und zu den Spindelpolen wandern (gr. *aná* = hinauf; *phásis* = Erscheinung).

Androgenese: Entwicklung des ganzen Eies ohne Eikern, allein unter Beteiligung des Samenkernes (gr. *anḗr* = Mann; *génesis* = Entstehung).

Andromerogōn: Keim aus Eibruchstück allein mit Samenkernanteil (gr. *anḗr* = Mann; *méros* = Teil; *gónē* = Geburt, Sproß).

animaler Pol: Eipol, an dem sich die Hauptmenge des Bildungsplasmas befindet und die Richtungskörperbildung erfolgt. Ursprüngliche Bedeutung: Bildungsstätte von Organen, die den tierischen Organismus kennzeichnen (Sinnesorgane, Nervenzentrum) (lat. *ánimal* = Tier).

Anticodon: die zu einem Aminosäure-Codon komplementäre Basenfolge der t-RNS-Moleküle (gr. *antí* = gegenüber).

Antigēn: Körperfremder Stoff, der eine Abwehrreaktion durch Bildung von spezifischen Antikörpern hervorruft, welche das Antigen binden und unschädlich machen (gr. *antí* = gegen; *gennān* = erzeugen, hervorbringen).

Antikörper: Körpereigener Stoff, der in Abwehr und zur Bindung eines körperfremden Stoffes (Antigen) gebildet wird (gr. *antí* = gegen).

Antiserum: Antikörper enthaltendes Blutserum.

apical: vorderes Ende (lat. *ápex* = Spitze).

Atmungskette: Kette hintereinandergeschalteter reduzierender und oxydierender Enzyme, in welcher Wasserstoff (z. B. aus dem Citronensäurezyklus) in Stufen auf molekularen Sauerstoff übertragen und damit zu Wasser oxydiert wird.

Autosomen: Gesamtheit der Chromosomen außer den Geschlechtschromosomen (gr. *autós* = selbst, persönlich; *sōma* = Körper).

basophil: mit basischen Stoffen färbbar (gr. *básis* = Grundlage, *philos* = zugetan).

- blast: Endigung zur Bezeichnung von Bildungszellen (gr. *blástos* = Keim, Sproß).

Blastēm: Bildungsgewebe aus embryonalen Zellen (gr. *blástēma* = Keim, Sproß).

Blastoderm: Zellschicht, die am Ende der Furchung den massigen Dotter des Insekteneies umgibt und der Oberflächenschicht einer Blastula entspricht (gr. *blástos* = Keim; *dérma* = Haut).

Blastomēren: Zellen, in die das Ei der Furchung aufgeteilt wird (gr. *blástos* = Keim; *méros* = Teil).

Blastozöl: Hohlraum der Blastula, primäre Leibeshöhle (gr. *blástos* = Keim; *koīlos* = hohl).

Blastula: hohle Keimblase als Endergebnis der Furchung, deren Wand ein Blastem ist (gr. *blástos* = Keim).

Chiasma: Überkreuzung von Chromatiden homologer Chromosomen auf Grund eines vollzogenen Crossover (entsprechend der Form des griech. Buchstaben chi = χ).

Chorda dorsalis: Rückensaite, Stützorgan der Wirbeltiere (lat. *chórda* = Darmsaite; *dórsum* = Rücken).

Chromatide: „Halbchromosom", Einzelstrang der Anaphase, kinetische Einheit des Chromosoms (gr. *chrōma* = Farbe; *teíno* = spannen).

Chromatin: stark färbbare FEULGEN-positive Chromosomen bildende Substanz der Zellkerne (gr. *chrōma* = Farbe).

Chromomēr: Operative Einheit innerhalb des Chromonema, Einheit der DNS-Synthese und des Puffing. Die starke Färbbarkeit des Chromomers ist dadurch bedingt, daß der DNS-Doppelfaden sich in diesem Abschnitt stark spiralisiert hat (gr. *chrōma* = Farbe; *méros* = Teil).

Chromonema: Zentralfaden eines Chromosoms, in der Anaphase bestehend aus einem DNS-Doppelmolekül (gr. *chrōma* = Farbe; *nēma* = Faden).

Chromosōm: Stark färbbares fadenförmiges Strukturelement des Karyoplasmas, das in der Metaphase stark spiralisiert in artmäßig bestimmter Zahl hervortritt. Seit der DNS-Synthese in der Interphase bis zur Längsteilung in der Metaphase ist das Chromosom zweisträngig (gr. *chrōma* = Farbe; *sōma* = Körper).

Cīstron: Funktionseinheit von mehreren Recons oder Mutons innerhalb eines Genes. Ergibt normales Phaen nur bei Koppelung der Recons auf einer Chromatide bzw. einem DNS-Strang = Erbinformation für ein Polypeptid. Etwa 1000 Nucleotide. (engl. (Kunstw. *Cis*-Stellung = Koppelung; lat. *cis* = diesseits).

Citronensäurezyklus: Kreisprozeß für den Endabbau von Produkten aus dem Protein-, Fett- und Kohlenhydratstoffwechsel, der zur Bereitstellung niedermolekularer Substanzen für den Aufbau körpereigener Stoffe dient. Citronensäure mit 6 C-Atomen wird in oxydativer Dekarboxylierung, d. h. der Abtrennung von CO_2 unter Dehydrierung, stufenweise zu Oxalessigsäure mit 4 C-Atomen abgebaut und durch Kondensation mit 2 C-Atome enthaltenden Bruchstücken wieder gebildet, so daß der Kreisprozeß zur Freistellung von H^+ immer neu beginnen kann.

Code: Geheimschrift. Genetischer Code = Ausdrucksform der Genetischen Information, des Genetischen Faktorengefüges (franz. *code* = Gesetzbuch).

Cōdon: Durch eine Folge von Zeichen verschlüsseltes Wort der Genetischen Information = Codewort. Das Wort für eine Aminosäure wird durch eine Folge von 3 Nucleotiden gebildet (franz. *code* = Gesetzbuch).

Corepressor: Substanz, die durch Verbindung mit einer Repressorvorstufe den Repressor aktivieren kann.

Cortex, Cortikalplasma: Rinde, Ektoplasma des Eies bzw. äußerste Teilschicht des Ei-Ektoplasmas (lat. *córtex* = Rinde).

Crista: Septe oder Querwand innerhalb des Mitochondriums, Ausstülpung der inneren Hüllmembran (lat. *crista* = Kamm).

Crossōver: Austausch von Segmenten zwischen je zwei homologen (Nicht-Schwester-)Chromatiden der vier Chromatiden im Diplotän der Meiose (engl. *crossing-over* = Überkreuzung).

deficiency: Stückverlust eines Chromosoms oder einer Chromatide (engl. *deficiency* = Defekt).

Desmosōm: Diskusförmige Haftplatte zwischen den Zellen mit verdichtetem Ektoplasma und Interzellularsubstanz. Nicht eine zytoplasmatische Zellverbindung wie beim „Fusom“ (gr. *desmós* = Band, Binde; *sōma* = Körper).

D e t é r g e n s : Oberflächenaktiver, insbesondere ein die Oberflächenspannung herabsetzender Stoff. Synth. Waschmittel. (lat. *detergēre* = abwischen, zerbrechen).

D e t e r m i n a t i o n : Bestimmung der Keimteile für ihre Entwicklungsaufgabe, so daß sie der Selbstdifferenzierung im Sinne dieser Aufgabe fähig sind (lat. *determināre* = begrenzen, bestimmen).

D i f f e r e n z i e r u n g : Verschieden-werden der Keimteile hinsichtlich Substanz oder Struktur oder Form oder Funktionsfähigkeit (lat. *differéntia* = Unterschied, Verschiedenheit).

D i k t y o s ō m : GOLGI-Apparat (gr. *díktyon* = Netz; *sōma* = Körper).

d i p l o i d : zweisätzig, zwei Chromosomensätze (2 n) besitzend (gr. *diplóos* = doppelt gelegt).

D i p l o t ä n : Vierstrang-Stadium in der Prophase der Meiose, in welchem außer der Chromosomenpaarung die schon während der Interphase eingeleitete Replikation (Verdoppelung) sichtbar wird, so daß nunmehr 4 homologe Chromatiden vorliegen, 2 väterliche und 2 mütterliche (gr. *diplóos* = zweifach, doppelt; *tainía* = Band).

D i m i n u t i o n : Ausscheidung von Heterochromatin aus dem Chromosomensatz (lat. *Diminūtio* = Verminderung).

D N S : Desoxyribonucleinsäure. Zur Zusammensetzung und Struktur vgl. Abb. 3. Die Architektur der Basen enthält die genetische Information zum Aufbau von Polypeptiden. 15 000 bis $>$ 2 000 000 Nucleotidpaare. Mol. Gewicht 10^7–10^9. Molekül-Länge = $>$ 2 mm.

D o p p e l - H e l i x : Doppelschraube als Raumstruktur des DNS-Moleküls (lat. *hélix* = Schlingpflanze).

d o m i n a n t : eine Anlage, welche sich gegenüber einer anderen in der Entwicklung durchsetzt. Ursprünglich: Mendelnde, das im diploiden Zustand vorhandene Gegengen bzw. Allel überdeckende Anlage (lat. *domināri* = herrschen). – Physiologische Dominanz s. S. 197.

d o r s a l : an der Rückenseite (lat. *dórsum* = Rücken).

D o t t e r - E n t o p l a s m a - S y s t e m : Der Nährdotter des Eies ist bei diesem System von Plasma-Strängen durchzogen und auf diese Weise eng mit dem Bildungsplasma verbunden. So werden einheitliche zur Differenzierung nötige Reaktionen und ebenso Gestaltungsbewegungen möglich (gr. *entós* = innen; *plásma* = Gebilde).

E k t o b l a s t ē m (Ektoderm): Haut, Hautderivate und Nerven system bildende äußere Keimschicht (gr. *ektós* = außen; *blástema* = Keim, Sproß; *dérma* = Haut).

E k t o p l a s m a : äußere, meist sehr dichte Plasmaschicht, Außenplasma der Zelle, welches die Rinde (Cortex) des Eies als äußerste

Schicht enthält oder ihr gleichkommt (gr. *ektós* = außen; *plásma* = Gebilde).

Endomitose: Indirekte Kernteilung unter Beibehaltung der Kernmembran und Zusammenbleiben der Teilungsprodukte (gr. *éndon* = innen; *mítos* = Faden).

Endoplasmatisches Retikulum (ER): Zusammenhängendes System unterschiedlich gestalteter durch Kapillaren verbundener Hohlräume von 100–150 nm Durchmesser innerhalb des Zytoplasmaraumes. Als „granuläres ER" ist es mit Ribosomen besetzt (gr. *éndon* = innen; lat.-*retículum* = kleines Netz).

Entelechie: nur den Lebewesen eigener, außerräumlicher, aber im Raum wirkender Naturfaktor, welcher „das Ziel in sich trägt". In der embryonalen Entwicklung verbürgt er nach DRIESCH die ganzheitliche Ausbildung der Form (gr. *en* = darin; *télos* = Ziel; *échein* = in sich haben, enthalten).

Entoblastēm (Entoderm): innere, den Darm und seine Anhangsorgane bildende Keimschicht (gr. *entós* = innen; *blástema* = Keim, Sproß; *dérma* = Haut).

Entoplasma: Innenplasma des Eies oder der Zelle, das sich oft vom Außenplasma durch geringe Dichte und mehr Einschlüsse unterscheidet (gr. *entós* = innen; *plásma* = Gebilde).

Enzȳm: reaktionsbeschleunigendes Protein. Als Biokatalysatoren erniedrigen Enzyme spezifisch die zur Einleitung einer Reaktion notwendige Aktivierungsenergie (gr. *én* = inmitten; *zymoūn* = in Gärung setzen).

Epigenese: Entwicklung durch Neubildung aus Ungeformtem (gr. *epi* = auf etwas hin; *génesis* = Werden, Entstehen).

Euchromatin: Die vornehmlich Gene tragenden und mäßig spiralisierten Teile der Chromonemen (gr. *eū* = gut; *chrōma* = Farbe).

Evolution: Entwicklung durch Entfaltung von Vorgeformtem, Praeformiertem (lat. *evólvere* = herauswickeln).

Exogastrula: Gastrula mit ausgestülptem Urdarm (gr. *ektós* = außerhalb; *gástra* = bauchiges Gefäß).

Expressivität: Ausprägungsgrad einer Merkmalsanlage, Manifestationsstärke eines Gens (lat. *exprímere* = ausdrücken, *expréssus* = ausgeprägt).

Faktor: Teilursache, die materiell oder aber allein nach ihrer Wirkung bestimmt sein kann (lat. *fácere* = machen, bewirken, hervorbringen).

Fermente: Eiweißkörper, die durch ihre Gegenwart als Biokatalysatoren in kleinster Menge bestimmte Stoffumsätze beschleunigen.

Ursprünglich nur für Wirkstoffe in lebenden Zellen gebraucht, heute = Enzym (lat. *fermentum* = Sauerteig).

Fertilisīn (= Gynogamōn II): Spermien-agglutinierender Befruchtungsstoff in der Gallerthülle des Eies zur Kontaktaufnahme zwischen Ei und Spermium (lat. *fértilis* = fruchtbar).

Filament: feiner Faden (lat. *filum* = Faden).

Follikel: Hüllschicht für die Eizellen, welche vielfach auch ihrer Ernährung dient (lat. *follículus* = kleiner lederner Schlauch).

Frontalebene: erstreckt sich bei bilateral-symmetrischen Tieren senkrecht zur Medianebene, parallel der Ventralseite (lat. *fróns* = Vorderseite).

Gamōn: Befruchtungsstoff (gr. *gameīn* = heiraten; Nachsilbe *ōn* bezeichnet den hormonartigen Charakter).

Gástrula: Becherkeim mit doppelter Blastemwandung, deren äußere die Hautschicht, deren innere die Urdarmschicht bildet (gr. *gástra* = bauchiges Gefäß).

Gen: Teilstück des Erbgutes, Teilstück des DNS-Stranges, kerngenetischer mendelnder Erbfaktor mit der Funktion, an der Verwirklichung eines Erbmerkmales teilzuhaben (gr. *génos* = Ursprung, Herkunft, Rasse).

Genetische Information: Genetisches Faktorengefüge für die Merkmalsausbildung des Organismus = Gesamt-Erbgut (lat. *informāre* = schildern, ein Bild geben).

Genetische Teilinformation: Gen, Erbfaktor, der an der Ausbildung eines Merkmals teilhat.

Genexpression: Realisierung genetischer Information (gr. *génos* = Ursprung; engl. *expression* = Ausdruck).

Genlocus: Ort im Chromonema, an dem sich das Gen befindet; Genort (gr. *génos* = Ursprung; lat. *lōcus* = Ort).

Genōm: Gesamtheit der Gene eines Organismus (gr. *génos* = Ursprung; *nómos* = Gesetz, Ordnung).

Glykolyse: Anaerober Kohlenhydratabbau, z. B. von Glukose unter Energiegewinn zu Milchsäure (gr. *glykýs* = süß; *lýsis* = Auflösung).

GOLGI-Apparat: Örtlich umgrenzter Stapel flach-länglicher Säckchen und peripherer Bläschen. Mehrere GOLGI-Apparate (Diktyosomen) ergeben ein umfangreiches „GOLGI-Feld" („GOLGI-Komplex") (von GOLGI 1898 als *„apparato reticulare interno"* in Nervenzellen beschrieben).

Gradient: quantitatives Gefälle physiologischer Reaktionsfähigkeit innerhalb eines organismischen Systems (lat. *grādi* = schreiten).

Granulum: körnchenartiges Plasmakörperchen (lat. *grānum* = Körnchen).

Gynogamōn: Vom Ei aus gebildeter Befruchtungsstoff (gr. *gynē* = Weib; *gameīn* = heiraten).
Gynogenese: Entwicklung des gesamten Eies ohne Beteiligung des inaktivierten Samenkerns (gr. *gynē* = Weib; *génesis* = Entstehung).
Gynomerogōn: Keim aus zytoplastischem Keimfragment mit lediglich mütterlichem Kernanteil (gr. *gynē* = Weib; *méros* = Teil; *gónē* = Geburt, Sproß).

haploid: einsätzig, nur einen, mütterlichen oder väterlichen, Chromosomensatz (n) besitzend (gr. *haploís* = einfach).
hemizygōt: ungepaart, Gene lediglich in einem einzigen Chromosom, dessen homologer Partner fehlt, auftretend (gr. *hēmí* = halb; *zeúgnymai* = verbinden, verheiraten).
Heterochromatin: Teile der Chromonemen, die eine vom Euchromatin abweichende Struktur und Funktion haben. Eu- und heterochromatische Teile unterscheiden sich strukturell durch stärkere Spiralisierung des Chromonema bei letzteren (gr. *héteros* = abweichend, anders beschaffen; *chrōma* = Farbe).
heteroplastische Transplantation: Verpflanzung mit art- oder gattungsfremdem Keimmaterial (gr. *héteros* = anderer Art, ungleich; *plássein* = formen, verfertigen).
heterozygōt: ungleich gepaart, in den homologen Chromosomen von beiden Eltern her unterschiedliche Allele führend, spalterbig (gr. *héteros* = ungleich).
Holoblastier: Keime, bei denen sich von Anfang an alle Teile des Eies an den Formungsvorgängen beteiligen. Ihre Furchung ist total (gr. *hólos* = ganz; *blástos* = Keim).
homodynām: entwicklungsphysiologisch gleichwertig, in gleicher Weise wirkend, gleichbefähigt. Ggstz: heterodynam (gr. *homós* = gleich; *dynamis* = Kraft, Vermögen, Befähigung, héteros = abweichend).
homolog: morphologisch entsprechend, gleichwertig. Ggstz: heterolog, spezifisch (gr. *homós* = gleich; *lógos* = Bedeutung, Geltung, Wert).
homoplastische Transplantation: Verpflanzung mit artgleichem Keimmaterial (gr. *homós* = der gleiche; *plássein* = formen, verfertigen).
homotop: an entsprechenden bzw. vergleichbaren Orten liegend. Ggstz: heterotop (gr. *homós* = gleich; *tópos* = Ort; *héteros* = abweichend).
homozygōt: gleichgepaart, in den homologen Chromosomen von beiden Eltern her gleiche Allele führend, reinerbig (gr. *homós* = gleich; *zeúgnymai* = verbinden, verheiraten).

hyaline Membran: Strukturlose der Eioberfläche nach der Besamung aufliegende und sich während der Furchung erhaltende Membran (gr. *hyálinos* = durchsichtig; *hýalos* = Glas).

Hydrolyse: Spaltung eines Stoffes unter Wasseraufnahme. Allgemein: Reaktion von einem Molekül oder Ion mit Wasser unter Bildung mehrerer Moleküle oder Ionen (gr. *hýdor* = Wasser; *lýsis* = Auflösung).

hypotonisch: Lösungen, deren osmotischer Druck unter dem eines Vergleichsmediums liegt (gr. *hypó* = unterhalb; *tónos* = Spannung).

Induktion: Anregung zu einem Entwicklungsvorgang in einem organismischen System von einem anderen System aus. – Auf formwechselphysiologischer Ebene: Anregung von Keimteil zu Keimteil (Induktions- und Reaktionssystem). – Auf substanzwechselphysiologischer Ebene: Einleitung einer entwicklungsphysiologischen Reaktion durch Zuführung einer Substanz. Diese kann gegebenenfalls einen Repressor inaktivieren (lat. *indūcere* = hineinbringen, veranlassen).

Informosōm: Transportpartikel für Messenger-RNS. „Verpackung" der m-RNS in Protein (lat. *informāre* = schildern, ein Bild geben, übermitteln, *sōma* = Körper).

Inkubation: Herstellung bestimmter Bedingungen in vivo oder in vitro zur Beobachtung des chemisch-physiologischen Verhaltens von Organismen, von deren Teilen oder von Zellen (lat. *incubāre* = brütend auf etwas sitzen).

Interchromomēr: Zwischenstücke zwischen den Chromomeren mit relativ geringer Spiralisierung (lat. *ínter* = zwischen; gr. *chrōma* = Farbe; *méros* = Teil).

Interphase: „Ruhestadium" des Kernes zwischen zwei Teilungen. Stadium der DNS-Synthese bzw. DNS-Replikation, der RNS- und Protein-Synthese (lat. *inter* = zwischen; gr. *phásis* = Erscheinung).

Intimstruktur: durch die Lagerung feinster Bauteilchen bedingte innere Ordnung des Eies (lat. *íntimus* = innerste, geheimste; *struktūra* = Bauart).

Inversion: Umkehrung eines Chromosomenstückes (lat. *inversio* = Umkehrung).

in vitro: Experiment im Kulturgefäß außerhalb des lebenden Körpers. (lat. *vitrum* = Glas).

in vivo: Experiment am lebenden Organismus oder innerhalb des lebenden Körpers (lat. *vivus* = lebend).

isopotent: gleichbefähigt (gr. *ísos* = gleich; lat. *pōtens* = vermögend, fähig).

Isotōp: am gleichen Ort liegend. Ggstz.: anisotop (gr. *ísos* = derselbe; *tópos* = Ort; *án-isos* = ungleich).

Karyolymphe: Kernsaft (gr. *káryon* = Nuß; lat. *lýmpha* = klares Wasser).

Karyoplasma: Kernplasma, „lebende Substanz" des Kernes (gr. *káryon* = Nuß; *plásma* = Gebilde).

Klon: reiner durch vegetative Fortpflanzung aus einem einzigen Individuum entstandener Nachkommenzweig (gr. *klón* = Zweig).

Kompetenz: Reaktionsbereitschaft (lat. *compétere* = fähig sein).

Locus: Ort eines Gens in der Genreihe (lat. *lōcus* = Ort).

Lysosōm: Mit einfacher Membran umgebene etwa 1 μm große Strukturelemente des Zytoplasmas, die infolge ihres Gehaltes an spaltenden Enzymen vorwiegend an der intrazellulären Stoffverarbeitung beteiligt sind (gr. *lýein* = lösen; *sōma* = Körper).

Makromeren, Mesomeren, Mikromeren: bei differentieller Furchung entstehende große, mittelgroße und kleine Blastomeren (gr. *makrós* = groß; *mésos* = die Mitte haltend; *mikrós* = klein, *méros* = Teil).

Mātrix: Bildungsschicht bzw. Hüllschicht (lat. *māter* = Mutter).

Medullarplatte: dorsale Einsenkung des Gastrula-Ektoblastems, Anlage von Gehirn und Rückenmark (lat. *medúlla* = Mark).

Meiose: Reduktion des diploiden Chromosomenbestandes (2 n) auf die haploide Anzahl (n) nach vorheriger Chromosomenpaarung in der Prophase (Synapsis). Die Reduktion ist stets mit einer Replikation verbunden (Äquationsteilung) (gr. *meioūn* = verkleinern; *meiósis* = Verkleinerung).

Melanophōr: schwarze Pigmentzelle (gr. *mélas* = schwarz; *foreīn* = tragen).

Meroblastier: Keime, bei denen sich anfangs nur ein Teil des Eies an den Formungsvorgängen beteiligt (gr. *méros* = Teil, *blástos* = Keim).

Merogonie: Entwicklung eines Individuums aus einem Eibruchstück mit lediglich dem väterlichen oder nur dem mütterlichen Kernanteil (gr. *méros* = Teil; *gónē* = Geburt, Sproß).

Mesenchӯm: = mittels pseudopodienartiger Fortsätze untereinander in Verbindung stehende Zellen der mittleren Keimschicht (gr. *mésos* = inmitten; *énchyma* = das Eingegossene).

Mesoblastēm (Mesoderm): mittlere, aus der Randzone der Blastula zwischen Ekto- und Entoblastem entstehende Keimschicht (gr. *mésos* = inmitten; gr. *blástema* = Keim, Sproß; *dérma* = Haut).

Messenger-RNS (m-RNS): überträgt die DNS-Basenfolge vom Kern in das Zytoplasma. 1000 bis > 5000 Nucleotide, Mol. Gew. 100 000 bis > 500 000 (= Boten-RNS) (engl. *messenger* = Bote).

Metamorphose: stark ausgeprägter Gestaltswandel während der Entwicklung, insbesondere der Larvenentwicklung (gr. *metamorphōn* = umgestalten).

Metaphase: Stadium der Kernteilung, während dessen die Chromosomen eng spiralisiert in der Teilungsebene liegen (gr. *metá* = inmitten; *phásis* = Erscheinung).

Metazoen: vielzellige Tiere (gr. *metá* = nach, darauf folgend; *zōon* = Tier). Tiere, die sich nach den Einzelligen, den Protozoen, entwickelt haben (gr. *prōtos* = frühester).

Mikropyle: Öffnung in fester Eihülle für Spermiumeintritt (gr. *mikrós* = klein; *pýlē* = Tor, Zugang).

Mikrosomen: Bruchstücke des Endoplasmatischen Reticulums, die bei der Zellfraktionierung entstehen (gr. *mikrós* = klein; *sōma* = Körper.

Mikrovillus: Zytoplasmatische Mikrozotte auf der Zelloberfläche, die feine Längsfilamente enthalten kann (gr. *mikrós* = klein; lat. *villus* = Zotte).

miktisch: Weibchen, welche parthenogenetisch männchenerzeugende Eier sowie befruchtungsbedürftige Eier hervorbringen (gr. *miktós* = gemischt).

Mitochondrium: Mit doppelter Membran umgebene etwa 1 μm messende Strukturelemente des Zytoplasmas. Von der inneren Membran dringen Leisten oder Schläuche ins Chondrioplasma vor, welche mit Enzymen besetzt sind. Die Mitochondrien sind Träger der gesamten Zellatmung. In ihnen läuft der oxydative Energiestoffwechsel ab (gr. *mitós* = Faden; *chóndros* = Körnchen).

Mitose: indirekte Kernteilung, bei der die Chromosomen als schleifenförmige Fäden sichtbar sind (gr. *mítós* = Schlinge, Faden).

Modifikation: nicht erbliche Veränderung eines Organismus durch Einwirkung äußerer Faktoren (lat. *modificāri* = umgestalten).

multiple Allele: vielstufige, mehr als zweistufige Ausprägung von Genen desselben Locus (lat. *múltiplex* = vielfach, vielseitig), vgl. Allel.

Multivesikulärer Körper: Mit einfacher Membran umgebener kugeliger Körper, der viele Vacuolen enthält (lat. *multus* = viel; *vesīcula* = Bläschen).

Mutagene: Strahlen oder Chemikalien, die als Auslöser von Mutationen dienen (lat. *mutātio* = Veränderung; gr. *génesis* = Entstehung).

Mutation: Sprungweise auftretende Veränderung des Erbgutes. Im einfachsten Falle Änderung einer Base der DNS bzw. RNS (lat. *mutātio* = Änderung).

Mūton: Einheit der Mutation innerhalb eines Gens = ein DNS- bzw. RNS-Mononucleotid (lat. *mutātio* = Änderung).

Neurula der Wirbeltiere: leitet das Stadium der Körpergrundgestalt ein. Dorsal ausgezeichnet durch die Medullarplatte und die Chorda, zu deren Seiten sich Muskelsegmente abgrenzen. Ventral der Chorda schließt sich das Darmlumen, das im Kopf bereits vollendet ist (gr. *neūron* = Sehne; lat. *nérvus* = Sehne, Saite, Nerv).

Nucleolen: Kernkörperchen (lat. *nucléolus* = kleiner Kern).

Ommatidium: Einzelelement im Fazettenauge (gr. *ómma* = Auge).

Omnipotenz: Entwicklungsvermögen in jeglicher Richtung (lat. *ómnis* = alle mögliche; *poténtia* = Fähigkeit).

Oogonie: Eizelle auf dem Stadium der Vermehrung (gr. *oón* = Ei; *gonē* = Erzeugung).

Oozyte: Eizelle auf dem Stadium des Wachstums und der beiden Reifungsteilungen (gr. *oón* = Ei; *kýtos* = Gefäß, Zelle).

Operator: Steuernde Einheit für mehrere (Struktur-)Gene (lat. *ópera* = Arbeit; *operāre* = beschäftigt sein).

Óperon: genetische Steuereinheit, bestehend aus dem Operator und den durch ihn gesteuerten Polypeptidketten codierenden Struktur-Genen = Transcriptionseinheit (lat. *ópus* = Werk; *ópera* = Bauwerke).

Organisationszentrum: Faktorenbereich auf der Dorsalseite des Amphibieneies, von dem die verschiedenen zur Bildung des Achsensystems führenden Induktionsprozesse ausgehen.

osmiophil: mit Osmiumsäure schwärzbar, meist Fettsubstanzen enthaltend (*phílos* = zugetan).

Ovariole: Eiröhre im Eierstock der Insekten (lat. *ōvum* = Ei).

Ovarium: Weibliche Keimdrüse (lat. *óvum* = Ei).

Oxydative Phosphorylierung: Ein Prozeß der Atmungskette, in dem durch Oxydation gewonnene freie Energie als chemische Energie abgefangen und in Form von energiereichen Phosphaten, wie Adenosintriphosphorsäure (ATP), gespeichert wird. Sie bleibt damit weiterhin in der Zelle beliebig verfügbar.

paraplasmatisch: Differenzierungen oder Substanzen, welche vom Plasma aufgebaut werden, aber nicht mehr alle Eigenschaften des Plasmas besitzen (gr. *pará* = daneben; *plásma* = Gebilde).

Parthenogenese: Erzeugung von Eiern, die der Besamung nicht bedürfen (Jungfernzeugung), bzw. Entwicklung ohne Besamung (gr. *parthénos* = Jungfrau; *génesis* = Erzeugung, Entstehung).

Penetránz: Durchschlagskraft einer Merkmalsanlage, Manifestationshäufigkeit eines Gens, prozentualer Anteil der Manifestationen, die an allen Genträgern auftreten, Alles- oder Nichts-Wirkung eines Gens ohne Rücksicht auf den Grad der Ausprägung (lat. *penetrāre* = durchdringen).

pentaploid: mit 5 Chromosomensätzen (5 n) (gr. *pénta* = fünf; *plékein* = falten).

Periplasma: Plasmarinde bei dotterreichen Eiern, insbesondere Insekteneiern (gr. *perí* = um).

Phaen: Teilstück von der äußeren Erscheinung, vom Phaenotypus eines Organismus (gr. *phainómenon* = Erscheinung).

Phaenokopie: Nachahmung des Entwicklungsgangs einer Mutante durch modifikatorische Einflüsse (gr. *phainómenon* = Erscheinung), vgl. Modifikation.

Phagozytose: Aufnahme fester Stoffe durch die Zellmembran mittels Vakuolenbildung (gr. *phageīn* = essen; *kýtos* = Gefäß, Zelle).

Phosphatasen: Phosphorsäure-Ester, z. B. Zuckerphosphate spaltende Enzyme. Das Optimum „saurer Phosphatasen" liegt bei pH 5, das der „alkalischen" bei pH 7–8.

Phosphorylierung: Veresterung von Stoffen im Zellstoffwechsel mit Phosphorsäure. Die Stoffe werden durch die dafür aufgewandte Energie „aktiviert", d. h. energiereicher und reaktionsbereit.

Pinozytōse: Aufnahme flüssiger Stoffe durch die Zellmembran mittels Eindellung und Bildung einer Vakuole (gr. *pínein* = trinken; *kýtos* = Gefäß, Zelle).

Plasma: s. Protoplasma.

Plasmalemma: Oberflächengrenzschicht des Zellplasmas (gr. *plásma* = Gebilde).

Pleiotropie: vielseitige Genwirkung (gr. *pleīon* = zahlreicher; *trépein* = hinwenden).

Polygenie: vielgenige Bestimmung eines Merkmals. Vielgenige Beeinflussung eines Entwicklungsverlaufes (gr. *polýs* = viel), vgl. Gen.

Polynemie: syn. mit Polytänie (gr. *polýs* = viel; *nēma* = Faden).

Polymerase: siehe RNS-Polymerase.

Polyploidie: Anwesenheit von mehr Chromosomensätzen als der Norm entspricht (gr. *polýs* = viel; *plékein* = falten).

Polysōm: Perlschnurartig auf einem m-RNS-Faden aufgereihte Aggregate von Ribosomen, die schraubige oder spiralige Anordnung annehmen können (gr. *polýs* = viel; *sōma* = Körper).

Polyspermie: Eindringen mehrerer Spermien zugleich in das Ei (gr. *polýs* = viel).

Polytänie: Vielsträngigkeit eines (Riesen-)Chromosoms, hervorgerufen durch Längsteilung und Zusammenbleiben der Zentralfäden (gr. *polýs* = viel; *tainía* = Band).

post-trocheale Region der Trochóphora-Larve: Hinter dem Wimperring befindlicher Teil des Körpers (lat. *post* = hinter; gr. *trochós* = Rad; *phérein* = tragen).

Potenz: s. prospektive Potenz.

praesumptiv: Voraussichtliche Entwicklungsleistung eines Keimteils (lat. *praesúmere* = im voraus sich vorstellen).

Promōtor: Startpunkt für die RNS-Polymerase im Operon neben dem Operator (lat. *promovēre* = vorwärts bewegen).

Prophase: Stadium der Herausdifferenzierung der Chromosomen zur Teilung. Beginn der Spiralisierung (gr. *pró* = vor; *phásis* = Erscheinung).

prospektive Bedeutung: „Wirkliches Schicksal" eines Keimteils im Einzelfall. In übertragener Anwendung: Normgemäße Entwicklungsaufgabe eines Keimbezirks (lat. *prospícere* = in die Ferne hinschauen, voraussehen).

prospektive Potenz: „Mögliches Schicksal", und auch: Gesamtes Entwicklungsvermögen (lat. *prospícere* = voraussehen; *poténtia* = Fähigkeit).

Proteolyse: Eiweiß-Spaltung durch Lösung der Peptidbindungen unter Wasseraufnahme (Hydrolyse) (gr. *prōtos* = erster; *lýsis* = Auflösung).

Protoplasma: „Lebende Substanz" der Zellen. Das Stoffgefüge, an welches die Lebenstätigkeit der Zelle gebunden ist. (gr. *prōtos* = erster, wichtigster, im Anfang daseiender).

Pseudoallelie: Allele einer multiplen Serie, die sich durch Crossover trennen lassen, also nicht dem gleichen Locus zugehören (gr. *pseudēs* = täuschend; *allēlōn* = gegenseitig).

Puffing: Entfaltung der Chromomeren im Riesenchromosom zur Aktivierung des genetischen Materials (engl. *puff* = Puderquaste, Puffärmel; *to puff* = aufbauschen).

Pulsmarkierung: Kurzzeitige Einwirkung von radioaktiven Substanzen auf einen Organismus.

Pyknōse: Zusammenballung des Chromatins der Kerne (gr. *pykázein* = verdichten).

recessiv: mendelnde Erbanlage, welche dem Allel gegenüber nicht zur Auswirkung kommen kann (lat. *recēdere* = zurückweichen).

Recombination: Bildung neuer Genanordnungen entsprechend dem 3. Mendelschen Gesetz und Crossover-Ereignis bei Genkoppelung (engl. *re-* = rück-; *combination* = Verbindung, Mischung).

Rēcon: Einheit der Recombination innerhalb eines Gens. Ein bis wenige Nucleotide (engl. *re-* = rück-; *combination* = Verbindung, Mischung).

Redoxsystem: System aus einem oxydierenden, Wasserstoffatome bzw. Elektronen aufnehmenden, und einem reduzierenden, Wasserstoffatome bzw. Elektronen abgebenden, Stoff, das je nach dem gegenseitigen Anteil dieser Substanzen oxydierende oder reduzierende Funktion ausübt.

Reduktionsteilungen (Reifungsteilungen): Teilungen, durch welche die diploide Chromosomenzahl (2 n) auf die haploide (n) zurückgebracht wird, indem die Chromosomen nicht geteilt, sondern auf die Tochterzellen verteilt werden. Vgl. Meiose (lat. *redúcere* = zurückführen).

Regulation: Fähigkeit des Organismus zur Erhaltung des normalen Funktionszustandes. – Auf formwechselphysiologischer Ebene: Nach Entwicklungsstörungen des Gesamtsystems Wiederherstellung normaler Funktion durch Umbildung des zur Verfügung stehenden Systembereiches. – Auf substanzwechselphysiologischer Ebene: Fähigkeit des Organismus zur harmonischen Abstimmung von Reaktionsabläufen durch Regelkreissysteme (lat. *régere* = zurechtweisen; *régula* = Maßstab).

Regulatorgen: Gen, das zur Regulierung der Aktivität von Strukturgenen dienende Substanzen, z. B. Repressoren, codiert (lat. *régere* = zurechtweisen; *génos* = Ursprung).

Rēplicon: Verdoppelungs-Einheit. DNS-Synthese-Einheit. Beim Metazoen-Chromosom ein Chromomer, zugleich die Einheit des Puffing (lat. *replicātio* = Zurückfaltung).

Replikation: DNS-Strang-Verdoppelung durch Selbststeuerung einer Neusynthese nach dem Matrizen-Prinzip (lat. *replicātio* = Zurückfaltung).

Repressor: Substanz, die durch Verbindung mit anderen Substanzen oder Genen (Operator-Gen) als Unterdrücker von Reaktionen auftreten kann (lat. *reprīmere* = zurückdrängen).

Rhachis: Nährstrang in der Keimdrüse (gr. *rháchis* = Rückgrat, Grat).

Ribosomale RNS (rRNS): Bestandteil der Ribosomen. 2000 bis 5000 Nucleotide, Mol· Gew. 500 000 bis > 2 Mill.

Ribosomen: r-RNS- und Proteinhaltige Zytoplasma-Strukturelemente, an denen die Peptid-Synthese abläuft (gr. *sōma* = Körper). Sie bestehen aus zwei Teilen: Bei Coli-Bakterien aus 50s- und 30s-Partikeln (vgl. S. 34).

RNS-Polymerase: Enzym, das bei Anwesenheit einer DNS-Matrize den Einbau von Nucleosidtriphosphaten in ein Polynucleotid unter Abspaltung von Pyrophosphat katalysiert (vgl. Abb. 3).

Sequenz: Reihenfolge (lat. *séqui* = folgen).

Somatoblast: embryonale, eine Keimstreifschicht (Ekto- oder Mesoblastem) sprossende Bildungszelle (*sōma* = Körper; *blástos* = Sproß, Keim).

S p e r m a t o z ō o n : Samenzelle (gr. *spérma* = Same; *zōon* = Tier).
S t e r r o b l a s t u l a : Blastula ohne Blastozöl (gr. *sterrós* = fest, massiv; *blástos* = Keim).
s u b c o r t i k a l : unmittelbar unter der ektoplasmatischen Eirinde gelegene Schicht, die dem Ekto- oder Entoplasma zugehören kann (lat. *sub* = unter; *córtex* = Rinde).
S y s t e m : Gefüge (gr. *systēma* = Zusammenordnung, das Ganze).

t e l o l e z i t h a l : graduell zunehmende Ansammlung des Dotters an einem Eipol, während das Bildungsplasma den Gegenpol einnimmt (gr. *télos* = Ende; *lékythos* = Dotter).
T e l o p h a s e : Endstadium der Kernteilung (gr. *télos* = Ende, Ziel; *phásis* = Erscheinung).
t e t r a p l o i d , t r i p l o i d : mit 4 bzw. 3 Chromosomsätzen (4n bzw. 3 n) (gr. *tetrás* = Vielzahl; *triás* = Dreizahl; *plékein* = falten).
T o n o f i l a m e n t : fädige Differenzierungen von 10 nm Durchmesser im Zytoplasma, die zu Bündeln, den Tonofibrillen, zusammentreten können (gr. *tónos* = etwas zum Spannen dienendes, Strick; lat. *filum* = Faden).
T o t i p o t e n z : Ganzes uneingeschränktes Entwicklungsvermögen (lat. *tōtus* = ganz, alles zugleich; *poténtia* = Fähigkeit).
T r a n s f e r - R N S (t - R N S) : vermittelt für jeweils eine spezifische, enzymatisch aktivierte Aminosäure, deren Träger sie wird, die Verknüpfung mit anderen Aminosäuren am Ribosom bzw. Polysom. 70–85 Nucleotide, Mol. Gew. 20 000–40 000 (= Träger-RNS, Acceptor-RNS, Lösliche RNS) (lat. *transférre* = hinüberführen).
T r a n s f o r m a t i o n : Übertragung eines Erbmerkmals von einem Organismus zum anderen durch freie aus dem Erbgut des ersteren Organismus biochemisch gewonnene DNS (lat. *transformāre* = umformen).
T r a n s l a t i o n : „Übersetzung" der Basenfolge der m-RNS in die Aminosäurenfolge eines Polypeptids. Aktivierte Aminosäuren des Zytoplasmas werden an Ribosomen entsprechend der durch die m-RNS vorgegebenen Reihenfolge miteinander verknüpft (lat. *séqui* = folgen).
T r a n s l o k a t i o n : Verlagerung eines Chromosomenbruchstücks von einem auf ein anderes Chromosom oder an eine andere Stelle des gleichen Chromosoms (lat. *trans* = jenseits; *lōcus* = Ort).
T r a n s p l a n t a t i o n : Überpflanzung eines Keimteils auf einen anderen Keim (lat. *trans* = über; *plantāre* = pflanzen).
T r a n s c r i p t i o n : „Überschreibung", Umschrift der Basenfolge von der DNS auf eine RNS durch Synthese von m-RNS an dem codogenen Strang der DNS (engl. *transcription* = Umschrift).

T r i p l e t : Dreiergruppe von Nucleotiden (engl. *triplet* = drei zusammengehörige Dinge).

T r o c h ó p h o r a : Larve der marinen Ringelwürmer und Weichtiere mit einem oder mehreren Wimperringen (T r o c h u s) (gr. *trochós* = Rad; *phérein* = tragen).

v e g e t a t i v e r P o l : Eipol, der dem animalen Pol gegenüberliegt und meist durch stärkere Ansammlung von Dotter ausgezeichnet ist. Ursprünglich: Bildungsstätte der Organe für die vegetativen Leistungen Ernährung und Wachstum (lat. *vegetāre* = leben).

v e n t r a l : an der Bauchseite (lat. *vénter* = Bauch).

v i t e l l i n e M e m b r a n : Dottermembran, Dotterhäutchen (lat. *vitéllus* = Eidotter; *membrāna* = Häutchen).

Z e l l z y k l u s : Lebensablauf der sich vermehrenden Zelle von Mitose zu Mitose. Vier Abschnitte: 1) Mitose, 2) praesynthetische G_1-Phase, 3) DNS-Synthese = S-Phase, 4) postsynthetische G_2-Phase. Zeitliche Länge der Phasen je nach Zelltypus und Umweltbedingungen verschieden. (gr. *kýklos* = Kreis. G = engl. *gap* = Lücke, d. h. Synthesefreie Zeit).

Z e n t r i o l e : Zentralkörperchen, die bei der Teilung der Zelle die Pole der Kernspindel einnehmen und die Mittelpunkte der Polstrahlungen bilden (gr. *kéntron* = Mittelpunkt).

Z e n t r o s ō m : dichte Plasmaansammlung, welche das Zentriol in sich schließt (gr. *kéntron* = Mittelpunkt; *sōma* = Körper).

Z i s t e r n e : Abgeflachter, von einer Membran umgebener Hohlraum innerhalb des Grundzytoplasmas der Zelle (lat. *cisterna).*

Z y g o t e : Ergebnis der Vereinigung zweier geschlechtlich differenter Zellen (gr. *zygós* = Joch; *zeúgnymai* = verbinden).

Z y t á s t e r : einer Polstrahlung der Kernteilungsfigur vergleichbare Plasmastrahlung, die künstlich, unter Abwesenheit von Kern und Zentriol, zustande kommt, aber eine Zellteilung auslösen kann (gr. *kýtos* = Gefäß, Zelle; *astēr* = Stern).

Z y t o p l a s m a : Zelleib außerhalb des Zellkerns (gr. *kýtos* = Gefäß, Zelle; *plásma* = Gebilde).

Z y t o l y s e : Auflösungserscheinungen der Zellen (gr. *kýtos* = Gefäß, Zelle; *lýein* = lösen).

Z y t o z e n t r u m = Zentrosōm bzw. Zentriol: Zentralkörperchen der Kernteilungsspindel (gr. *kýtos* = Gefäß, Zelle; *kéntron* = Mittelpunkt).

F. Seidel

Entwicklungsphysiologie der Tiere

2 Bände. 2., neudurchges. Aufl.
Bd. 2: Körpergrundgestalt und Organbildung.
In Vorbereitung (Sammlung Göschen)

W. Laskowski

Elemente des Lebens

Einführung in die Grundlagen der allgemeinen Biologie. Mit 74 Abb. Quart. 190 S. 1966. Lwd. DM 19,80 ISBN 3 11 006503 7

Inhaltsübersicht:
Die Suche nach gemeinsamen Strukturen
Von der Eizelle zum Vielzeller
Von Mendel zu Watsen und Crick oder die Suche nach der Erbsubstanz
Materie und Leben
Der Mensch, ein Lebewesen

K. Urich

Vergleichende Physiologie der Tiere

2 Bde. 2., verbesserte Aufl., zugleich 5. Aufl. des von K. Herter 1927 begründeten Göschen-Bandes „Tierphysiologie I".
Bd. I: Stoff- und Energiewechsel. 158 S. mit 61 Abb. 1970. DM 7,80 (Sammlung Göschen Bd. 972/972 a) ISBN 3 11 002757 7
Band II: Bewegung und Reizerscheinungen. Neu bearb. von J. B. Walther. In Vorb. (Sammlung Göschen)

Bei Fragen zur Produktsicherheit wenden Sie sich bitte an:
If you have any questions regarding product safety,
please contact:

Walter de Gruyter GmbH
Genthiner Straße 13
10785 Berlin
productsafety@degruyterbrill.com